日本の自然条件

インフラ整備の変遷

河川

河川維持

ダム

ダム維持

砂防

砂防維持

道路

道路維持

港湾

港湾維持

都市公園

市街路

土地区画

市街地再開発

水道

下水

下水維持

上水道管

公営住宅

漁港

海岸

海岸維持

入札事業

契約評価

JN120899

第 5 章

基礎から学ぶ ダム事業

1. はじめに

　気候変動等による降雨の更なる激甚化、頻発化が懸念される中、気候変動による外力の増大に対して、河川の上流で洪水を貯留し、下流の一連区間の水位を下げるダムの重要性は益々高まってきています。国土交通省所管のダム建設事業は、現在、61事業を進めています（令和5年度時点）[1]。また、ダムは運用の変更や施設の改良によって気候変動により激甚化・頻発化する降雨に対して的確に対応する可能性を有しており、国土交通省では、ダムの新設に加え、ハード・ソフトの両面から既設ダムの機能向上を図る「ダム再生」の取組を行っているところです。

　本章では、こうした背景も踏まえつつ、ダム事業に関する基本的事項を理解していただくことを目的として、ダムの役割や建設事業の流れ等を紹介します。ダムの設計や工事を担当する職員だけでなく、横断調整部局等の方々のご参考になれば幸いです。

2. ダムの役割

　河川法においてダムとは、高さ（基礎地盤から堤頂まで）が15m以上のものをダムと定義しています。ダムはダム毎に様々な目的を有しており、建設するダムの目的に応じて事業主体も異なっています。

1）ダムの目的

　ダムの役割には、洪水を防ぐことを目的とする「治水」や、下流河川に水を供給したり、発電することを目的とする「利水」などの役割があります。ダムの主な目的としては、治水（F）、流水の正常な機能の維持（N）、農業（A）、上水道（W）、工業用水（I）、発電（P）等があり、治水や利水それぞれ単独の役割のみを担う「治水専用ダム」、「利水専用ダム」や、治水と利水の複数の役割を有する「多目的ダム」があります[2]。

⑴治水（F：Flood Control）

　大雨の際に上流の水を貯めて、下流に流す水の量を調節（洪水調節）することで、河川が増水して溢れることを防止又は軽減することを目的としています。近年、洪水調節のみを目的とするダムにおいて、「流水型ダム」を採用する例もあります。流水型ダムとは、普段はダム湖に水を貯留せず自然河川に近い状態で水が流れ、洪水時にのみ水を貯留するダムです。

⑵流水の正常な機能の維持（N：Normal Function of the River water）

　流水の正常な機能の維持のための用水で、渇水時に生物に影響が生じたり、水質の悪化等を防ぐために、貯留している水を下流に補給することで必要な流量を保つこと等を目的としています。また、ダムができる前からの農業用水に使用する役割もあります。

⑶農業（A：Agriculture）

　農地に安定して水を供給し、渇水時の干ばつ被害の軽減を図ることを目的としています。

⑷上水道（W：Water Supply）

　水道用水を安定して供給することを目的としています。

基礎から学ぶインフラ講座

［第4版］

大石　久和 編

一般社団法人　全日本建設技術協会
Japan Construction Engineers' Association

はじめに

　この度、「基礎から学ぶインフラ講座」の第4版を出版することとなりました。

　「基礎から学ぶインフラ講座」は、当協会の会員向け機関誌である月刊「建設」に連載したものをとりまとめて、令和3年3月に書籍化して初版を、令和4年3月に第2版、令和5年3月に第3版を出版しました。その後も連載を継続しており、これらを加えて、この度、改訂しました。

　公務員技術者を中心とする当協会会員約6万人の中には、規模が小さい地方公共団体の若手職員もいます。専門知識を有する上司や先輩が少なく、基礎知識の習得に苦労している等の声を受けて、連載をスタートしました。

　連載開始後には、中堅・ベテラン職員から「今さら聞けないような制度や基準等についてコンパクトにまとめられている」、地方整備局職員から「他分野の基礎を勉強する上で参考になる」、他部局との調整が多い部署の職員から「他課と調整する際に、役立っている」などの声をお寄せいただいております。

　さらに、書籍は、建設会社やコンサルタントなど多くの民間企業の皆様にも、御活用していただいております。

　本書は河川、道路、港湾、都市公園等の各事業について、管理区分、事業制度、技術的基準などを、出典を含めて基礎から学ぶことができます。また、分野横断的なものとして入札契約制度や事業評価制度の概要や趣旨についても掲載しています。

　出版化に当たり「日本の自然条件」、「インフラ整備の変遷」について、編者である私が書き下ろしました。

　この度の第4版では、維持管理事業を追加し掲載する事業・制度数が初版の約4倍となり、より充実した内容となっております。また、第3版に掲載していた事業についても、最新の統計値や最近の制度改正等を反映するよう、加筆・更新していただいています。

　本書を一人一人の机の上に、又は各所属の書棚に備えておくことにより、日常の業務で疑問が生じたときに御覧いただくことができます。また、採用内定者、新規採用職員、若手職員、中堅職員向けの課題図書、副読本、研修用教材等としても御活用していただいています。本書が、各地域の未来を支えるインフラ整備に役立つならば、これに勝る喜びはありません。

　最後に、連載及び出版化に当たり、執筆者を始め、関係者の方々に多大なる御尽力を頂きました。ここに記して謝意と敬意を表します。

令和6年3月
一般社団法人　全日本建設技術協会
会長　大石　久和

目　　次

第1章

基礎から学ぶ 日本の自然条件

ヨーロッパや北米大陸、中国中原部などとの比較で、わが国土の特徴を見ると、10にもなるわれわれに厳しい条件が抽出される。1. いつ起こっても不思議ではない地震と津波、2. 短期間に集中する豪雨、3. 脊梁山脈が縦貫し、河川が急流であること、4. 地質が複雑で不安定であること、5. 全体として少なく狭い平野、6. 国土のゆがみと複雑さ、7. 四島に分かれていること、8. 軟弱地盤上の都市、9. 台風による強風、10. 日本海側を苦しめる豪雪、などである。

これらの条件は単独でも厳しいものばかりなのに、軟弱地盤に地震が加わるなど、それぞれの厳しい条件が重なり合うことで更に厳しさを増している。本章では、これらを整理して簡潔に紹介する。

1. いつ起こっても不思議ではない地震と津波

わが国の地表面積は、世界の0.25％しかないが、この狭い国土の下には、太平洋、フィリピン海、北アメリカ、ユーラシアという4つものプレートがせめぎあっている。

図1-1は、大陸を載せているプレートの分布である。日本はプレート境界が錯綜しているが、ヨーロッパの主要部やアメリカなどは大きい大陸にあるにもかかわらず、1つのプレート上にあることがわかる。そのため各国の首都はプレート境界からはるかに離れた位置に存在しているが、東京は、プレートの境界上に位置している。

図1-2は、地震力を考慮しなければ橋などの土木構造物やビルなどの建築物を設計することができな

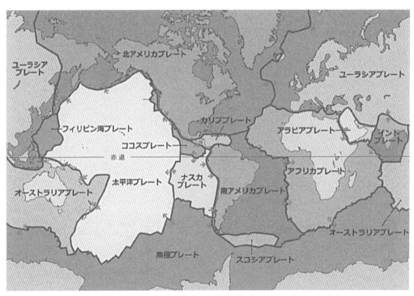

図1-1　地球上の大規模プレート

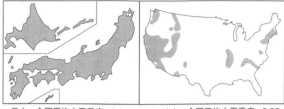

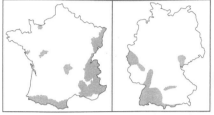

図1-2　日本と世界各国の地震力を考慮する地域

いと規定されている地域を、グレーにして示したものである。ドイツ・フランスではほとんどの地域で地震を考える必要はないし、アメリカでも東海岸では、白地のところが多いことがわかる。日本は全国土がグレーとなっているし、考慮すべき地震力も大きいのである。

写真1-1は、阪神淡路大震災で大被害を受けた阪神高速道路の橋脚と、フランスのシャルル・ド・ゴール空港のアクセス道路の橋脚を並べて示したものである。阪神高速道路の橋脚がいかにもずんぐりと太いのに対して、フランスの橋脚が極めてスレンダーで華奢であることが一目でわかる。わが国には大きな地震が起こる可能性があるが、フランスのパリ周辺では有史以来、大地震が起こったこともなければ、今後、大地震が襲うことを想定する必要もない。この２つの対比的な橋脚の様子は、私たちがいかに厳しい自然条件のもとで、コストをかけて橋や建物を

写真1-1　阪神高速道路（左）とパリのシャルル・ド・ゴール空港アクセス道路の橋脚

造らなければならないかということを、如実に示している。

津波の恐怖については、東日本大震災が、われわれ日本人に永久に忘れることができない、民族の記憶として残るほどのレベルで示した。この地震の揺れは長時間ではあったが、その強さは阪神淡路大震災ほどではなく、橋や建物もあまり破壊はされなかった。しかし、その後に襲った津波は激しい破壊をもたらした。そして逃げ遅れた約２万人にも及ぶ膨大な死者・行方不明者を生じさせたのである。

今後、予想される、東海・東南海・南海のそれぞれの地震でも、津波対策が喫緊の課題として議論されているが、海岸部に産業地帯や港湾などの物流拠点が多く存在するのに加えて原子力発電所を持つわが国は、極めて困難な課題を抱えている。

この津波もまた、わが国以外の先進国ではほとんど考える必要がない自然災害なのである。

2. 短期間に集中する豪雨

わが国の平均的な降雨量は1,400～1,800㎜で、地球の地表全体の平均が800㎜であるのに比べると、水資源が豊かであるように見える。しかし、そうではないのは、河川が急流で短く洪水を起こしやすいうえに、降雨がすぐに海に出てしまい貯水しにくいことと、降雨が梅雨期と台風期に集中する傾向があるからである。

オーダー的な表現だが、わが国のダム、堰、ため池など国中の全ての貯水施設で貯めることができている貯水総量は約300億㎥であるのに対し、アメリカのフーバーダムや中国の三峡ダムでは、たった一つで同程度の貯水量を持つ。これを見ても、わが国は水資源が豊かであるとは言えず、毎年のように全国で渇水騒ぎが起きている。

前回のオリンピックが開催された1964年には東京は大渇水に見舞われた。その反省から、水源の水系を多摩川以外にも遠く利根川水系の上流部まで拡大して、渇水から逃れる努力をしてきた。しかしそのように極めて広範囲から導水している東京でも、八ッ場ダムが未完成であったために2013年にはかなり長期の取水制限があったばかりである。

一方、豪雨による災害も対応が完了したというレベルにはほど遠い。梅雨期と台風期に集中する豪雨が、近年になるほど豪雨化し集中化してきている。図1-3に示すように、1時間に50mm以上の短時間強雨の発生件数は、約40年前の約1.5倍に増加している。また、同様に100mm以上の場合は約1.8倍に増加している。1時間に50mmの雨が降れば、みるみるうちに道路は川のようになるし、100mmという豪雨では、先がほとんど見えなくなる。過去の経験に照らすとこの程度の集中豪雨に耐えられる山の斜面はまず皆無と言っていい。

3. 脊梁山脈が縦貫し、河川が急流であること

図1-4は、日本とヨーロッパを等縮尺で標高500m以上をグレーにして描いたものである。これをみると、ドイツにもフランスにもイギリスにも、ほとんど国土全体を覆う一つの大きな平野が存在していることがわかる。こういったところに交通や情報通信ネットワークを構築して、地域と地域を結ぶことを考えると、彼らの国では実に容易に行うことができることがわかる。

しかし、わが国では、この弓状列島の中央を脊梁山脈が縦貫している。それも、中途半端な高さではなく、1,000～3,000m級の山脈なのである。このため、日本海側と太平洋側を結ぶためには、大変な苦労が必要で、トンネルと橋梁を多用しなければ、両地域が結ばれない。国土は山脈によって完全に二分されているのである。

図1-5は、日本とアメリカ・フランス・ドイツの道路延長に占める橋梁やトンネルの構造物延長の比率を示したものである。アメリカ・フランス・ドイツが1割以下であるのに対し、日本は道路延長の3割以上が橋梁やトンネルなのである。

また、河川がほとんど全てこの山脈から発して、それぞれ太平洋や日本海にそそぐから、短くて急流である。豪雨特性もあって、河川水位の上昇が極めて急激であるとともに、普段と洪水時の水位の差が大きいのも特徴となっている。ヨーロッパや北米・中国では、大河であるために水位上昇が小さいのである。

脊梁山脈は、冬には「湿気と曇天と豪雪に苦労して極端に生活不便地になる雪国」と「乾燥と晴天が

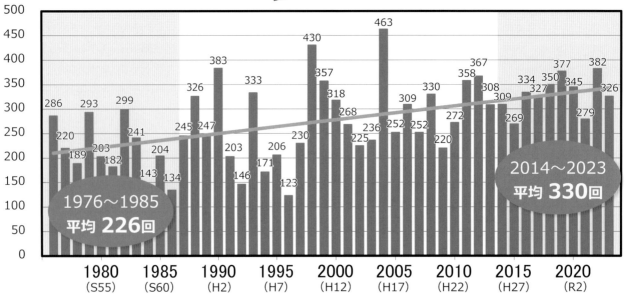

出典：国土交通省資料をもとに全日本建設技術協会作成

図1-3　1時間降水量50mm以上の年間発生回数（アメダス1,300地点あたり）

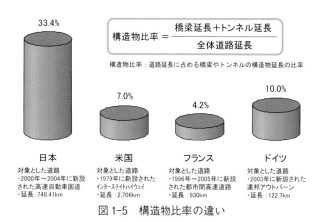

$$構造物比率 = \frac{橋梁延長＋トンネル延長}{全体道路延長}$$

構造物比率：道路延長に占める橋梁やトンネルの構造物延長の比率

日本 33.4%
対象とした道路
・2000年〜2004年に新設された高速自動車国道
・延長：748.41km

米国 7.0%
対象とした道路
・1979年に新設されたインターステイトハイウェイ
・延長：2,706km

フランス 4.2%
対象とした道路
・1996年〜2005年に新設された都市間高速道路
・延長：930km

ドイツ 10.0%
対象とした道路
・2003年に新設された連邦アウトバーン
・延長：122.7km

図 1-5　構造物比率の違い

4. 地質が複雑で不安定であること

　わが国の国土面積の70%が山地であるが、この山地を構成する岩が風化しているという特徴がある。それは、わが国では氷河期に氷河が山地にしかなく融解後も風化岩がそのまま山地にとどまったからである。

　ヨーロッパや北米では、厚さが何kmにも及んだ氷河が融解期に流れ出すにつれ風化岩を押し流してしまったから、融解後には新しい岩盤が露出したこととの大きな違いとなっている。わが国の山地の風化岩は、地震や豪雨によって簡単に崩壊して、土砂崩落や土石流などの土砂災害を頻発させる原因となっている。

　加えて都市の地盤にも問題がある。わが国の大都市は全て6000年ほど前の縄文海進（5mほど海面が上昇していた）以降に河川が押し出してきた土砂が形成した土地に存在している。この土地は、世界の主要都市の地盤との比較でいえば、極めつきの軟弱地盤なのである。これは東京、大阪を始め、札幌・仙台・広島などブロック中心都市の全てで共通した特徴となっている。

　ヨーロッパの諸都市は、ほとんどが固い岩盤に立地している。パリもロンドンも、ベルリンもモスクワも岩盤上にあるから、わが国の都市の高層ビルや長大橋では必要となる強固で地下深くに達する基礎の建設はまず不要なのだ。

　ニューヨーク・マンハッタンにあるエンパイアステイトビルは1931年に完成したが、コンピューターもない時代にこれが可能だったのは、建設されたマンハッタン島が一つの強固な岩であったことと、

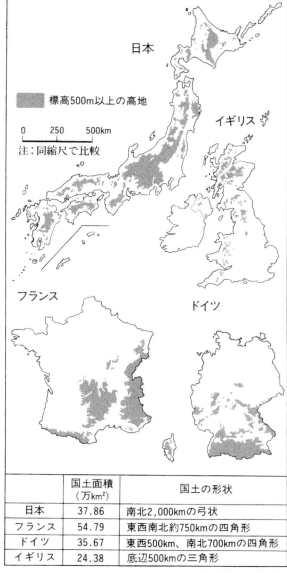

	国土面積（万km²）	国土の形状
日本	37.86	南北2,000kmの弓状
フランス	54.79	東西南北約750kmの四角形
ドイツ	35.67	東西500km、南北700kmの四角形
イギリス	24.38	底辺500kmの三角形

図 1-4　日本とヨーロッパの標高 500 m 以上の高地比較

続き生活利便性がまったく低下しない非雪国」という二つの地域にわが国を分断している。

　東京・首都圏から向かえば、正に「トンネルを抜けると雪国であった」と川端康成が言うとおりなのだが、逆に新潟など日本海側からやって来れば「トンネルの向こうは、雪もなくすっきりとした晴天で空気も乾燥していた」となる。

　シベリア寒風と対馬海流がある限り日本の冬には降雪が必然だが、脊梁山脈のおかげで生活利便が冬でも下がらないことを太平洋側に住む人々はよく理解しなければならない。

地震の可能性がないために複雑な地震の応答解析をせずに済んだからである。しかし、わが国の都市には強固な岩盤である都市は一つも存在しないし、大都市ほど軟弱地盤上にあるという状況なのである。

5. 全体として少なく狭い平野

人が住むことができる土地を可住地と言うが、それは標高が500m以下であり、傾斜が少なく、沼沢地でないなどの条件を満たす土地である。可住地でなければ、耕作もほとんどできないし、都市も工場も建設できず、近代的な土地利用をすることができない。

日本はこの可住地が、国土面積の27％しかなく、イギリス、ドイツ、フランスがそれぞれ85％、67％、73％であるのと比して少ないのである。

可住地が少ないだけでも大きなハンディキャップなのに、わが国ではそれが細かく分断されていて領域の小さな可住地ばかりなのである。関東平野など、大きくまとまって使えるように見えるが、これは江戸時代の初期以降、河川の河道を固定化する事業がなされてきた結果であって、それ以前は、洪水があるたびにそれぞれの河川が好き勝手流れたから、平野に点在する小高い土地だけが利用できていたのである。

6. 国土のゆがみと複雑さ

わが国の海岸線延長は約３万kmであり、アメリカと同程度だと言われる。国土面積がこれだけ異なるのに海岸延長が同じであるということは、極めて複雑に入り組んでいることと国土が大変に細長いことを示している。

このことが、ヨーロッパ諸国に比べるとわが国の都市間距離が長くなっている原因にもなっている。人口が減少すると各地にフルセットで住民サービス施設が設置できなくなり、都市と都市、地域と地域がそれぞれの個性を発揮しながら連携していく時代となると、都市間が情報通信と交通で結ばれていなければならないが、わが国の極めて細長い国土という条件はかなり不利となっている。

複雑で風光明媚な海岸が多いことは日本の財産な

のだが、それはまた国土利用という観点からは大きなハンディキャップなのである。

7. 四島に分かれていること

国土の主要部分だけでも４つに分かれ、1988年に至って初めて一体化が完了したという不便さである。この年に、北海道と四国がそれぞれ鉄道トンネルと道路橋で結ばれたのである。しかし、全国の多くの海峡部は今でも災害時には通行遮断の可能性があるという脆弱性を抱えたままなのである。

これはドイツ・アメリカ・フランスなどの先進諸国が努力を必要とすることなく、また地域間連絡の脆弱性を抱えることなく、国土を一体的に使うことが可能となっているのと著しい違いとなっている。

8. 軟弱地盤上の都市

わが国の特に大都市は、6000年ほど前の縄文海進以降に河川が押し出してきた土砂が形成した土地の上に存在している。岩盤上に存在するヨーロッパの諸都市とは異なり、ここは極めつきの軟弱地盤なのである。

わが国ではビルを建てるにしても橋を架けるにしても、強固な基礎構造を建設しなければならないが、パリもロンドンもニューヨークもそのような必要はないのである。

おまけに、平野形成の歴史からも明らかなように、これらの都市部のほとんどが洪水時には水没の危険がある氾濫原なのである。大きな洪水が起これば都市機能がマヒする危険があるし、近年地下鉄を始め地下利用が進んでいるため昔よりも危険が拡大しているのである。

9. 台風による強風

時速にして100km/hという強い偏西風が大陸から常時吹いているために、北上してくる台風のほとんどが沖縄付近まで来ると、不思議としか言いようのない感じで日本列島に沿うようにカーブする。そのため、わが国は瞬間最大風速50～60mという強風の常襲地帯にある。

図1-6は、近年で最も上陸台風の多かった2004年

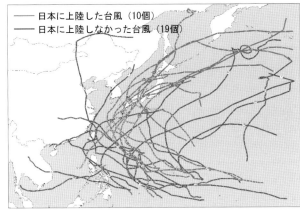

― 日本に上陸した台風（10個）
― 日本に上陸しなかった台風（19個）

図1-6　2004年に発生した全台風の軌跡図

の台風の軌跡を示したものである。北西に進んできた台風が沖縄を過ぎるあたりから、急に北東に向きを変える様は不思議とさえ感じるほどである。

　日本上空の偏西風は、ヒマラヤ山脈などの影響もあって分流したり合流したりと複雑な動きをしており、そのため日本近傍の天気予報は世界的にも難しいと言われている。

　アメリカも東西ともに強風の危険があるが、ヨーロッパの平野部ではほとんどが強風の心配がない。わが国では、吊り橋やタワーなど、スレンダーな構造物の諸元を規定する支配的な外力は風加重（風による振動を含む）なのである。

10.　日本海側を苦しめる豪雪

　わが国の国土面積の60％が積雪寒冷地域である。そこには生活をマヒさせる豪雪の危険が常にある。わが国より寒冷地に大都市が存在する例は、ロシアやカナダなど各地にあるが、年間の降雪量が4mを超えるところに、人口50万人もの都市が存在する例はない。

　地球温暖化の影響からと言われ降雪の少ない年もあったが、最近では豪雪中心が北上して、青森や北海道では観測史上最大規模の豪雪が毎年のように観測されている。かつての冬ごもりの時代とは異なり、冬でも活発な活動を続けなければならない現代では、雪の存在は生活や産業活動にとって大きく厳しい条件であり続けている。

＜参考文献＞
1）大石久和「国土と日本人－災害大国の生き方」中公新書，2012
2）大石久和・藤井聡「国土学－国民国家の現象学」北樹出版，2016

第2章

基礎から学ぶ インフラ整備の変遷

われわれは、国土にいろいろな手段で働きかけ、その結果として国土から恵みを得ている。安全で快適で心地よい暮らしができるのも、ヒトやモノが効率的に移動できるのも、長い年月にわたり、耕地を開き、河川を改修し、道路や港湾を整備し、都市環境を整えてきたからこそなのである。本章では、これまでどのように国土に働きかけて、今日の姿があるのか、概説する。

1. 中世までの国土整備

1) 「国土」の始まり

紀元前数千年前頃、大陸から稲作文化がやってきた。当時の技術力では、灌漑をして土地を潤すことができなかったから、自然の湿地を水田として利用する程度だったと考えられる。やがて、人工的な水田の整備が始まった。この事業はすぐに全国に波及し、わが国の水田整備は弥生時代の末期には、本州の北端にまで至ったと言う。

これに並行して灌漑技術が発達してきた。鉄器の伝来や人々の集団形成が進んでくると、工具の開発と集団力によって用水や灌漑の事業が行えるようになってきた。とは言っても、小河川に手を入れることができる程度だったから、使える水も少なく干ばつにも弱かった。

そこで朝鮮半島伝来の技術も用いて「ため池」が発明された。古墳時代と言われる時代は、古墳という大規模な土木工事が行える技術を獲得した時代だが、その技術はため池築造と共通している。

2) 条里制・口分田と七道整備

大化の改新という一連の改革を経て、わが国は律令によって国家としての統治組織を整備していった。税制や身分制度を整えたのだが、それを可能とするための国土整備、国土への働きかけを大々的に行ったのである。

それは最も大切な税であった米の収穫に関わる「祖」という税収を保障する仕組みと事業であった。仕組みとは納税者を特定するための戸籍制度と班田収授法であり、事業とは条里制・口分田と七道の整備である。

支配地域の隅々に至るまで調査して戸籍を確定していき、当時の耕作地になり得る土地の全てと言っていいほどに条里制を敷き、口分田を整備したのである。

官道は長い間大した道路ではないと考えられていた。ところが近年の発掘調査の結果、大和朝廷時代の官道は「極めて直線性に富み、幅員も巨大な道路」だったことがわかってきたのである。九州の西海道では、佐賀県下に17kmもの直線区間が見つかったし、関東の東山道遺構は幅員が12mにも及ぶものだった。

条里制と官道整備の実態を考えると、この時代は国家をあげた列島改造時代だったと言って過言ではない。

3) 荘園領主による領国経営

律令国家の条里制施行の時代以降、戦国時代末期から江戸時代初期にかけての大開発時代までの間は、

あまり開発が進まなかったように考えられていた。しかし、荘園領主による大開墾時代があったことが、近年、明らかになってきた。

こうした領主は開発領主とも呼ばれ、一定の地域を支配できる力を付けると、国司からの圧力も増したことから、権門勢家や寺社に所領を寄進して、荘園は寄進地系荘園として更に開発が進められたのである。福井平野における東大寺領荘園や尾張の円覚寺領富田荘の開発などが有名である。

2. 江戸時代の大開発

1）河川改修と新田開発

図2-1は、わが国の耕作地の拡大とそれに伴う収穫の増大、そして人口の増加の様子を示したものである。戦国時代の終わり頃から増え始めた耕作地は、江戸の初期に至って爆発的に増え、わずか100年ほどの間に耕地面積は3倍にもなり、石高や人口もそれに従って急増した。1720年頃には、既に日本の総人口は幕末の人口と同じ約3,000万人にまで大きく成長した。これは、江戸初期における大河川改修と干拓の成果なのである。

多くの河川で改修工事が実施され、併せて新田が開発された。利根川は「東遷」と呼ばれた事業によって河口を江戸湾から銚子に変えたし、荒川は上流部で入間川に付け替え流路を西に振られて「西遷」した。これらの事業は1650年頃までに行われ、これによって、江戸の治水レベルが向上し、舟運が発達して物流が活発となり、新田開発も大いに進んだのであった。

われわれが大河川だと認識しているほとんど全ての河川で、この時期流路変更などの手が加えられている。こうして耕地が拡大して人口が増え経済も成長したのだが、当時の技術力では十分な効果をあげることができなかった信濃川などの河川もある。

2）北前船による物流の活発化

江戸時代に入ってしばらく経った1640年頃に、日本海の沿岸を航海する西廻り航路が開発された。これは後に「北前船」と通称されるようになるが、北海道の産物などがこの航路によって、上方（大坂）や江戸に届くようになった。この航路は、日本沿岸を伝うように巡るものだが、これによって安全に物資が輸送できるようになり、大きな富を各地にもたらしたのである。

西廻り航路が開発されて、わが国の物流は極めて活発になった。このことが可能になったのは、江戸時代の初めに河川の付け替え等の工事が活発に行われたためであるが、平和な時代を迎えて各地に特徴的な産物が生まれ、それが江戸や上方に持ち込まれるようになっていったことも大きい。

西廻り航路による北からの産物と西国一円から集荷した物資を江戸に移送したのが、菱垣廻船や樽廻船である。このようにして日本沿岸をぐるりと回る交易ルートが完成していった。

3. 明治からの国土造り

1）急速に進む鉄道整備

明治政府がとった国土造りの政策の第一は、鉄道整備であった。明治初期のインフラ投資先を見ると、鉄道は投資金額の80％近くのシェアを占めていた。このように当時わが国は鉄道整備に最大の努力をしたのである。それは、国土を一体的に使い、幕末の戊辰戦争の対立を解消して、一つの国家としてまとめていく努力であった。

わが国で最初の鉄道開通が明治5年（1872年）の新橋～横浜間だったというのに、新橋～神戸間は明治22年（1889年）、上野～青森間は明治24年（1891年）というスピードぶりだった。こうして、鉄道は明治38年（1905年）には、既に総延長が7,700kmにも達したのである。

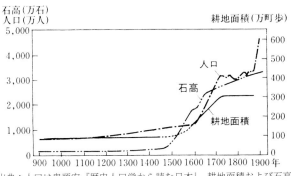

出典：人口は鬼頭宏『歴史人口学から読む日本』、耕地面積および石高は土木学会『明治以前日本土木史』をもとに作成

図2-1　耕作面積と石高および人口の推移

２）台地開発と用水事業

　江戸時代には手を着けることができず、明治の近代技術力で初めて可能になった事業の一つに、洪積台地（堆積平野のなかで沖積層よりも古い時代の洪積層という地層が台地化したもの。したがってかなり固い地層）の開発がある。

　これらの事業により不毛の台地とされてきた多くの土地が有効利用されるようになったから、いずれもが有名な事業となっている。

　矢作川の水を引いた明治用水、猪苗代湖の水を用いた安積疎水、那珂川の那須疎水、那須野ヶ原用水など、いずれも数千ha級の大規模開発であった。これらの開発が可能となって肥沃な大地に生まれ変わっていったことは、人々に時代の変化を感得させたに違いない。

　京都でも、東京遷都による衰退から復興するための琵琶湖導水事業である京都疎水が事業化された。これにより電力・水運・水道が京都にもたらされた。これが京都に全国初の市電を走らせることになった。

３）河川事業

　河川事業については、明治の当初には舟運のために河川に航路を確保する低水事業を実施していたが、鉄道の普及に伴い舟運が衰えると、洪水対策を行う高水事業が中心となっていった。また、江戸時代の技術ではできなかった信濃川の改修についても、江戸時代から挑戦を続けていた分水事業が何とか成功し、それは今日大河津分水と呼ばれている。これにより新潟平野は米所へと変身したのである。

　新潟は昔から良質米の産地だったと考える人もいるが、明治以来の先人の努力がこれを可能としたことに思いを巡らせなければならないのである。写真2-1は、新潟平野で田に船を浮かべて稲刈りをしていた時代の写真である。これでもわかるように分水事業が完成するまでは非効率で苦労ばかりが多い農業を行わざるを得なかったのである。

４）通信・港湾事業など

　通信・港湾の事業にも明治政府は懸命に取り組んだ。

　通信網の整備は急速であった。国防的な関心が高かったこともあるが、1869年に開始した通信線建

出典：「大地への刻印」全国土地改良事業団体連合会
写真 2-1　田舟による稲刈り作業（新潟平野）

設は、1881年には全国的なネットワークとなり、総延長は陸上線で7,250km、海底線98kmというスピードであった。

　港湾も横浜・大阪・小樽などでコンクリートによる防波堤事業が行われ、波浪から港を守るレベルが大きく向上した。

　道路事業にあまり見るべきものがないのは、自動車が一般には普及しておらず、また馬車による長距離移動もなく陸上輸送はほとんど鉄道が担ったからである。わが国で道路整備が本格化したのは、戦後の昭和30年（1955年）頃からなのである。馬車を持っていた欧米は昔から道路の整備を進めていたが、わが国では本格的に道路整備が始まったのは戦後10年ほどたってからだから、極めて短い歴史しかないのである。

５）関東大震災と帝都復興計画

　大正12年（1923年）９月１日、神奈川県を中心に関東から静岡県東部に至る広い範囲を大地震が襲った。死者・行方不明者10万5,000人、住宅の全潰11万戸、焼失21万2,000戸にものぼる、わが国の災害史上最大の犠牲者を出した関東大震災である。このすさまじい災害からの復興が、今日の東京という街の基礎的な骨格を形成することになった。

　後藤新平による大復興計画は、欧米の最新の都市計画を適用し、そのための土地収用を強力に行い、国家予算の２倍もの復興費を計上するというものであったが、地方出身の議員の反対などもあって逐次縮小されてしまった。

　それでも、道路では内堀通り・八重洲通り・靖国

通り・昭和通りなどが整備されたし、隅田川の清洲橋・両国橋・蔵前橋などの100を超える橋梁も建設された。また、小学校校舎の鉄筋コンクリート化が行われ、墨田公園・錦糸公園・浜町公園、横浜の山下公園などの公園事業も実施された。

このように、多くの復興事業が行われ、それがわれわれの貴重な社会資本として現在に引き継がれて、今日の生産や生活を支えているのである。

4. 戦後の国土整備

1) 戦災復興

主要都市のほとんどが戦災を受け、市街地が焼かれてしまった。被災都市の数は215、焼失面積は6万4,500ha、全国の都市住宅の3分の1が焼失し、工場設備や建築物などの実物資産の4分の1が滅失するという甚大な被害であった。

ほとんどの都市が焦土と化した戦災からの復興は、都市の構造を決定する事業となった。

昭和20年（1945年）12月30日に、戦後復興計画基本方針が閣議決定され、復興計画区域が定められた。計画の目標として地方の特色を持った都市集落建設を目指し、土地利用や街路・緑地・港湾・運河・鉄道等の整備計画を策定することになった。罹災地域の全体にわたり、土地整理事業を行うことを重点として、昭和21年（1946年）10月には、全国115都市、6万5,000haが戦災都市に指定された。

しかし、戦後の厳しい経済状況にあって、ドッジラインで有名な緊縮財政のもとでは、当初の計画は貫徹し得なかった。GHQからは「まるで戦勝国の計画だ」と言われ、復興計画の縮小を求められた。

それでも、仙台市・名古屋市・神戸市・広島市などでは、市長や関係者の努力により、当初計画に近い形で復興することができた。名古屋市の久屋大通り、広島市の平和大通りといった100m道路や仙台市の青葉通りのケヤキ並木は、この計画の成功事例として今日に生きている。

2) 風水害との闘い

戦後の国土造りは戦災復興と食料増産に加え、相次いだ風水害との闘いから始まった。

まず、敗戦直後の昭和20年（1945年）9月、「枕崎台風」が襲ってきた。秋雨前線の活動による降雨が続いていたところに台風の雨が重なり、全国的な災害に見舞われた。死者・行方不明者3,700人強、浸水家屋27万4千戸という極めて大きな被害を全国にもたらした。

2年後の昭和22年（1947年）9月には、「カスリーン台風」が襲い、利根川が破堤するという大水害を発生させた。敗戦と空襲被害に打ちひしがれていた首都圏などの人々を強力な台風が襲ったのである。

その後も昭和23年（1948年）にアイオン台風、昭和24年（1949年）にジュディス台風、キティ台風、昭和25年（1950年）にジェーン台風が立て続けに日本を襲った。

このような風水害の頻発を受けて、戦後の社会資本整備は、戦災復興とともに、風水害による被害をいかに防ぐかということが最も緊急の課題となった。

3) 道路整備とモータリゼーション

戦前には、人々の移動は歩くか列車に乗るかにほぼ限られ、物は船と列車で運ばれるのが大半であった。

ところが戦後、経済成長とともに、わが国でもアメリカやヨーロッパと同じような自動車交通の時代が始まった。昭和20年（1945年）のわが国の自動車の保有台数は、全国でわずか14万台にすぎなかった。トラックが約10万台、乗用車とバスが合わせて4万台という状況だった。長い間、貨物車の方が乗用車よりも多いという状況が続いたが、1970年に貨物車が890万台、乗用車類は930万台になり、乗用車が貨物車を上回った。

道路整備の状況を見てみると、まだモータリゼーションの爆発が始まる前の昭和27年（1952年）においては、幅員が5.5m以上あって大型車がすれ違える道路は国道でも30％程度であり、舗装された国道は13％程度にすぎなかった。

戦後の道路整備は、まず車が走っても埃がたたない、あるいはぬかるみによる轍にタイヤがとられて前進することができないといった状況を改善するために舗装を行ったり、大型車がすれ違えたりハンドルを切り返さなくてもカーブが曲がれたりするため

の「道路改良」を行うことから始めなければならなかったのである。

4）全国総合開発計画

戦後の社会資本整備の考え方を知るためには、相次いで作られた「全国総合開発計画」が何を背景として認識し、どういうスローガンを掲げてきたのかを見ていくとわかりやすい。

⑴全総（全国総合開発計画）

昭和25年（1950年）に国土総合開発法が公布され、これに基づく総合開発計画が何度か試みられたが正式決定には至らなかった。昭和35年（1960年）に池田勇人内閣の所得倍増計画が定められると、そのための国土政策の計画として、昭和37年（1962年）、最初の全国総合開発計画が決定された。

この計画では、大都市の過密化の解消と地域格差の拡大の防止を重要な地域的課題とし、その解決策として拠点開発方式を採用した。これを具体化するため、全国を過密地域、整備地域、開発地域に区分し、それぞれに対応する施策の基本方向を定めた。その拠点開発方式の具体的戦略手段として、有名な「新産業都市建設促進法」「工業整備特別地域整備促進法」という法律が作られたのである。

⑵新全総（新全国総合開発計画）

昭和44年（1969年）には「新全総（新全国総合開発計画）」が策定された。全総の予想をはるかに上回る速さで経済が成長し、全総の意図にもかかわらず、人口・産業の大都市集中と過疎問題が生じてきたことなどから、新全総が企画された。

昭和45年（1970年）の通常国会は、「公害国会」と言われたほどに、公害問題に対処するための法制度の整備が議論された国会であった。そのような時代背景を受けて、「豊かな環境の創造」が基本目標となった。高福祉社会を目指して、人間のための豊かな環境を創造し、長期にわたる人間と自然の調和、自然の恒久的保護・保存、地域特性を生かした開発整備による国土利用の再編成と効率化、安全・快適・文化的環境条件の整備保全などの目標を掲げ、そのための方式として「大規模

プロジェクト構想」がうたわれたのである。

新幹線、高速道路等の全国ネットワークを整備し、大規模産業開発プロジェクトなどを推進することにより、国土利用の偏在を是正し過密過疎、地域格差を解消することが新全総の狙いであった。

⑶三全総（第三次全国総合開発計画）

昭和48年（1973年）10月、第4次中東戦争が勃発し、石油輸出国が価格を引き上げたり、イスラエル支持国への石油禁輸を決定したりした影響を受け、狂乱物価といわれる物価の高騰が起こった。いわゆる第1次オイルショックである。トイレットペーパーの買いあさりが起こるなどの騒ぎを経て、テレビの深夜放送の禁止を始め、週刊誌などの雑誌のページ数が削減されるなど各種の需要抑制策がとられた。

昭和49年（1974年）には経済成長がマイナスになって、わが国の高度経済成長もここに終焉した。

さらに、整備新幹線の建設が大幅に延期され、3ルート全てで起工式を行う予定だった本州四国連絡橋は、式典の5日前に全てのルートに建設延期の指示がなされた。

また、人口移動については、戦後一貫して三大都市圏への人口集中が続いていたが、昭和45年（1970年）には地方圏から大都市圏への人口流出が大幅に減少するなどの変化があった。

これらの時代の変化を受けて、新全総は見直され、昭和52年（1977年）11月、第3回目の計画として「三全総（第三次全国総合開発計画）」が策定された。需要抑制、投資抑制という時代を背景として、交通ネットワークの形成は盛られたものの、居住の安定性がうたわれたりと、過去の全総とは様変わりの計画だったのである。

⑷四全総（第四次全国総合開発計画）

ところがその後、1970年代末から80年代に入ると、首都圏だけに人口が集中しはじめる東京一極集中という現象が起こり、これを背景として第4回目の計画「四全総（第四次全国総合開発計画）」が昭和62年（1987年）に制定された。

四全総制定の背景には、人口・諸機能の東京一

極集中にどのように対処するのか、そして本格的な国際化を迎える時代にどのように立ち向かうのかといった問題意識があった。これを解決するために、結果的には「多極分散型国土の構築」を「交流ネットワーク構想」によって実現しようという計画になった。そこには、地域の特性を生かしつつ、創意と工夫により地域整備を推進し、基幹的な交通・情報・通信体系の整備を国の先導的な指針に基づき全国にわたって推進し、多様な交流の機会を国・地方・民間諸団体の連携により形成するという内容が盛られた。

⑸五全総（第五次全国総合開発計画）

平成10年（1998年）に、最後の全国総合開発計画となった「五全総(第五次全国総合開発計画)」がまとめられた。この背景には、地球環境問題への関心の高まりに加え、アジア諸国の台頭があった。アジア諸国との交流連携を考えずに、わが国の国土計画はなし得ないという認識の始まりだったのである。

と同時に、おおむね10年ないし15年後あたりまでを見通す全総計画のなかで、平成10年（1998年）の五全総は、計画期間内の将来に人口が減少して少子高齢化社会を迎えるということをはっきりと認識しなければならない最初の計画となった。

この五全総のキーワードは「多軸型国土構造」と「連携社会」であった。打ち出したイメージは、疲弊していく中山間地域等を多自然居住地域として創造していこう、大都市空間をリノベーションしていこう、そして国土全体を多軸の国土軸といくつもの地域連携軸からなる地域連携のまとまりとして考えていこう、更にブロック圏については、広域的な国際交流をそれぞれが担う広域国際交流圏としてとらえていこうというものであった。

5. 公共事業削減の時代

1）公共事業削減とデフレ

図2-2は、平成7年（1995年）の財政危機宣言以降の先進各国の公共事業費の推移を見たものである。1996年を起点として見ると、各国が2～4倍と伸ばしているのに、わが国だけが半減している。財政

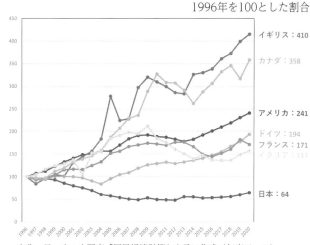

1996年を100とした割合

出典　日　本：内閣府「国民経済計算」を元に作成（年度ベース）
　　　諸外国：OECD「National Accounts」等を基に作成（暦年ベース）

図2-2　一般政府公的固定資本（≒公共事業費－用地補償費）形成費の推移
（注）グラフ中、2004年までは旧基準（93SNAベース）、2005年以降は08SNAベースのIGより研究開発投資（R&D）や防衛関係分を控除

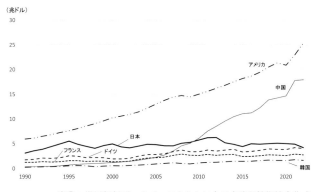

出典：世界銀行データベースをもとに全日本建設技術協会作成
図2-3　日本と世界各国の名目GDPの推移

が厳しくない国など世界に一国も存在しないが、わが国だけが財政が厳しいことを理由に経済成長や経済競争力のエンジンであるインフラ整備を怠ってきたのである。

1995年頃からのGDPの推移を示したのが、図2-3である。わが国は1995年以降、デフレ経済のもとでほとんど経済成長していない。しかし、アメリカは同時期に3倍以上、中国は約24倍の経済規模に拡大しており、日本を囲む東アジア主要国の経済成長はこの頃から著しいことがわかる。当然のことだが、GDPが伸びなければ税収は絶対に伸びない。民間の消費や投資が増えない状況のもとで、政府の支出や公共事業費を下げつづければ、GDPが減少

し続けるのは当然のことである。

２）国土形成計画と社会資本整備重点計画

全国総合開発計画は五全総が最後となった。開発などという時代ではないとか、地方分権時代に国の計画だけがあるのはおかしいなどの指摘がなされ、全総が各種社会資本整備の計画的な支えの役割を果たしてきたことが、否定的に捉えられたのである。

全総は、全国計画と広域地方計画からなる国土形成計画に姿を変えた。平成20年（2008年）に全国計画が、平成21年（2009年）に広域地方計画が策定された。その後、全国計画は平成27年（2015年）と令和５年（2023年）に、広域地方計画は平成28年（2016年）に改定されたが、国土形成計画には、具体の事業もほとんど書かれず、ただ理念を述べているだけの空疎な作文だとの批判も強い。

実際、財政危機宣言以来、歳出削減の邪魔になるものは何でも削減されてきたが、全総が国土形成計画になった結果、具体の計画や事業の書かれていない国土計画を持つという世界的にも例を見ない国となったのである。

また、道路・河川・港湾といった個別の社会資本計画も事業間の調整がないとか、いつまでもこれらの投資を続けるための仕掛けでしかないとか批判され、集約されて平成15年（2003年）に社会資本整備重点計画として一本化された。道路でいえば「道路整備緊急措置法」に基づく「道路整備五箇年計画」は、「社会資本整備重点計画」の一部門となった。計画の内容は、従来の「事業費」からアウトカム指標という「達成される成果」に転換された。

３）特定財源と特別会計

戦後、自動車の保有台数が爆発的に増加し、急速に進むモータリゼーションに対処するため、昭和28年に議員立法により、揮発油税を道路への特定財源とする法律が成立した。逐次、税の創設や税率の引き上げ（暫定税率）が行われ、一般の財源に大きく頼ることなく、主として道路を利用する自動車の負担によって道路整備が着実に進んでいった。事業費の急増に備えて、負担の公平性を考えながら税を生み出してきた先人の知恵には驚くべきものがある。

国家財政が厳しい状況のもとで一般財源化すべき、暫定税率を廃止してガソリンなどを値下げすべきなどの主張がなされ、平成20年（2008年）１月からのいわゆる「ガソリン国会」では、「ガソリン値下げ隊」が組織されて国会で旗を振り回し、暫定税率の期限切れによる混乱などを経て、「道路特定財源制度」は廃止され、税率を維持して一般財源化することなった。

一方、各事業では、特別会計制度により、受益と負担の関係や事業ごとの収支を明確して経理が行われていたが、「母屋（一般会計）ではおかゆを食って、辛抱しようとけちけち節約しておるのに、離れ座敷（特別会計）で子供がすき焼きを食っておる」などの指摘があり、財政制度等審議会での議論を経て、見直しが行われることとなった。

治水、道路整備、港湾整備、空港整備及び都市開発資金融通の５つの特別会計が統合する形で平成20年（2008年）に社会資本整備事業特別会計が設置され、平成25年（2013年）に社会資本整備事業特別会計が廃止され、空港整備を除き、一般会計化された。

４）事業評価と費用便益分析

戦後のインフラ整備は、交通インフラや防災インフラが圧倒的に不足していた状態から始まったが、整備がある程度進むと、社会情勢の変化に応じ事業を見直すべきではないか、効果を数字で評価すべきではないかなどの指摘がされるようになり、平成10年（1998年）から公共事業の評価が実施されるようになった。平成14年（2002年）に行政機関が行う政策の評価に関する法律（政策評価法）が施行されて、法に基づく評価となるとともに、実施要領等が策定され、現在では、計画段階評価、新規事業採択時評価、再評価、事後評価が行われている。

事業評価については、費用便益分析を行い、B/Cが１を上回る場合に事業を継続することを基本として行われており、事業ごとにマニュアル類が整備されている。例えば、道路事業であれば、走行時間短縮・走行経費減少・交通事故減少の３便益を、河川事業であれば、家屋等の浸水による被害を軽減する効果を、金銭に換算して算出することとされている。

しかし、費用便益分析の数値に固執し、「B/C至上主義」と思われるような傾向が見られる。道路であれば、ネットワークが形成されることによる効果が反映されない、河川であれば、氾濫による交通途絶やライフライン切断による周辺地域を含めた波及被害がカウントされないなど、現行の手法では計上されていない便益があることをよく認識する必要がある。

5）入札契約制度

平成7年（1995年）の財政危機宣言に始まった建設投資の大幅かつ急速な縮小は、ダンピング競争を招き、建設労働条件を悪化させ、賃金水準が大幅に低下し、技能労働者が大量に離職していくこととなった。特に若年層の技能労働者が大幅に減少したために、建設労働者の高齢化と生産効率の低下を招いた。

相次ぐ談合事件を契機として、一般競争入札の導入を柱とする対策が講じられていったが、それまで指名競争入札により担保していた公共工事の「品質」をいかに確保するかが重要な課題となっていた。筆者（当時：建設省大臣官房技術審議官）は、このような問題意識を関係者に提起し、公共工事の品質確保の促進に関する法律（品確法）の議員立法に結びつくこととなった。

平成17年（2005年）に品確法が施行され、総合評価方式の適用の拡大など、公共工事の品質確保に向けた施策が講じられていった。なお、品確法施行を受けて地方整備局等を中心とした全国10地区の協議会等が発注者支援技術者等の認定制度を実施していたが、平成20年（2008年）から一本化し、全日本建設技術協会が「公共工事品質確保技術者資格制度」を担っている。

その後、将来にわたる公共工事の品質確保と中長期的な担い手の育成・確保を図るため、平成26年（2014年）にいわゆる「担い手三法」（品確法、公共工事の入札及び契約の適正化の促進に関する法律（入契法）、建設業法）が一体的に改正され、さらに、働き方改革の促進等を図るため、令和元年（2019年）に「担い手三法」が改正された。

6）経験したことのない災害

公共事業削減の時代が続く状況のもとで、平成23年（2011年）、われわれは東日本大震災に見舞われた。地震後に襲った津波は激しい破壊をもたらし、2万人以上に及ぶ死者・行方不明者を生じさせた。東日本大震災では、災害への備え方を多様に考えなければならないことを含め実に多くの教訓を得た。

さらに、その後も、鬼怒川が決壊した平成27年9月関東・東北豪雨、平成28年に観測史上初めて北海道に3個上陸した台風などによる被害、斜面崩壊・河道埋塞により甚大な被害が出た平成29年7月九州北部豪雨、岡山県内の小田川をはじめ西日本を中心に広域的かつ同時多発的に被害が発生した平成30年7月豪雨、千曲川をはじめ全国142箇所で堤防が決壊した令和元年東日本台風、球磨川流域が被災した令和2年7月豪雨など、毎年のように日本各地で、これまで経験したことのないような豪雨により、深刻な水害や土砂災害が発生している。

6. これからの国土造り

図2-4は政府全体の公共事業関係費の推移である。当初予算でみると、平成7年（1995年）の財政危機宣言以降減少し、平成25年（2013年）頃からほぼ横ばいとなっていた。相次ぐ災害を踏まえて、事業規模を概ね7兆円とする「防災・減災、国土強靱化のための3か年緊急対策」が平成30年（2018年）12月に閣議決定された。さらに、令和2年（2020年）12月に事業規模を概ね15兆円とする「防災・減災、国土強靱化のための5か年加速化対策」が閣議決定され、令和2年度から令和5年度の補正予算で関係予算が計上されており、インフラ整備の後ろからの支えとなって、平成8年（1996年）以降急激に進んできた公共事業費削減の歯止めとなっている。また、令和5年（2023年）6月には、いわゆる国土強靱化基本法が改正され、国土強靱化に関する施策を引き続き計画的かつ着実に推進するため国土強靱化実施中期計画に関する規定等が設けられるとともに、同年7月には国土強靱化基本計画が見直されたところである。

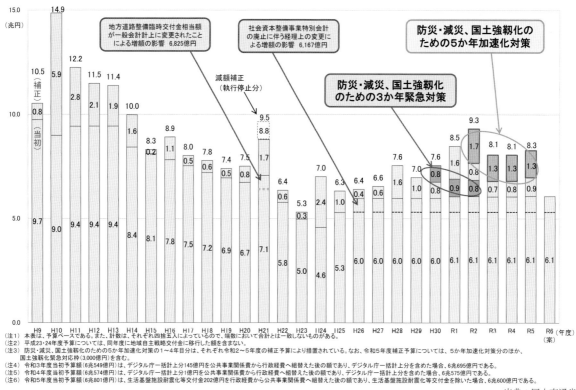

図 2-4　公共事業関係費（政府全体）の推移

出典：国土交通省

しかし、まだまだ十分と言えるものではない。

　気候変動により頻発・激甚化する水害、首都直下型地震や東海・東南海・南海と連動する地震に備えたり、人口減少時代に生産性の向上によって経済を成長させ国際競争力を確保したりするために、国土への働きかけは不可欠である。

　本章で述べてきたとおり、今日の日本の国土の姿はわが世代だけが造り上げたものではない。わが先人たちは、過去に何度もあった大災害や戦災を乗り切り、日本の国土をより生産性が高くなり、より住みやすくなるように改善して、今日に引き渡してくれている。わが世代にそれと同じ努力ができないはずはないし、わが世代だけがその責務から逃れるわけにもいかないのである。

＜参考文献＞
1）大石久和「国土と日本人－災害大国の生き方」中公新書，2012
2）大石久和・藤井聡「国土学－国民国家の現象学」北樹出版，2016
3）木下誠也「公共調達解体新書」経済調査会，2017

日本の
自然条件

インフラ
整備の変遷

河川

河川
維持

ダム

ダム
維持

砂防

砂防
維持

道路

道路
維持

港湾

港湾
維持

都市
公園

街路

土地
区画

市街地
再開発

水道

下水
維持

営繕

公営
住宅

漁港
漁場

海岸

海岸
維持

入札
契約

事業
評価

第3章

基礎から学ぶ 河川事業

1. はじめに

日本の河川行政の歴史は古く、近代的に整備が始まったのは明治時代です。

明治29年（1896年）に旧河川法が制定され、河川管理の体系的な法制度が整備されましたが、分断管理による上下流・左右岸のアンバランス等の課題から、昭和39年（1964年）に現行河川法を制定し、従来の「区間主義」から「水系一貫主義」の河川管理へ転換しました。

2. 管理区分

1）河川の管理区分

同じ流域内にある本川、支川、派川及びこれらに関連する湖沼を総称して、「水系」と呼んでいます。河川は河川法第4条、第5条、第100条において、図3-1に示すように一級河川、二級河川、準用河川に区分されます。それぞれの河川管理者については河川法第9条等に規定されており、概要を解説すると、次のようになります[1]。

国土保全上又は国民経済上特に重要な水系として、全国で109水系が指定されており、これらは「一級水系」と呼ばれる場合があります。一級河川は、一級水系内の河川であり、一級河川のうち、国が全ての管理を行う区間は「大臣管理区間」、「指定区間外」、「直轄管理区間」などと呼ばれます。一級河川のうち、管理の一部を都道府県が行う区間を「指定区間」といい、「都道府県管理区間」などと呼ばれることもあります。二級河川は都道府県が、準用河川は市町村が管理を行います。

ただし、一級河川や二級河川でも河川法第16条の3等の規定により市町村が工事等を行う場合があります。

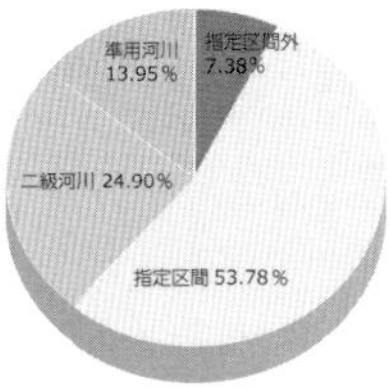

法河川延長　約144,049km

	直轄管理区間	指定区間
一級河川	約10,624km（約9%）	約77,467km（約54%）
二級河川	約35,868km（約25%）	
準用河川	約20,089km（約14%）	

出典：国土交通省

図3-2　法河川の延長（令和4年4月）

水　系	模　式　図	河　川　別	管　理　者
一級水系（109水系） 国土安全上または国民経済上特に重要な水系は、国土交通大臣が直接管理します。	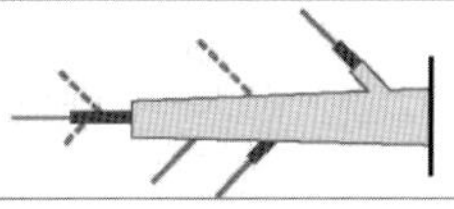	一 級 河 川（14,079河川）　準用河川 大臣管理区間　　　普 通 河 川 指 定 区 間	国土交通大臣 都道府県知事 市 町 村 長 地方公共団体
二級水系（2,710水系） 一級水系以外の水系は、二級水系として都道府県知事が管理します。		二 級 河 川　　　　（7.087 河川） 準 用 河 川 普 通 河 川	都道府県知事 市 町 村 長 地方公共団体
単 独 水 系 一級水系、二級水系以外の水系です。	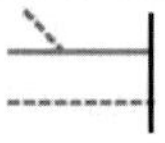	準 用 河 川 普 通 河 川	市 町 村 長 地方公共団体

図3-1　河川の管理区分

出典：国土交通省

また、全国の法河川延長は**図3-2**に示すとおり、約14万kmにおよび、うち約7％が国の直轄管理区間（指定区間外）です[2]。

2）河川区域等

河川や堤防等に係る土地の区域である「河川区域」は、河川法第6条第1項各号の記載にちなみ、**図3-3**のように1号地～3号地と呼ばれています。

堤防を挟んで市街地側は「堤内地」、河川側は「堤外地」と呼ばれます。

また、河川法第54条において河岸又は河川管理施設を保全するため必要があると認めるときは、河川区域に隣接する一定の区域を河川保全区域として

指定することができ、土地の形状変更などの行為を制限することができます。[1]。

3. 事業制度

河川事業には、主に治水を目的とする事業、環境の改善等を目的とする事業、維持管理等の対策に関する事業があり、**図3-4**にその体系を示します。

主な事業の採択基準等は、「河川事業関係例規集」[3]や「河川事業概要2023」[4]に掲載されています。

4. 技術基準

河川の技術基準体系は**図3-5**のとおり、法令・政令・省令・通達等で整理されています。

1）河川管理施設等構造令

河川施設等構造令（構造令）は、河川法第13条に基づく政令で、河川管理施設・許可工作物のうち、ダム・堤防等の主要なものの構造について管理上必要な一般的技術基準を定めたものです。

構造令の概要を**図3-6**に示しますが、日本に設置

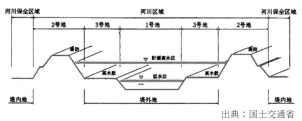

出典：国土交通省

図3-3　河川区域と河川保全区域

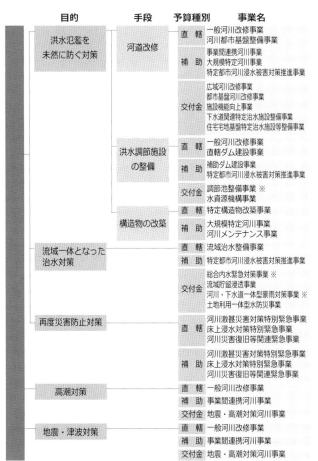

図3-4　河川事業の体系図

出典：国土交通省

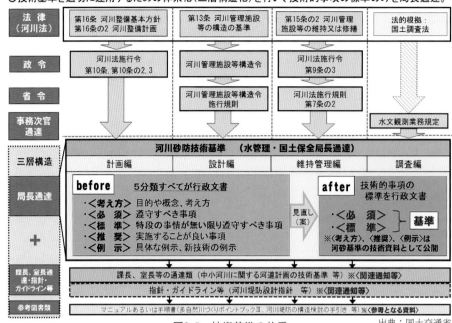

図3-5　技術基準の体系　　出典：国土交通省

される河川管理施設は、原則として、この構造令にのっとって設計され管理されます[5]。

2）河川砂防技術基準

河川砂防技術基準（河砂基準）は、全ての河川等における技術的事項の「標準」を定めた通達であり、技術基準として定める必要がある事項を局長通達として通知しています。

河砂基準の概要を図3-7に示しますが、治水計画はもちろん、全ての基本計画・調査・設計はこの基準に則して行うこととしました。なお、河砂基準は、調査編・計画編・設計編・維持管理編（河川・ダム・砂防編）で構成されており、その後の状況の変化に合わせて改定されています[6]。

5. 主な治水対策

1）治水対策の概要

治水対策は、図3-8に示すとおり、洪水時の河川水位を下げて安全に流すため、個々の河川や地域の特性を踏まえて、最も適切な組み合わせで実施することが重要です。

治水対策は、洪水等による災害の発生を未然に防止するために計画的に実施すること（事前防災対策）が一般的ですが、近年、水害が発生した地域におい

河川管理施設等構造令

○河川管理施設及び許可工作物（河川管理施設等）のうち、主要なものについての構造基準。
　・治水上影響の小さいものや設置される事例の少ないものは対象外。

○河川管理施設等の構造に関し、河川管理上必要とされる一般的技術的基準を定めたもの。
　・どのような場所に河川管理施設等を設けるか又は設けてはならないかという、設置基準的な内容は含めていない。
　・土木工学上の安定計算等の設計基準的な内容は含めていない。（ダム、高規格堤防は除く。）
　・設置基準的な内容、設計基準的な内容は、別途「工作物設置許可基準」（治水課長通達）、「河川砂防技術基準」（河川局長通達）等で明らかにされている。

○工作物の設置又は設計については構造令その他の基準等を考慮のうえ総合的に河川管理上の判断を行う必要がある。

○河川管理施設等構造令の構成
　第1章 総則　　　　第6章 水門の及び樋門
　第2章 ダム　　　　第7章 揚水機場、排水機場及び取水塔
　第3章 堤防　　　　第8章 橋
　第4章 床止め　　　第9章 伏せ越し
　第5章 堰　　　　　第10章 雑則

○ダム、高規格堤防を除き、理論的・実証的な手法だけでは性能の厳密な照査が困難であるため、配置、寸法等を定めた「形状規定」としている。

図3-6　構造令とは　　出典：国土交通省

河川砂防技術基準

河川砂防技術基準　計画編　総則

1. 基準の目的
　河川砂防技術基準（以下「本基準」という。）は、国土の重要な構成要素である土地・水を流域の視点を含めて適正に管理するため、河川、砂防、地すべり、急傾斜地、雪崩及び海岸（以下「河川等」という。）に関する調査、計画、設計及び維持管理を実施するために必要な技術的事項について定めるもので、これによって河川等に係わる技術の体系化を図り、もってその水準の維持と向上に資することを目的とする。

2. 基準の内容
　河川等の調査、計画、設計及び維持管理を実施するに当たり、法令に技術的基準等が定められている場合は、それらに適合している必要がある。本基準はそれらの法令に加えて河川等に係わる技術的事項について標準を定めたものである。したがって、具体的な施策の実施にあたり、所期の目的を十分に達成するより適切な手法等が存在する場合には、その採用を妨げるものではない。
　なお、本基準は調査、計画、設計及び維持管理の4編からなり、本基準の内容は、技術水準の向上とともに随時改定を行うものとする。

3. 基準の適用
　本基準は、原則として全ての河川等について適用するものであるが、緊急性や上下流河川の状況との整合性等を考慮する必要がある災害復旧事業が行われる河川の区間等、この基準によることが合理的でない河川については、本基準を適用しないことができる。

➡ 河川砂防技術基準は、全ての河川等における技術的事項の「標準」を定めたもの
技術基準として定める必要がある事項を局長通達として通知

図3-7　河砂基準とは　　出典：国土交通省

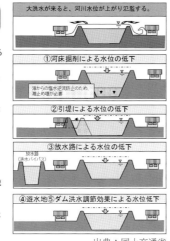

治水の原則
洪水時の河川の水位を
下げて洪水を安全に流す

①**河床堀削**：
　河床を掘り下げて河川の断面積を広げる
②**引　堤**：
　堤防を移動して川幅を広げることにより、
　河川の断面積を広げる
③**放水路**：
　新しく水路を作り洪水をバイパスすること
　により、河川（本川）の流量を減らす
④**遊水地**：
　平地部のある限られた区域に洪水の一
　部を貯めることにより、河川における洪水
　のピーク流量を減らす
⑤**ダ　ム**：
　洪水の一部をダム貯水池で貯留し、下流
　河川における洪水のピーク流量を減らす
⑥**堤防嵩上**：
　既存の堤防を、より高いものとすることに
　より、河川の断面積を広げる

大洪水が来ると、河川水位が上がり氾濫する。

①河床掘削による水位の低下

海からの塩水逆流防止のため、潮止め堰が必要

②引堤による水位の低下

③放水路による水位の低下

④遊水地⑤ダム洪水調節効果による水位低下

出典：国土交通省

図3-8　治水の原則

て、再度災害防止のための対策を緊急的に実施すること（再度災害防止対策）もあります。

2）事前防災対策

　事前防災対策としては、河床掘削、引堤、堤防嵩上などの河道の改修を行うほか、抜本的な対策としてダム、放水路、遊水地の整備を行う場合があります。

　抜本的な対策としては、写真3-1、2のとおり利根

出典：国土交通省

写真3-1　八ッ場ダム（群馬県）

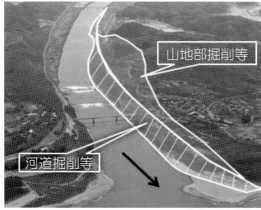

出典：国土交通省

写真3-2　大河津分水路（新潟県）

川水系の八ッ場ダムの整備（令和元年度完成）や、信濃川水系の大河津分水路の整備等があげられます。

3）再度災害防止対策

　激甚な水害の発生や床上浸水の頻発している地域等において、集中的に防災・減災対策を実施しています。たとえば、写真3-3のとおり、信濃川水系では令和元年東日本台風の被害を受け、信濃川水系緊急治水対策プロジェクトを立ち上げ、堤防整備、河道掘削等のハード対策や、地域連携によるソフト対策を流域内の関係機関が連携して進めています。

出典：国土交通省

写真3-3　東日本台風による被害（信濃川水系千曲川）

4）事業の効果

　令和4年9月の台風第14号による豪雨により、五ヶ瀬川流域では崖崩れや道路の被災など多くの被害が発生しました。今回の豪雨は、計画高水位を超過するなど、観測史上最高の雨量、水位を記録した平成17年台風第14号と同規模でしたが、平成17年以降、国土強靱化予算等により、河道掘削、堤防整備等を進めてきたことに加え、ダムの事前放流により貯留量を確保したことにより、五ヶ瀬川、大瀬川の氾濫を辛うじて回避し、延岡市の中心市街地を含む地域の浸水を防止しました。

出典：国土交通省

図3-9　河川事業等の効果事例集

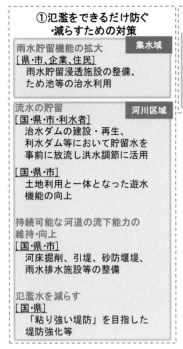

図3-10　流域治水のイメージ

出典：国土交通省

また、本省や地方整備局、地方公共団体が分野別に公表している事業効果資料を「所管事業の事業効果」[7]（図3-9）として広報ウェブサイトに一元化していますので、ぜひご活用ください。

6.　今後の治水対策の方向性〜流域治水の推進〜

気候変動の影響により水災害の激甚化・頻発化が懸念されることなどを踏まえ、河川整備を加速化しつつ、流域全体で、国・都道府県・市町村、地元企業や住民などのあらゆる関係者が協働して取り組む「流域治水」を推進しています（図3-10）。

具体的には、気候変動を踏まえた治水計画の見直しを進めるとともに、水害に強いまちづくりや地域防災力の強化などの流域対策と河川整備を組み合わせた「流域治水プロジェクト」を全国109の一級水系と主要な二級水系で策定し、本格的に現場レベルでの取組を進めています。

また、流域治水の実効性を高めるため、令和3年（2021年）11月に流域治水関連法が施行されました。河川整備を加速するとともに、当該法律を活用しながら、雨水貯留浸透施設の整備や土地利用規制等の流域対策を実施し、水災害リスクを踏まえたまちづくり・住まいづくりを推進していきます[8]。

7.　その他基礎知識

1）河川整備基本方針・河川整備計画

河川の計画は、河川法第16条及び第16条の2に基づき、長期的な河川整備基本方針と中期的・具体的な河川整備計画の2つで構成されます（図3-11）。

⑴河川整備基本方針

長期視点に立った河川整備の基本的な方針として最終目標を定めるものです。

河川整備基本方針は、水系全体の治水・利水・環境の総合的な整備方針、基本高水、河道と洪水調節施設への配分等を定めます[1]。

河川整備基本方針は水系ごとに定めることとさ

出典：国土交通省

図3-11　河川計画の体系

22

れており、一級水系については国土交通大臣が、二級水系については都道府県知事等が定めます。

⑵河川整備計画

中期的な計画として概ね20年から30年間で実施する河川整備の目標や具体的な内容等を定めるものです。

一級河川の場合、基本的に大臣管理区間ついては地方整備局長が、指定区間については都道府県知事が河川整備計画を定めます。河川整備計画は地域に十分理解され、地域の意見を踏まえたものとすることが重要なため、関係住民や関係地方公共団体からの意見聴取等を経て策定することとされています[1]。

2）年超過確率

河川の計画や整備の水準等を「年超過確率」で表すことがあります。

例えば「年超過確率1/50の規模の洪水」とは、毎年、1年間にその規模を超える洪水が発生する確率が1/50（2％）であることを示しています。これを「概ね50年に1回程度発生する」と説明すると、以下のような誤解を招くことがありますので、注意することが必要です[3]。

> 「年超過確率1/50規模の洪水」（図3-12）は
> ×50年間に一度だけ発生する
> ×昨年発生したので、次に発生するのは
> 　50年後であり今年は発生しない
>
> ⬇
>
> ○発生した年もその翌年も、
> 　発生する確率は毎年1/50である
> ○50年間にその規模を超える洪水が
> 　2回以上発生することもあれば
> 　1回も発生しないこともある

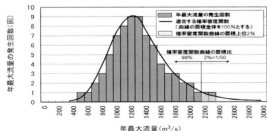

この場合、年超過確率1/50（＝2％）の規模の洪水は約2,200m³/sであり、約2,200m³/sを超える洪水が発生する確率が毎年2％である。

出典：国土交通省

図3-12　年超過確率1/50 洪水の例

出典：国土交通省

写真3-4　河川事業概要、水害レポート

3）上下流バランス

河川の計画の立案や整備の実施を行う際の重要な観点の一つに、「上下流バランス」があります。これは、「上流域整備に伴う下流の負担も総合的に考えたうえで、事業計画を定める」ことや「下流域の安全度を高めてから、上流域の治水を行う」といった考え方です。

中小河川で行う川幅を広げるような抜本的な河川改修は、下流から実施することが一般的です。「治水経済調査マニュアル案（令和2年4月）」にも以下の記述があります[9]。

> （治水経済調査マニュアル案）
> ・事業の実施に際しては、効率性という観点だけでなく、公平性の観点も必要となり、上下流、左右岸のバランス等種々の事項を総合的に考慮して決定
> ・途中段階の河川整備の目標設定においては、上下流、左右岸の治水安全度のバランスを踏まえた安全度の設定が行われることを前提

8. おわりに

ここで紹介しきれなかった事業の詳細や水管理・国土保全局全体の政策、毎年の水害情報については、水管理・国土保全局ウェブサイト（「河川事業概要2023」[4]、「水害レポート2022」[10]（写真3-4）、各種統計情報等）に詳しく整理していますので、ぜひご覧いただければと思います。

＜参考文献＞
1）河川法研究会編著「[逐条解説] 河川法解説」大成出版社
2）国土交通省水管理・国土保全局「河川データブック2023」
3）「河川事業関係例規集（令和5年度版）」（公社）日本河川協会
4）国土交通省水管理・国土保全局「河川事業概要2023」

5）国土開発技術研究センター編「改定　解説・河川管理施設等構造令」技報堂出版

6）日本河川協会 編「河川砂防技術基準　同解説」技報堂出版

7）国土交通省水管理・国土保全局ウェブサイト「所管事業の事業効果」(https://www.mlit.go.jp/river/kouka/jirei/index.html)

8）国土交通省水管理・国土保全局「令和6年度　水管理・国土保全局関係予算概要」（令和6年1月）

9）国土交通省水管理・国土保全局「治水経済調査マニュアル（案)」

10）国土交通省水管理・国土保全局編集「水害レポート2022」

日本の自然条件

インフラ整備の変遷

河川

河川維持

ダム

ダム維持

砂防

砂防維持

道路

道路維持

港湾

港湾維持

都市公園

街路

土地区画

市街地再開発

水道

下水

下水維持

営繕

公営住宅

漁港

海岸

海岸維持

入札契約

事業評価

第4章

基礎から学ぶ 河川維持管理事業

1. はじめに

河川は、水源から山間部、農村部、さらには都市部等を流下し海に至る間で、それぞれ異なる特性を有しています。また、土砂の流出や植生の変化等により長期的に変化していきますが、その変化は必ずしも一様なものではなく、洪水、渇水等の流況の変化等によって、時には急激に状態が変化するという特性を有する自然公物です。主たる管理対象施設である堤防は、延長が極めて長い線的構造物であり、一箇所で決壊した場合であっても、一連区間全体の治水機能を喪失してしまうという性格を有しています。また、原則として土で作られ、過去幾度にもわたって築造・補修され現在に至っているという歴史的経緯を有し、その時々で現地において近傍の土を使用して築造できるという利点がある一方、構成する材料の品質が不均一であるという性格も有しています。これらのことから、河川維持管理を確実に行うには、このような河川の状態を見（診）て、状態の変化を分析する、きめ細かな維持管理を実施することが必要となっています。

さらに、我が国ではこれまで経験したことがない規模の集中豪雨や台風により、大規模な水害が後を絶たない状況が続いています。一方で、人口減少や高齢化等に伴う地域の防災力の低下が進行しています。河川管理者が管理する河川管理施設について、施設数が毎年増加していますが、高度経済成長期に多くの河川管理施設が整備されたことから、老朽化の進行が著しい状況です。

こうした状況の中で、国民生活の安全・安心を確保していくためには、これまで整備してきた施設がその機能を十分に発揮できるよう、的確な維持管理が必須となっています。

2. 管理区分

第3章 基礎から学ぶ 河川事業「2. 管理区分」をご参照ください。

3. 事業制度

河川維持管理（ダム等を除く）に関する事業制度は、直轄事業としては「河川維持修繕事業」及び「河川工作物関連応急対策事業」、補助事業としては「河川メンテナンス事業」となります。河川維持管理に係る事業体系は図4-1、各事業の国庫負担率、補助率は図4-2のとおりです。このほか、総務省所管の緊急浚渫推進事業などがあります。

目的	予算種別	事業名
戦略的維持管理・更新	直轄	河川維持修繕事業
		河川工作物関連応急対策事業
	補助	河川メンテナンス事業

出典：国土交通省

図4-1 河川維持管理に係る事業体系

直轄	補助

河川維持修繕事業
一級河川 10／10
（北海道10／10）
河川工作物関連応急対策事業
一級河川 2／3（北海道8／10）

河川メンテナンス事業
一級河川 1/2（北海道 2/3）
二級河川 1/2 （北海道 5.5/10、
沖縄 9/10、離島1/2、奄美6/10 ）

出典：国土交通省

図4-2 各事業の国庫負担率・補助率

1）河川維持修繕事業

　堤防除草、河川巡視、樋門・樋管等施設の点検・操作、流下断面維持のための河道内堆積土砂の撤去等を行うとともに、老朽化に伴い低下した施設機能回復のために速やかに行う必要がある工事若しくは、設備の更新を行うものです。

2）河川工作物関連応急対策事業

　河川工作物（床止め、堰、水門等）の構造が、不充分若しくは適当でないため、又は、長期間の供用により老朽化が著しいため、前後の一連区域の治水機能に比較して工作物周辺の治水機能が劣っているものについて、応急的な改良並びに新増設の改善措置を実施するものです。

3）河川メンテナンス事業

　樋門、樋管、水門、排水機場等の河川管理施設の老朽化対策を計画的に実施するため、施設の長寿命化計画の策定又は変更を行い、更新や改築、応急的な改良が必要な施設については、計画的に実施することにより、施設機能を確保するものです。

4）緊急浚渫推進事業

　河川氾濫などの浸水被害の防止等のため、地方公共団体が単独で実施する浚渫事業で、事業期間は令和６年度まで、地方財政措置は充当率100%、元利償還金に対する交付税措置率70%となっています。河川における対象事業は、河川維持管理計画等の個別計画に緊急的に実施する必要がある箇所として位置づけた河川に係る浚渫となっており、一級河川、二級河川、準用河川、普通河川が対象です。

4．法令・基準

1）関係法令

　高度経済成長期に多くの河川管理施設の整備が進められましたが、それらが今後更新時期を迎えることになり、より効率的な施設の維持と修繕・更新が求められています（図4-3）。このような背景の下、平成25年（2013年）に河川法の一部が改正され、同法第15条の２において、河川管理者又は許可工作物の施設管理者は、河川管理施設又は許可工作物（河川管理施設等）を良好な状態に保つように維持し、修繕し、もって公共の安全が保持されるように努めなければならないことが定められました。これに合わせて、河川法施行令及び河川法施行規則において、河川管理施設等の維持又は修繕に関する技術的基準等が規定されています。河川の維持管理の技術基準体系は法令・省令・政令・通達・課室長等関連通知等で整理されています（図4-4）。

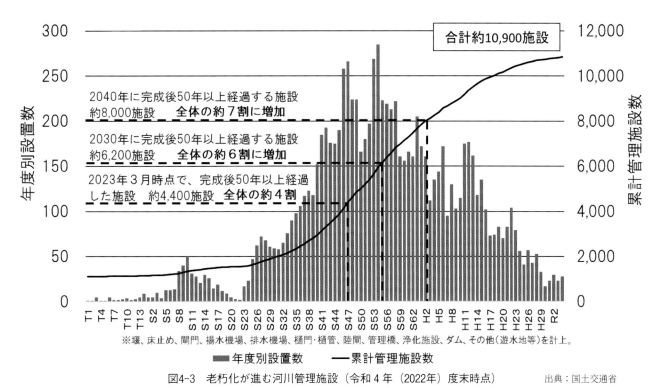

図4-3　老朽化が進む河川管理施設（令和４年（2022年）度末時点）　　出典：国土交通省

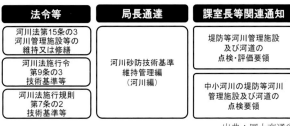

出典：国土交通省

図4-4 河川の維持管理に係る技術基準類の体系例

2）河川維持管理の技術的基準

上記の背景の下、「河川砂防技術基準維持管理編（河川編）」[1] において、河川維持管理に必要とされる主な事項が定められています（図4-5）。この基準には、これまで各河川で行われてきた河川維持管理の実態を踏まえながら、河川維持管理に関する計画、河川維持管理目標、河川の状態把握、維持管理対策及び水防等のための対策について定めています。

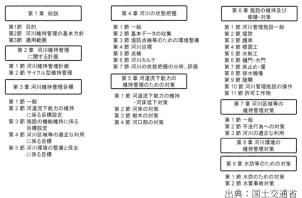

出典：国土交通省

図4-5 国土交通省河川砂防技術基準維持管理編（河川編）の目次・構成

⑴河川維持管理計画

大河川（直轄河川（国管理河川））においては、概ね５年間を対象期間とした河川維持管理の具体的な内容を定める河川維持管理計画を作成することとされており、同計画には、維持管理の目標、河川の状態把握の頻度や時期、維持管理対策等を具体的に定めています。また、中小河川（大河川以外の河川）についても、大河川に準じて河川維持管理計画を作成し、計画的に維持管理を実施していくことが望ましいとされています。

⑵河川維持管理目標

河川維持管理目標は河道及び河川管理施設を維持管理すべき水準であり、河川管理の目的に応じて、洪水、高潮、津波等による災害の防止、河川区域等の適正な利用、河川環境の整備と保全等に

関して設定します。

例えば、堤防に係る目標は、所要の治水機能が維持されることとされています。堤防の安全性を確保するためには、所要の耐浸透機能、耐侵食機能、耐震機能を維持することが必要で、それらの機能を低下させるクラック、わだち、裸地化、湿潤状態等の変状が見られた場合に、当該箇所の点検を継続し、堤防の機能に支障を生じると判断した場合には必要な対策を実施することとなります。また、現在の堤防の多くは、長い治水の歴史の中で、現況の断面が定まっているものであり、堤防の断面を維持するものとしています。

⑶河川の状態把握

河川の状態把握は、自然公物である河川の維持管理を目的としています。河川管理者は河川の状態把握を行いつつその結果を分析、評価して対策を実施します。河川の状態把握として実施する項目は、基本データの収集、平常時及び出水時の河川巡視、出水期前・台風期・出水後等の点検、機械設備を伴う河川管理施設等です。こうした点検を実施するためには、例えば、堤防の表面の変状等を把握できるよう、適切な時期に除草を行うことが必要です。

⑷維持管理対策

河川の状態把握として実施する河川巡視や点検等の結果により、河川管理に支障を及ぼすおそれのある状態に達したと判断された場合には、適切な維持管理対策を講じる必要があります。例えば、河道の流下能力を維持するため、点検により流下能力の変化、河床の変化、樹木の繁茂状況を把握し、河川管理上の支障となる場合には適切な処置を講じます。このほか、河川管理施設の損傷、腐食等の劣化や異状があることを把握したときは、必要な措置を講じる必要があります。

5．点検・評価

河川法施行令第９条の３において、河川管理施設等の点検は適切な時期に目視その他適切な方法により、１年に１回以上の適切な頻度で行うこと、河川法施行規則第７条の２において、その点検結果を次

の点検を行うまでの期間（1年未満の場合は1年間）保存することが義務づけられています。

堤防等の河川管理施設及び河道が有する治水・利水・環境保全に係わる機能に影響を及ぼしうる変状は、様々な要因により生じ、時期的、場所的な現れ方も多様です。そのため、「河川砂防技術基準維持管理編（河川編）」に基づいて、定期的に、あるいは出水や地震等の大きな外力の作用後に点検し、機能状態を評価して必要な対策を実施します。

1）堤防等河川管理施設及び河道の点検・評価要領

「堤防等河川管理施設及び河道の点検・評価要領」[2]では、河道が所要の流下能力を確保していること、堤防等の河川管理施設が所要の機能を確保し

ていることの2項目の河川が有するべき治水上の機能を確保する目的のために行う点検を対象としています（図4-6）。また、同要領は、出水期前、台風期及び出水後等の時期に堤防等河川管理施設及び河道の変状等を発見・観察するために目視を主体とした点検に適用されます。同要領で定められている点検の対象は、堤防（土堤、護岸、鋼矢板護岸、根固工、水制工、高潮堤防、特殊堤、陸閘）、河川構造物（樋門・樋管、水門、堰・床止め、排水機場等の機械設備等を有する施設の土木施設、樋門等構造物周辺の堤防）、河道（土砂堆積、樹木群の繁茂、河床低下、河岸侵食等）です。なお、堰、水門、樋門等の機械設備及び電気通信施設は別途定められている規程等に従い、適切に実施するものとしています。

堤防等河川管理施設及び河道の点検後、それを評価する取組が重要です。堤防等河川管理施設は、不可視部分が多く、また、堤体や基礎地盤等と一体で機能を発揮する構造物が主体であるため、目視点検で機能の状態を評価することは容易ではありません。このため、目に見える形で施設の機能に影響を与える可能性のある「変状」に着目し、変状箇所ごとに評価を実施します。変状箇所ごとの点検結果の評価区分は、アルファベット小文字で（a）「異状なし」、（b）「要監視段階」、（c）「予防保全段階」及び（d）「措置段階」の4段階とし、一連区間又は施設ごとの点検結果の総合的な評価区分は、アルファベット大文字（A、B、C、D）で表記します（表4-1）。

2）中小河川の堤防等河川管理施設及び河道の点検要領

都道府県及び政令市が管理する一級河川及び二級

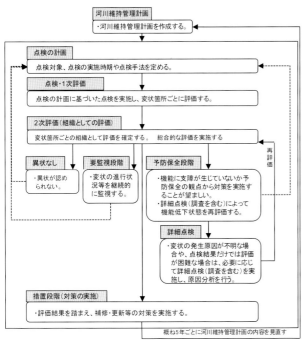

出典：堤防等河川管理施設及び河道の点検・評価要領

図4-6　堤防等河川管理施設及び河道の点検・評価フロー

表4-1　点検結果評価区分

表示区分			状　態
A	異状なし（機能支障なし）	高	・堤防等河川管理施設の機能に支障が生じていない健全な状態（施設の機能に支障が生じていない軽微な変状を含む）
B	要監視段階（機能支障なし）	（健全度）	・堤防等河川管理施設の機能に支障が生じていないが、進行する可能性のある変状が確認され、経過を監視する必要がある状態（軽微な補修を必要とする変状を含む）
C	予防保全段階（機能支障なし）		・堤防等河川管理施設の機能に支障が生じていないが、進行性があり予防保全の観点から、対策を実施することが望ましい状態 ・詳細点検（調査を含む）によって、堤防等河川管理施設の機能低下状態を再評価する必要がある状態
D	措置段階（機能支障あり）	低	・堤防等河川管理施設の機能に支障が生じており、補修又は更新等の対策が必要な状態 ・詳細点検（調査を含む）によって機能に支障が生じていると判断され、対策が必要なものも含む

出典：国土交通省

河川（中小河川）は、「中小河川の堤防等河川管理施設及び河道の点検要領」[3]に基づき、点検・評価を行います。中小河川は延長が長く、施設数も多いため、河川法施行令第9条の3のとおり、年1回以上の点検を確実に実施する必要がありますが、車等を利用した点検を実施するなど効率的な点検の実施が重要です。

6. 主要・関連施策

1）長寿命化計画

　平成25年（2013年）に策定された「インフラ長寿命化基本計画」において、予防保全型維持管理の導入や個別施設毎の長寿命化計画の策定が盛り込まれました。河道及び河川管理施設についても、中長期の展望を持って長寿命化等を推進し、維持管理・更新等に係るコストの縮減・平準化を図りつつ確実に安全を確保していく必要があることから、河川維持管理計画とは別に河道及び河川管理施設の長寿命化計画[4]を策定し、戦略的に維持管理・更新等を実施していくことが重要です。長寿命化計画は、河道及び河川管理施設の長寿命化のために必要とされる点検・整備・更新等の内容について、河道・堤防及びコンクリート構造物・機械設備・電気通信施設のそれぞれ取りまとめたものです。また、維持管理の年間計画では、当該施設における年間の点検等の実施時期について記載した維持管理の「年間計画表」と今後概ね50年間の点検・整備といった維持管理・更新等の実施計画を記載した「維持管理・更新等に係る年度ごとの実施計画表」を作成しています。長寿命化計画は平成28年度に国で策定が完了、令和2年度に都道府県等で策定が概ね完了しており、今後は必要に応じて改定されていくことになります。

2）河川管理の高度化・効率化に向けた取組

　河川管理の現場は、巡視や点検、排水機場等の施設操作など、その多くを人の労力と、長年にわたる経験・技術力に支えられていますが、人口減少等に伴う河川管理施設の操作員の高齢化や担い手不足などの社会状況の変化、気候変動による豪雨の増加に伴う施設操作回数の増加など自然状況の変化が、一層の負担となっています。これらに対応するため、

河川管理の現場にドローン、センシング技術、ビッグデータやAIなどの新技術を積極的に導入し、個人の経験・技術と労力に頼った「人」による管理から、「デジタル技術を徹底的に活用」した管理のあり方に大きく変化させ、持続可能な河川管理を実現させるためDXの取組を進めています。例えば、現地踏査や目視により行われている河川巡視の一部について、ドローン等を活用するとともに、撮影した画像等をAI診断する河川巡視手法を構築するなどの取組を行っています（図4-7）。

出典：国土交通省

図4-7　ドローンによる巡視とAIによる画像解析・診断

7. おわりに

　本章では河川の維持管理に係る基本的事項を理解いただくことを目的に関係する内容を紹介しました。少しでも河川維持管理の理解や関心を深める一助になれば幸いです。

＜参考文献＞
1）国土交通省「河川砂防技術基準　維持管理編（河川編）」（令和3年10月改定）
2）国土交通省水管理・国土保全局河川環境課「堤防等河川管理施設及び河道の点検・評価要領」（平成5年2月）
3）国土交通省水管理・国土保全局河川環境課「中小河川の堤防等河川管理施設及び河道の点検要領」（平成29年3月）
4）国土交通省水管理・国土保全局河川環境課「河川構造物の長寿命化計画の策定の手引きの改定について」（平成30年3月30日）

⑸**工業（I：Industrial Water）**

工業用水を安定して供給することを目的としています。

⑹**発電（P：Power Generation）**

水力発電に用いる水を貯留することを目的としています。貯留した水を高い位置から落とす勢いを利用して発電を行うため、発電時にCO_2を排出しないクリーンなエネルギーです。

2）事業主体

治水（F）及び流水の正常な機能の維持（N）を目的とするダムを建設する場合は、河川管理者（国若しくは都道府県）が事業主体となり、発電など利水のみを目的とするダムを建設する場合は、発電事業者などの利水者が事業主体となります。

また、治水と利水の両方の目的を有する多目的ダムを新たに建設する場合において、国が事業を実施する場合は、特定多目的ダム法（昭和32年（1957年）法律第35号）に基づき、事業に参画する利水者（共同事業者）からそれぞれが得られる効用に応じた費用負担を求め、国土交通省が事業を実施します。この場合、ダム堤体等の施設（利水専用施設を除く）の持ち分は国に帰属し、共同事業者は貯留している水を使用する権利（ダム使用権）を費用負担割合に応じて得ることとなります。なお、都道府県が多目的ダムを建設する場合は、特定多目的ダム法は適用されず、河川法（昭和39年（1964年）法律第167号）第17条に基づき、兼用工作物として事業を実施することとなるため、ダム堤体等の施設の持ち分は協議して定めることとなっています。

また、水資源開発水系に指定されている7水系（利根川、荒川、豊川、木曽川、淀川、吉野川、筑後川）において、ダム、水路等の水資源開発施設を建設・管理する場合は、独立行政法人水資源機構において事業を実施する場合があります。

3．ダムの型式

ダム堤体に使用する材料によって分類すると、コンクリートで構成される「コンクリートダム」、堤体の大部分を岩石、土砂及び砂で構成される「フィルダム」などに分かれます。また、近年では、前述の2種類に加え、台形CSGダムの建設も行われています[1]。

1）コンクリートダム

主なコンクリートダムとしては、「重力式コンクリートダム」と「アーチ式コンクリートダム」があります。重力式コンクリートダムは、水圧をダムの重さで支える型式です（写真5-1）。アーチ式コンクリートダムは、上から見た形がアーチとなっており、アーチの持つ力学的特性により、水圧を左右岸や底部の岩盤で支える型式です。アーチ式コンクリートダムは重力式コンクリートダムよりも堤体を薄くすることができ経済的ですが、堤体を支える両岸に大きな力が作用するため、強固な岩盤が必要となります（写真5-2）。

苫田ダム

出典：国土交通省

写真5-1　重力式コンクリートダム

鳴子ダム

出典：国土交通省

写真5-2　アーチ式コンクリートダム

2）フィルダム

フィルダムは土砂や岩石を盛り立てて作るダムであり、底幅の広い堤体となるため、地盤の比較的弱

い場所でも大きなダムを建設しやすいという特徴があります。フィルダムには、堤体材料に細粒の土質材料を用いる「アースダム」と、岩石を用いる「ロックフィルダム」があります。また、堤体材料の分類だけでなく、構造面（遮水形式）の分類もあります（写真5-3）。

奈良俣ダム

出典：水資源機構

写真5-3　ロックフィルダム

3）台形CSGダム

台形CSGダムの堤体材料には、現地発生材（石や砂れき）とセメント、水を混合して作るCSG（Cemented Sand and Gravel）を用います。堤体断面形状が台形形状をしていることから、台形CSGダムと呼ばれます。台形CSGダムの特徴としては、堤体材料に現地発生材を用いるため、環境に配慮でき、低コストの材料であるため経済的という特徴があります（写真5-4）。

サンルダム

出典：国土交通省

写真5-4　台形CSGダム

4. ダム建設事業に関連する技術基準

ダムの構造に関する主な基準としては、河川管理施設等構造令（政令）、河川砂防技術基準（通達）があります。河川管理施設等構造令（昭和51年（1976年）政令第99号）は、河川法13条に基づく政令であり、ダム・堤防等の主要なものの構造について管理上必要な一般的技術基準を定めたものです[3]。

河川砂防技術基準は、ダムを含めた河川行政の技術分野に関する技術的事項の「標準」を定めた通達です。本基準は、調査編・計画編・設計編・維持管理編（河川・ダム・砂防編）で構成されており、その後の状況の変化に合わせて改定を行っています[4]。河川砂防技術基準のダムに関する記載内容の例として、【設計編】の「第2章　ダムの設計」に記載の項目を表5-1に示します。

表5-1　河川砂防技術基準【設計編】第2章ダムの設計

節番号	節タイトル
第1節	総説
第2節	ダムの基本形状、型式及び位置の決定
第3節	ダム設計の基本条件
第4節	コンクリートダムの設計
第5節	フィルダムの設計
第6節	ダムの基礎地盤の設計
第7節	洪水吐き及びその他の放流設備の設計
第8節	ゲートの設計
第9節	管理設備の設計
第10節	試験湛水
第11節	ダム再生
第12節	ダムの耐震性能照査

出典：国土交通省

5. ダム建設事業の予算制度

ダム建設事業の予算制度の仕組みを図5-1に示します。ダム建設事業においては、ダムの目的毎に事業に参画する者が費用を負担することとなります。なお、利水目的に対しては、それぞれの所管省庁から補助制度が整備されている場合もあります。国が多目的ダムを建設する場合は、特定多目的ダム法に

出典：国土交通省

図5-1　ダム建設事業の予算制度の仕組み

基づき、分離費用身替り妥当支出法により、費用負担割合を決定することを基本としています。分離費用身替り妥当支出法の詳細については、参考文献[5]等をご覧ください。

治水予算に関する予算制度を表5-2に示します。治水事業においては、国・都道府県が費用を負担して事業を実施しており、ダム建設事業において大規模事業（総事業費120億円を超えるもので、かつ貯水容量800万㎥以上）に該当する場合は、国の負担率が一般事業と異なるという特徴があります。

表5-2　ダム建設事業の予算の枠組み

事業名		国の負担率・補助率	
直轄事業	特定多目的ダム建設事業	大規模事業 7/10 一般事業 2/3	※1 ※2
	直轄河川総合開発事業	大規模事業 7/10 一般事業 2/3	
	直轄流況調整河川事業	一般事業 5.5/10	
水資源機構事業	建設事業	大規模事業 7/10 一般事業 2/3	※1 ※2
補助事業	補助多目的ダム建設事業	（一級河川）※3 大規模事業 5.5/10 一般事業 1/2 （二級河川） 1/2	※4
	補助治水ダム建設事業	（一級河川）※3 大規模事業 5.5/10 一般事業 1/2 （二級河川） 1/2	※4

※1 大規模事業：公共費120億円を超えるもので、かつ貯水容量800万m³以上（ダム事業の場合）
※2 北海道は8.5/10、沖縄は9.5/10
※3 北海道の大規模事業は7/10、一般事業は2/3
※4 北海道は5.5/10、奄美は6/10、沖縄は9/10

出典：国土交通省

6．ダム建設事業の流れ

ダム建設事業には、「実施計画調査」と「建設」の2つのステップがあります（図5-2）[6]。各ステップの主な実施内容は下記のとおりです。

1）実施計画調査

ダム建設事業を新たに実施する際、河川整備計画への位置づけ、計画段階評価、新規事業採択時評価を経て、新規事業として実施計画調査に着手することになります。実施計画調査段階では、水理水文調査、地質調査、環境調査といった現地調査を実施し、現地調査結果を踏まえ、ダムの建設位置（ダムサイト）や3．ダムの形式で示したダム型式を決定します。ダム型式は、ダムの規模、ダム地点の地形、地質、洪水吐の規模及び堤体材料等の諸条件を総合的に検討し、決定する必要があります。また、ダム堤体等の概略設計等を実施し、ダム建設事業の事業費、工期の算定を行います。

2）建設

実施計画調査での調査・検討結果を踏まえ、再度、新規事業採択時評価を行った上で建設段階に移行します。建設段階の主な流れとしては、(1)基本計画の策定（特定多目的ダムの場合のみ）、(2)用地補償調査・用地補償基準妥結・水没者補償、(3)生活再建対

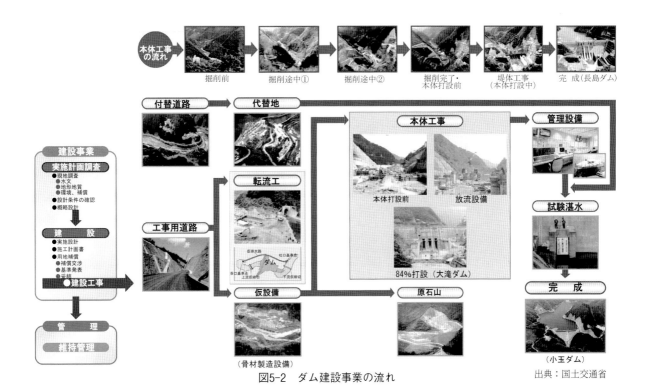

図5-2　ダム建設事業の流れ

出典：国土交通省

35

策（付替道路工事等）、⑷転流工工事、⑸本体工事、⑹試験湛水という流れを経て完成となります。

⑴基本計画

国が多目的ダムを建設する場合は、特定多目的ダム法に基づき、基本計画を策定することとなります。基本計画とは、ダム建設の目的、規模・型式、目的別の貯留量など、ダム建設の基本的な事項を定めるものです。なお、基本計画の策定・変更に当たっては、特定多目的ダム法に基づき、関係行政機関の長に協議するとともに、関係都道府県知事への意見照会が必要となり、この場合において、関係都道府県知事は、意見を述べようとするときは、都道府県の議会の決議を経なければならないとされています。

⑵用地補償調査・用地補償基準妥結・水没者補償

ダム建設事業は、規模が大きく、水没が伴うため、地域住民の方の生活基盤等に大きな変化を生じさせることになります。そのため、説明会や用地補償調査等を重ね、合意が得られた後に、地権者等で構成された組織（水没者協議会など）と損失補償基準を妥結し、補償を実施しています。

また、ダムが建設される地域のうち、ダムの建設によって水没する住宅又は農地の規模により、水源地域対策特別措置法（昭和48年（1973年）法律第118号）の適用を受け「指定ダム」となると、「水源地域」として指定され、水源地域整備計画に基づく事業が実施されます。具体的には、指定された水源地域において、都道府県知事が地元市町村長の意見を聞いた上で作成した案をもとに国が決定する水源地域整備計画に基づいて、土地改良事業、治山事業、治水事業、道路、簡易水道、下水道、公営住宅、公民館等24分野にわたる事業を実施することができます。また、水源地域対策基金として、下流受益地域の負担金等により、水没地域住民等の生活再建対策を行うとともに、地域振興や上下流連携、水源林整備等の様々な取組も実施されています。

⑶生活再建対策（付替道路工事等）

水没地の方が新しい居住地での生活基盤を整備するために、付替道路や代替地の整備等を行います。

⑷転流工工事等

転流工工事とは、ダム本体の工事に着手する前に、本体工事に支障がないように、河川を迂回させる工事です。迂回させる方法としては、山にトンネルを掘って流れを切り替える方法（仮排水路トンネル）などがあります。

⑸本体工事

ダム堤体を建設するに当たっては、ダムを支えることのできる良質な岩を露出させる必要があるため、基礎掘削を実施します。基礎掘削完了後、ダム本体のコンクリート打設を行うとともに、岩盤中の亀裂から水が漏れること等を防ぐために、ボーリングを行い薬剤を注入するグラウチングを実施します。

⑹試験湛水

本体工事が完了した後に、ダム貯水池に水を貯め、異常がないか確認を行う試験湛水を実施します。試験湛水では、ダムの挙動や貯水池周辺の地すべり等について観測を行います。

7. 既存ダムを賢く使う

気候変動の影響の顕在化、既設ダムの有効活用やこれまでの事例の積み重ねによる知見の蓄積、これを支える各種技術の進展等を踏まえ、近年、国土交通省では、ハード・ソフトの両面から既設ダムを有効活用する「ダム再生」を推進するとともに、利水者の理解や協力を得て豪雨の発生前にダムの利水容量から放流をして貯水位を低下させる「事前放流」の取組を推進しているところです。

１）ダム再生

ダム再生は、利水容量を洪水調節に活用するなどの運用改善による新たな効果の発揮、堤体のわずかなかさ上げによる大幅な貯水容量の増加、放流管の増設など新たな水没地を生じさせない範囲での洪水調節機能の向上など、短時間で経済的に完成させることによって効果を早期に発現するといった特長を有しており（図5-3）、国土交通省所管のダム再生事業については、現在、27事業を進めているところです（令和５年度時点）[1]。現在建設事業中の新丸山ダム建設事業では、既設の丸山ダムの堤体を約２

図5-3　ダム再生の概要

Ⓐ **運用改善だけで新たな効果**
＜利水容量の洪水調節への利用＞

洪水調節容量

利水容量等　＋確保した容量

事前に放流　洪水調節

洪水発生前に、利水容量の一部を事前に放流し、洪水調節に活用

Ⓑ **新たな水没地を生じさせずに機能向上**
＜鶴田ダム再開発＞

洪水調節容量

発電容量

死水容量

堆砂容量

→

洪水調節容量

発電容量（洪水調節と共有）

堆砂容量

［放流設備の増設］死水容量等を活用することにより、洪水調節容量等を増大

Ⓒ **堤体のかさ上げで大きな効果**
＜新桂沢ダム＞

堤高：2割増　総貯水容量：6割増

新たな堤体

Ⓓ **施設の長寿命化**
＜美和ダム＞

貯砂ダム

分派堰

美和ダム

土砂バイパストンネル

土砂バイパス施設の整備により、ダム貯水池への土砂流入を抑制するとともに、土砂移動の連続性を確保

※土砂バイパス施設：土砂バイパストンネル、分派堰、貯砂ダム

図5-3　ダム再生の概要　　　　　出典：国土交通省

割かさ上げすることにより、洪水調節機能の強化だけでなく、発電能力の向上にも寄与しており、洪水調節容量では、現在の2,017万㎥から7,200万㎥に増加させ、発電能力としては、新たに22,500kWの増電を行い、既存と合わせて合計210,500kWの発電が可能となります（**図5-4**）。また、令和3年（2021年）7月の九州南部における降雨は、戦後最大の被害をもたらした平成18年（2006年）7月洪水時の雨量に匹敵しましたが、鶴田ダム再開発事業（**図5-3**）の完成や平成18年度からの河川激甚災害対策特別緊急事業での河道掘削等により、国管理区間の氾濫による被害を防止しました。

ダム再生事業の実施に当たっては、「ダム再生ビジョン（平成29年（2017年）6月策定）」、「ダム再生ガイドライン（平成30年（2018年）3月策定）」を国土交通省のWebサイトに公表しているので参考にしてください[7) 8)]。

2）事前放流

事前放流は、利水ダム等において、利水のために確保された容量を治水対策に活用するために、台風の接近などにより大雨となることが見込まれる場合に、降雨により貯水位が回復することを前提に、河川の水量が増える前に、利水目的として貯められて

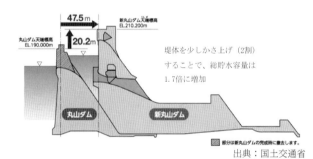

出典：国土交通省
図5-4　ダム再生事業の事例 新丸山ダム建設事業

いる水をダムから放流し、一時的にダムの水位を低下させて、洪水をダムに貯められるようにする取組です。令和5年度の出水期には、全国の延べ181ダムでの事前放流の実施により、約7.4億㎥の容量を確保し台風等の洪水に備えました。

また、事前放流をより効果的に行えるよう、AIの活用によるダム流入量予測精度の向上や、ダムの流域に着目した雨量予測技術の開発等を実施しています。また、利水ダムにおいて、より効果的な事前放流を行うために施設改良等が必要となる場合の放流設備等の改良への補助や、事前放流に使用した利水容量が回復しないことに起因して生じる損失の補填を行うための制度を整備してきており（**図5-5**）、これらの施策を通じ、利水ダムにおける事前放流の取組を促進しているところです。

| 事前放流に伴う損失補填 |

〇損失補填制度の拡充【R2〜，R3〜】
・国が行う損失補填の対象を一級水系の利水ダムに拡充するとともに、二級水系等を管理する都道府県が行う損失補填について特別交付税措置（措置率0.8）を講じる制度を創設。

	河川管理者	ダムの管理者	支援内容と国の負担
一級水系	国土交通省	直轄・水資源機構	代替発電費用や給水出動費用等の増額分を国が補填（国10/10）
		利水者	
	国土交通省（指定区間の管理を都道府県が実施）	利水者	
		都道府県	
二級水系	都道府県	利水者	代替発電費用や給水出動費用等の増額分を都道府県が補填（地方10/10）→特別交付税（0.8）
		都道府県	

| 税制の特例措置 |

〇固定資産税を非課税とする特例措置の創設【R3〜】
・民間事業者等が事前放流のために利水ダムの放流施設等を整備した場合に、当該施設の治水に係わる部分の固定資産税を恒久的に非課税とする特例措置を創設。

| 利水ダムの改造 |

〇利水ダムの放流施設の整備等に対する補助制度【R2〜】
・利水ダムが事前放流を行うにあたり、放流施設の整備等（放流管の増設、洪水吐ゲートの改良等）を行う場合において、その費用の一部を補助する制度を創設。

〇河川管理者による利水ダムの施設整備制度の創設【R3〜】
・利水ダムの放流施設の整備等を行うことで大きな洪水調節効果が期待できる場合に、河川管理者が主体的に利水ダムの施設改良等を行う制度を創設。（原則、利水ダム管理者の費用負担なし）

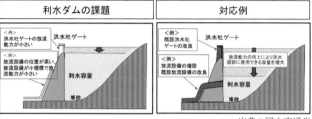

出典：国土交通省

図5-5　利水ダム等における事前放流の更なる推進

なお、多目的ダムにおいて、前述した事前放流で活用している気象予測技術を水力発電の強化にも活用を進めているところであり、例えば、洪水時の貯留水を洪水後に放流する際、気象予測により次の降雨が当面ないと判断される場合には、貯水位の低下速度を緩め、できる限り発電に利用しながら放流する方策や、非洪水期にまとまった降雨が予測されるまで一定量貯水位を上げておくことで、その期間中の発電量を増加させる方策等の検討を実施しているところです。

8. おわりに

本章では、ダム建設事業に関する基本的事項を理解していただくことを目的に、ダムの役割や建設事業の流れ等を紹介しました。本章を通じて少しでもダム事業の理解や関心を深める一助となれば幸いです。

<参考文献>
1）国土交通省水管理・国土保全局「令和6年度　水管理・国土保全局関係予算概算要求概要」（令和5年8月）
2）国土交通省水管理・国土保全局「ダムコレクション」（https://www.mlit.go.jp/river/damc/index.html）
3）国土開発技術センター編「改定　解説・河川管理施設等構造令」技報堂出版
4）国土交通省水管理・国土保全局、「河川砂防技術基準」（https://www.mlit.go.jp/river/shishin_guideline/gijutsu/gijutsukijunn/index2.html）
5）財団法人ダム技術センター編集「多目的ダムの建設」財団法人ダム技術センター
6）国土交通省水管理・国土保全局「目で見るダム事業2007」（https://www.mlit.go.jp/river/pamphlet_jirei/dam/gaiyou/panf/dam2007/index.html）
7）国土交通省水管理・国土保全局「ダム再生ビジョン」（平成29年6月）
8）国土交通省水管理・国土保全局河川環境課流水管室、治水課事業監理室「ダム再生ガイドライン」（平成30年3月）

日本の自然条件

インフラ整備の変遷

河川河川維持

ダム

ダム維持

砂防

砂防維持

道路

道路維持

港湾

港湾維持

都市公園

街路

土地区画

市街地再開発

水道

下水道

下水維持

公営鉄道

公営住宅

漁港

海岸

海岸維持

入札契約

事業評価

第6章

基礎から学ぶ ダム維持管理事業

1. はじめに

我が国において、ダムは洪水の防御、水資源の開発、電力開発のため、多くは20世紀になってから建設されるようになり、既に建設された高さ15m以上のダムの数は令和5年（2023年）時点で2,687基に及び（中国、アメリカに次ぐ）、世界有数のダム保有国です。

ダムは、洪水調節、流水の正常な機能の維持及び利水補給等多様な目的をもつ重要な社会資本であり、これらの目的が達成されるよう流水の管理を行うとともに、その前提となるダムの安全及び機能を長期にわたり保持することが求められています。

また、ダムの建設により、堤体、洪水吐き等の大規模な土木構造物に加え、広大な清水面をもつ貯水地が出現し、新たな環境が創出されることから、これらの環境を保全し、適正に利用することも求められています。

国土交通省所管の河川管理施設のダムは、これまでに500基以上が建設されていますが、このうち、約6割のダムは完成後30年以上、約2割のダムは完成後50年以上が経過しており、今後、経年劣化等による設備の維持・修繕が必要となるダムが増加するものと考えられます。

気候変動の影響により水害が激甚化・頻発化、渇水の増加が懸念される中で、国民生活の安全・安心を確保していくためには、ダムの機能を十分に発揮できるよう、的確な「ダム施設及び貯水地の維持管理」、「洪水時、平常時や渇水時の流水管理」が必要です。

2. 管理区分

国土交通省所管ダムとは、洪水調節又は流水の正常な機能の維持を目的に有する河川管理施設のダムで、国土交通省、独立行政法人水資源機構（水機構）、道府県が管理しています。このほかに発電、灌漑、都市用水の補給を目的として前述の目的を有さない利水専用ダムがあります。なお、管理主体は所管ダム設置の根拠法によって異なります（図6-1）。

(1) 国土交通省所管ダム
　①河川法に基づくダム
　　・治水ダム　　　→　河川管理者（国土交通大臣又は都道府県）
　　・多目的ダム（兼用工作物）→　河川管理者（国土交通大臣又は都道府県）、利水者
　②特定多目的ダム法に基づくダム
　　・多目的ダム　　　→　国土交通大臣
　③水資源機構法に基づくダム
　　・多目的ダム（特定施設）→　水機構
(2) 利水専用ダム
　①発　　電　　→　9電力、電源開発（株）、公営企業等
　②灌　　漑　　→　農林水産省、水機構、都道府県、市町村
　③都市用水　　→　都道府県、市町村、民間企業
　　※①〜③の目的を組み合わせた利水専用ダムもある
　　※貯水池の大きさなどにより第1類から第4類に区分される

出典：国土交通省

図6-1　日本のダム管理者

河川管理施設は、河川法第3条において、ダム、堰、水門、堤防、護岸、床止め、樹林帯、その他河川の流水によって生ずる公利を増進し又は公害を除去し、若しくは軽減する効用を有する施設と定義されています。ダムの形式については、第5章 基礎から学ぶダム事業「3. ダムの型式」をご参照ください。河川管理施設は河川管理施設等構造令で河川管理上必要とされる一般的な技術基準が定められています。

3. 事業制度

ダム維持管理に関する事業制度は、国（直轄）管理ダムは「堰堤維持事業」及び「堰堤改良事業」、水機構管理ダムは「水資源開発事業（管理、改良）」、道府県管理ダムは「ダムメンテナンス事業（堰堤改良事業（補助））」となります。ダム維持管理に係る事業体系は図6-2、国庫負担率、補助率は図6-3のとおりです。

図6-2　国土交通省所管ダムの維持管理に係る事業体系

直轄	交付金	補助
堰堤維持事業 10/10	水資源開発事業（管理） 10/10	ダムメンテナンス事業 表6-1のとおり
堰堤改良事業 2/3（大規模7/10） 北海道（8/10） 沖縄（9.5/10）	水資源開発事業（改良） 2/3（大規模7/10）	

出典：国土交通省

図6-3　各事業の国庫負担率・補助率

なお、このほか、総務省所管の緊急浚渫推進事業などがあります。

1）堰堤維持事業、水資源開発事業（管理）

国及び水機構が管理しているダムにおいて、ダムの操作やダムの機能を維持するために、ダム本体等の土木構造物、放流設備等の機械設備、操作制御設備等の電気通信設備の状態把握のための巡視や点検、貯水池の流木や堆砂の除去等を実施するとともに、補修や老朽化等に伴い低下した機能回復のための設備の更新等、ダムの維持管理を行うものです。

2）堰堤改良事業、水資源開発事業（改良）

国及び水機構が管理しているダムにおいて、耐震性能や放流量などダムの能力が不足しているもの、老朽化や堆砂の進行などによりダムの機能の継続的な確保に課題を有するもの、また、気候変動の影響による外力の増加によりダムの機能が不十分となるおそれのあるものに対し、ダムの持つ治水・利水等の機能の回復・向上を図るため、洪水放流設備及び低水放流設備等の機能向上対策、老朽化対策、堆砂対策、地山安定対策、ダム等の耐震対策、既存不適格施設の改良などを行うものです。

3）ダムメンテナンス事業

都道府県が管理しているダムにおいて、その効用の継続的な発現のため、ダム本体、放流設備、関連設備、貯水池等の緊急性の高い改良を行うことにより、ダムの機能の回復又は向上のために行う施設改良等を行うもので、事業内容、国の負担率は表6-1のとおりです。

表6-1　ダムメンテナンス事業の内容と国の負担率

■ダム施設改良事業		国の費用負担		
洪水吐、ゲート等洪水放流設備及び低水放流設備の改良、排砂バイパスの設置等による堆砂対策、ダム本体付近の大規模な地山安定工事等、大規模かつ緊急性の高い施設改良（総事業費が概ね10億円以上）	内地	大規模	一級	5.5/10
			二級	1/2
		一般		1/2
	北海道	大規模	一級	7/10
			二級	5.5/10
		一般	一級	2/3
			二級	5.5/10
	離島	奄美		6/10
		奄美以外		1/2
	沖縄			9/10
■堰堤改良事業		国の費用負担		
改良事業 ダム本体、放流設備及びこれに附属する設備、観測設備、通報設備及び警報設備の改良並びにダム貯水池周辺の地山安定のための工事（総事業費が概ね4億円以上）		4/10		
ダム管理用水力発電事業 管理用発電設備の設置工事（他省庁の補助金交付対象でない場合に限る）				
下流河道整備事業 ダム直下の河道改良工事（総事業費が概ね1.5億円以上）		1/3		
貯水池保全事業 堆砂対策のための貯砂ダム等の設置工事（総事業費が概ね1.5億円以上）				
■長寿命化計画の策定又は変更		国の費用負担		
ダムにおける長寿命化計画の策定又は変更（事業費が1ダム当たり年間2百万円以上）		1/2		

出典：国土交通省

4）緊急浚渫推進事業

ダム建設事業の関係地方公共団体が単独事業として実施する河川等の浚渫を推進する事業で、事業期間は令和2年度から令和6年度までを予定し、地方財政措置は充当率100％、元利償還金に対する交付税措置率70％となっています。ダムにおける対象事業は、個別施設毎の長寿命化計画に緊急的に実施する必要がある箇所として位置づけたダムに係る浚渫となっており、洪水調節容量内の余裕に対する堆砂率が15％以上で緊急性のあるダムが対象となります。このほかダム施設等の老朽化対策「公共施設等適正管理推進事業」や防災・減災に資するダムの改良等「緊急自然災害防止事業」があります。

4. 法令・基準

1）関係法令

　高度経済成長期に多くの河川管理施設の整備が進められましたが、それらが今後各施設の更新時期を迎えることになり、より効率的な施設の維持と修繕・更新が求められています（図6-4）。このような背景の下、平成25年（2013年）に河川法の一部が改正され、同法第15条の2において、河川管理者又は許可工作物の施設管理者は、河川管理施設又は許可工作物（河川管理施設等）を良好な状態に保つように維持し、修繕し、もって公共の安全が保持されるように努めなければならないことが定められました。これに合わせて、河川法施行令及び河川法施行規則において、河川管理施設等の維持又は修繕に関する技術的基準等が規定されています。ダムの維持管理の技術基準体系は法律・政令・省令・通達・課室長等関連通知等で整理されています（図6-5）。

2）ダム維持管理の技術的基準

　上記の背景の下、「河川砂防技術基準維持管理編（ダム編）」において、ダムの維持管理に必要とされる主な事項が定められています（図6-6）。本基準は、ダムの維持管理における標準的な技術を体系化するものであり、「ダム施設及び貯水池の維持管理」、「流水管理」及び「ダム管理に係るフォローアップ」で構成されています。このうち、「ダム施設及び貯水池の維持管理」は、「ダム施設及び貯水池の計画的な維持管理」、「ダム施設及び貯水池の状態把握」、「ダム施設の維持管理の評価と対策」及び「貯水池の維持管理対策」、「許可工作物」に分類して記載し、ダムの維持管理サイクルに沿った構成としています。

5. ダム施設及び貯水地の維持管理

　ダムは洪水調節、流水の正常な機能の維持など多様な目的を持つ社会資本であり、全面的な更新にはなじまない構造物であるため、ダムの安全性及び機

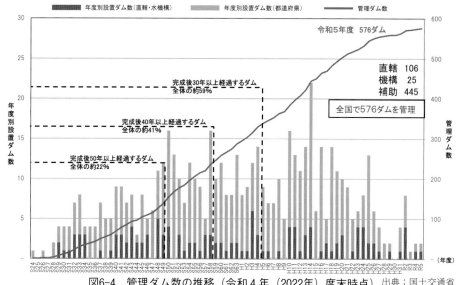

図6-4　管理ダム数の推移（令和4年（2022年）度末時点）　出典：国土交通省

図6-5　ダムの維持管理に係る技術基準類の体系例

出典：国土交通省

図6-6　国土交通省河川砂防技術基準維持管理編（ダム編）の目次・構成

能を長期にわたり保持する必要があることから、ダム施設及び貯水池の維持管理を適切に行うことが重要です。ダム施設及び貯水池の維持管理においては、ダム施設及び貯水池の状態と、その経年的な変化を継続的に把握することが重要であり、ダム点検整備基準に基づきダム管理者が行う日常管理における巡視・点検、観測・調査等と併せて、第三者の視点も含めた中長期的な点検・検査等を行い、ダム施設の安全性や貯水池機能の保持等の観点から、定期的に健全度等を評価する必要があります（図6-7）。

出典：国土交通省

図6-7　ダム施設の維持管理における点検・検査等の構成

このため、ダム施設の日常管理における巡視・点検と、中長期的な観点からの点検・検査等を組み合わせたPDCAサイクルにより維持管理を行うことが重要となります（図6-8）。

維持管理において得られたデータを共有し、より効果的・効率的に維持管理を行うため、電子化した上でデータを蓄積し、その記録を系統的に整理・保存することを基本とします。

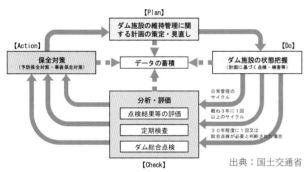

出典：国土交通省

図6-8　PDCAサイクルイメージ（ダム施設の維持管理）

貯水地については、5）に示す、ダム管理に係るフォローアップの考え方に従い、貯水池や流水管理に関するフォローアップ調査及び分析・評価結果を踏まえ、必要な改善措置を講じるPDCAサイクルにより維持管理を行います。

1）点検・検査

⑴巡視・日常点検

河川管理施設のダムは河川法施行令等の規定に基づき、操作規則等に施設及び施設を操作するため必要な機械、器具等の点検及び整備に関する事項等、ダム施設の構造の特徴、環境条件、使用条件、試験湛水時の状況及び類似ダムでの維持管理の実績等を勘案した「ダム点検整備基準」を定め

（図6-9）、日常管理における巡視・点検を行い、その結果を踏まえ効率的な維持・修繕を行います。

出典：国土交通省

図6-9　ダム点検整備基準の作成例

⑵ダム総合点検

土木構造物である堤体等は、適切に点検し必要に応じて補修等を行えば、長期間の供用が期待できる構造物です。長期的な視野による経年変化の状況の把握や構造物の内部の状態等にも着目し、堤体等の土木構造物の健全度の評価等を行い、維持管理方針を策定する「ダム総合点検」制度を導入しています。

ダム総合点検は、管理開始後30年までに着手し、以降30年程度に1回の頻度で行うことを基本としています。ただし、30年程度の経過によらず、経年劣化の著しい進行や大きな外力の作用によりダムの機能が損なわれるおそれがあると判断された場合は、ダム総合点検を行います。

その結果は、以後の維持管理（日常点検等）に反映します（図6-10）。

出典：国土交通省

図6-10　ダム管理者が実施する点検の流れ

⑶定期検査

ダムの定期検査は、ダム管理者により、ダム施設及び貯水池が適切に維持管理され、良好な状態に保持されているか、また、流水管理が適切に行われているか確認するため、維持管理状況、ダム施設・貯水池の状態について、ダム管理者以外の視点から定期的に検査するものです。

検査は、3年に1回以上の頻度で実施することを基本とします。検査官は検査項目別に定めた検査事項（検査箇所）について検査し、個別判定を行うとともに、この個別判定結果を基に、ダム施設・貯水池の状態検査について総合判定を行います。

ダム施設・貯水地の状態検査では、「土木構造物」、「機械設備」、「電気通信設備」、「貯水地周辺の斜面の状態」、「観測・計測設備」、「その他管理設備」、「貯水地の堆砂」の状態を評価します。

検査箇所ごとの点検の評価区分は、アルファベット小文字で（a）「措置段階」、（b1）「予防保全段階」、（b2）「要監視段階」、（c）「異状なし（状態監視を継続）」の4段階とし、その結果を踏まえ、総合判定として区分は、アルファベット大文字（A、B1、B2、C）でダムごとに評価します（**表6-2**）。

表6-2 定期検査の総合判定区分

出典：国土交通省

2）ダム施設及び貯水池の状態把握

ダムの安全性及び機能を長期にわたり保持する上で、ダム施設及び貯水池の状態を定期的に把握するとともに、その記録を系統的に整理・保存し、活用することが重要となります。状態を把握する方法としては、前述した点検・検査によるものに加え、地震後点検等の臨時点検、水文・水理観測及び気象情報の収集、堆砂調査、水質調査、環境調査等の観測・調査等により行います。

収集した記録や点検結果は、現時点におけるダムの安全性や機能を確認するだけでなく、将来における効率的な維持管理にとって重要な資料となるため、長期にわたり継続的に蓄積するとともにより一層適切なダムの管理を行うため、その情報を活用することが重要です。

3）ダム施設の維持管理の評価と対策

維持管理を適切に実施するためには、点検等の結果を分析した上で健全度を評価し、施設・設備の重要性や設置条件を勘案した上で、保全対策を計画的に行うことが重要です。

施設・設備が機能低下、又は機能を失う前に対策を行うことにより、通常の使用や運用が可能な状態に維持するため計画的に行う「予防保全」と、機能低下、又は機能を失った後に使用若しくは運用可能な状態に回復する「事後保全」を適切に選択し実施することが重要です。予防保全は更に状態を監視しながら保全対策を行う「状態監視保全」と定期的に保全対策を行う「時間計画保全」に区分されます（図6-11）。

図6-11 保全の分類　出典：国土交通省

4）貯水池の維持管理対策

貯水池の維持管理対策は、堆砂の進行に対する貯水池容量や取水・放流機能の保持、富栄養化・濁水長期化等による影響の軽減、洪水時に流入する流木・塵芥等の流下の防止、貯水池の適正な利用、貯水池及びその周辺の良好な環境の保全等を目的として行うものです。貯水池は水と緑のオープンスペースの提供が可能であるため、観光資源として捉え、積極的に活用し、水源地域の活性化に努めることも必要

出典：国土交通省

図6-12 水源地域ビジョン（水源地域活性化）

です（図6-12）。

堆砂対策については、基本調査（堆砂状況調査）結果をもとに堆砂進行度の評価を行い、堆砂対策の最適な検討開始時期を判断します。堆砂対策内容については、堆積の進行度等を踏まえ、図6-13に示す維持掘削、恒久堆砂対策の検討判断フローを参考に、個別ダムの事情によるコスト面、技術面からも適切な対策を判断することが重要です。

堆砂対策は、図6-14に示す、貯水池流入土砂の軽減、貯水池流入土砂の通過を目的とした排砂バイパスなどの恒久堆砂対策、貯まった土砂の排除を目的とした掘削・浚渫などに大別されますが、必要に応じて、それらの対策を組み合わせて行います。

対策工法は、堆砂の将来予測、対策の目標、管理

堆砂面の設定、施工性、土砂処分方法等について詳細に検討し選定することが重要です。

水質保全対策は、水質変化現象に伴い発生する冷・温水現象、濁水長期化現象及び富栄養化現象等があり、必要に応じて、その影響の軽減を目的とし、水質保全対策を実施します。

5）ダム管理に係るフォローアップ

一層適切なダムの管理を行うため、ダム管理に係るフォローアップを行うことにより、ダムの維持管理状況を的確に把握し、事業を巡る社会情勢等の変化を踏まえ、洪水調節実績や環境への影響等を分析・評価し、必要に応じて改善措置を講じるものです。

学識経験者により構成されるダム等管理フォローアップ委員会の意見を踏まえ、管理段階における洪水調節実績、環境への影響等の調査及びその調査結果の分析・評価を一層客観的・科学的に行い、ダムの適切な管理に資するとともに、ダムの維持管理の効率性及びその実施過程の透明性の一層の向上を図ることとしています。

フォローアップ調査及び分析・評価結果を踏まえ、必要な改善措置を講じることで、PDCAサイクルによる貯水池の維持管理及び流水管理を行うことが重要です（図6-15）。

また、本サイクルは、ダム施設の維持管理におけるPDCAサイクル（図6-8）とともに、ダムの維持管理の両輪を成すものです。

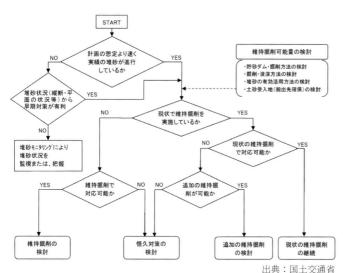

出典：国土交通省

図6-13　維持掘削・恒久堆砂対策検討判断フロー

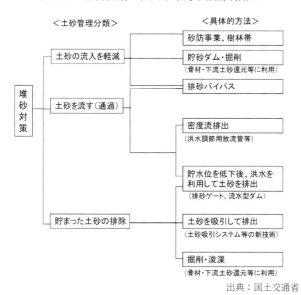

出典：国土交通省

図6-14　主な堆砂対策

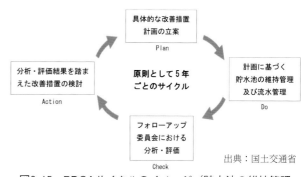

出典：国土交通省

図6-15　PDCAサイクルのイメージ（貯水池の維持管理及び流水管理）

6．主要・関連施策

1）長寿命化計画

ダムについては、従来各ダムで定められている点検整備基準等に基づき、日常の点検等を実施してお

り、さらに、点検結果等を踏まえ補修や設備の更新等を行い、ダムの安全性及び機能を長期的に保持するため、施設を良好な状態に保つよう努めてきたところですが、平成25年（2013年）に策定されたインフラ長寿命化基本計画において、施設の適切な維持管理・更新について、状態監視に基づく予防保全の導入を図りつつ、計画的に施設の長寿命化や更新を図っていくことが盛り込まれました。

中長期の展望を持ってダムの長寿命化等を推進し、維持管理・更新等に係るコストの縮減・平準化を図りつつ確実に安全を確保していく必要があることから、ダムの長寿命化計画を作成し、戦略的に維持管理・更新等を実施しています。長寿命化計画は平成28年度に国で策定が完了、令和2年度に都道府県等で策定が概ね完了しており、今後は必要に応じて改定されていくことになります。

2）ダム管理の高度化・効率化に向けた取組

ダム管理の現場は、巡視や各設備の点検、平常時から洪水時の施設操作など、その多くを人の労力と、長年にわたる経験・技術力に支えられていますが、人口減少等に伴う操作員の高齢化や担い手不足などの社会状況の変化、気候変動による豪雨の頻発化に伴う施設操作回数の増加など、自然状況の変化が一層の負担となっています。これらに対応するため、現場にドローンを利用したリモートセンシング技術、AI技術等の新たなDXを積極的に導入し、経験、技術、労力等に頼った「人」による管理から、「デジタル技術を徹底的に活用」した管理へ、管理のあり方を大きく変化させ、持続可能なダム管理を実現させる取組を進めています。例えば、目視により行われている巡視や点検の一部について、ドローンを活用し撮影した画像をAI解析技術による点検・診断を導入する等の取組を行っています（**写真6-1**）。

◇水中ロボットによるダム水中部の点検　◇ドローンによる細部の点検

ダム貯水池に没している堤体部分の状態を水中ロボットにより確認　　従来の双眼鏡等による堤体表面の状態確認をドローンにより詳細に確認

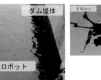

出典：国土交通省

写真6-1　ドローン（空中・水中）を活用したダム点検

7. おわりに

本章ではダムの維持管理に係る基本的事項を理解いただくことを目的に関係する内容を紹介しました。少しでもダム管理の理解や関心を深める一助になれば幸いです。

＜参考文献＞
1）国土交通省「河川砂防技術基準　維持管理編（ダム編）」（平成28年3月改定）
2）国土交通省水管理・国土保全局河川環境課「ダム総合点検実施要領・同解説」（平成25年10月）
3）国土交通省水管理・国土保全局河川環境課「ダム定期検査の手引き［河川管理施設のダム版］」（平成28年3月）
4）国土交通省水管理・国土保全局河川環境課「ダム貯水池土砂管理の手引き（案）」（平成30年3月）
5）「ダム年鑑2023」一般財団法人日本ダム協会，2023

日本の自然条件

インフラ整備の変遷

河川河川

維持河川

ダム

ダム維持

砂防

砂防維持

道路

道路維持

港湾

港湾維持

都市公園

街路

土地区画

市街地再開発

水道

下水

下水維持

公営住宅

漁港

海岸

海岸維持

入札契約

事業評価

第7章

基礎から学ぶ 砂防事業

1. はじめに

　日本列島は国土の約7割が山地・丘陵地であり、急流河川が多く、地質的にも脆弱である上に、降水量も多いことから土砂災害が発生しやすく、過去10年（平成25年（2013年）～令和4年（2022年））の土砂災害発生件数は平均で年約1,450件と、多大な被害を与えています。加えて、世界の約1割にあたる111の活火山が分布しているほか、世界の約2割の地震が発生するなど、厳しい国土条件のため、多くの人々が土砂災害の危険にさらされています。

　土砂災害から国民の生命と財産を守る日本の砂防の歴史は古く、山地の荒廃を防ぐために676年に天武天皇が伐採禁止の勅令を発したとの記録が残っています。本格的な砂防事業は、1800年代後半に来日したオランダ人技師ヨハネス・デ・レーケらの指導により開始され、木曽川、淀川などが近代砂防発祥の地として知られています。荒廃山地に緑を復元し、下流への土砂流出を防ぐことからスタートした砂防事業は、時代の流れとともに、施策・事業などの充実・強化を図り、着実に土砂災害対策を推進しています。

2. 法制度

　砂防関係事業は現在、土砂災害の発生源の行為制限を含んだ工事中心のハード対策の法律である「砂防法」（明治30年（1897年）制定）、「地すべり等防止法」（昭和33年（1958年）制定）、「急傾斜地の崩壊による災害の防止に関する法律」（昭和44年

（1969年）制定）及び土砂災害対策のソフト施策を実施することを目的として平成13年（2001年）4月に施行された「土砂災害警戒区域等における土砂災害防止対策の推進に関する法律（土砂災害防止法）」の4つの法律に基づき実施されています。これらの法律により、ハード施策とソフト施策を組み合わせて土砂災害対策を推進しています（図7-1～3）。

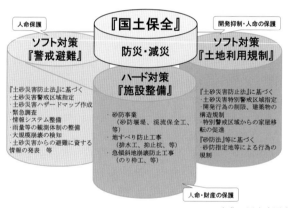

出典：国土交通省

図7-1　土砂災害対策の3本柱

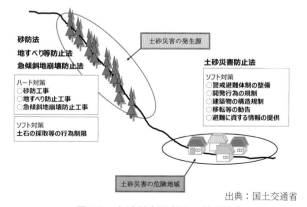

出典：国土交通省

図7-2　土砂災害関係の4法律

砂防法（明治30年制定）	地すべり等防止法（昭和33年制定）	急傾斜地崩壊防止法（昭和44年制定）	土砂災害防止法				
			（平成12年制定）	（平成22年改正）	（平成26年改正）	（平成29年改正）	（令和3年改正）
荒廃山地等での有害行為の禁止・制限、土砂生産の抑制、流出土砂の扞止・調節により土砂災害を防止 いわゆる「治水上砂防」を目的とした法律	砂防法では採択できない都市周辺の地すべり等が有り、新たな対策促進のため制定 S32年7月、西九州地方で発生した地すべり災害が契機	早急ながけ崩れ対策の促進を求める世論により制定 S42年に長崎県、広島県などで発生した局地的な豪雨によりがけ崩れによる被害が多発したことが契機	土砂災害の発生する恐れがある区域の周知、警戒避難体制の整備、開発行為の制限、建築物の安全性の強化等、ソフト対策の必要性が強く認識され新たに制定 H11年6月、広島市、呉市で多発した土石流、がけ崩れ災害が契機	大規模な土砂災害が急迫している状況において、市町村長が適切に住民の避難指示の判断を行えるよう必要な情報の提供を行うため改正 H16年の新潟県中越地震、H20年の岩手・宮城内陸地震における河道閉塞の発生が契機	都道府県による基礎調査の結果の公表の義務付け、都道府県知事に対する土砂災害警戒情報の市町村長への通知及び一般への周知の義務付け等の措置を講じるため改正 H26年8月、広島市で多発した土石流災害が契機	要配慮者利用施設における避難確保計画及び避難訓練の実施を施設管理者へ義務付けるため改正 H28年8月、岩手県岩泉町の高齢者グループホームが河川の氾濫により被災したことが契機	要配慮者利用施設における避難確保計画策定、避難訓練実施結果の市町村長への報告、当該報告を受けた市町村長が施設管理者等に必要な助言又は勧告を行うことができる改正 R2年7月豪雨、熊本県球磨村の老人ホームにおいて避難計画策定、避難訓練を実施していたが被災したことが契機
ハード対策			ソフト対策				

出典：国土交通省
図7-3　土砂災害対策に関する法制度の概要

1）砂防法

「砂防法」は荒廃山地などにおける緑の復元や有害行為の禁止・制限を行い、土砂の発生を抑制し、流出する土砂を抑制・調節することにより、土砂に起因する災害（土砂の流出に伴う洪水による災害や土石流による災害など）による被害を防止・軽減することを目的としています。

本法の制定により、砂防指定地を指定し、土砂災害の原因となるような行為を制限するとともに、砂防施設を整備することにより災害防止を図っています。

なお、本法は最も古い法律の一つであり、カタカナで記載されている法律として残っている数少ないものの一つです。

2）地すべり等防止法

昭和32年（1957年）の熊本県、長崎県、新潟県などで相次いで発生した地すべり災害を契機に、昭和33年（1958年）に「地すべり等防止法」が制定されました。地すべり等防止法の制定以前は、地すべり対策は砂防法、森林法などのもとに実施され、相当の成果があげられてきましたが、地すべり防止工事をより効果的に行い、地すべりの防止のために有害な行為の規制などの必要な措置を講ずるため、当時の建設省及び農林水産省の共管により本法が制定されました。

本法の制定により、地すべり防止区域を指定し、雨水などによる地下水が原因で発生する地すべり災害を防ぐため、一定の行為を制限するとともに、防止施設を整備することによる災害防止が図られることになりました。

3）急傾斜地の崩壊による災害の防止に関する法律

戦後の目覚ましい高度経済成長は人口及び産業の都市集中化を促進し、都市の過密化と都市周辺の山地丘陵部の開発が進展し、その結果、このような地域で集中豪雨や地震などによりいわゆるがけ崩れが発生すると、多くの被害がもたらされました。こうした中で、昭和42年（1967年）の広島県呉市、兵庫県神戸市の災害などを受けて、昭和44年（1969年）に砂防法や地すべり等防止法で対応することのできないがけ崩れ災害を対象とした「急傾斜地の崩壊による災害の防止に関する法律」が制定されました。

本法の制定により、急傾斜地崩壊危険区域を指定し、がけ崩れにより危険が生じるおそれのある土地で、がけ崩れのおそれのある行為を制限するとともに、防止施設を整備することによる災害防止が図られることになりました。

4）土砂災害防止法

平成11年（1999年）に広島県広島市、呉市を襲った土砂災害を契機に、住宅の新規立地の抑制や土砂災害のおそれのある区域についての危険の周知などソフト対策を講じるため、住宅などの新規立地抑制策と警戒避難体制の整備を柱とした「土砂災害防止法」が平成12年（2000年）に制定され、ソフト対策の充実、強化が図られることになりました（図7-4）。

土砂災害防止法は平成13年（2001年）4月に施行され、平成13年（2001年）7月に国が策定した「土砂災害防止対策基本指針」に基づき、各都道府県において、土砂災害警戒区域等の指定のために必要な基礎調査が実施されています。平成15年（2003年）

出典：国土交通省
図7-4　土砂災害防止法の概要と土砂災害警戒区域等の指定

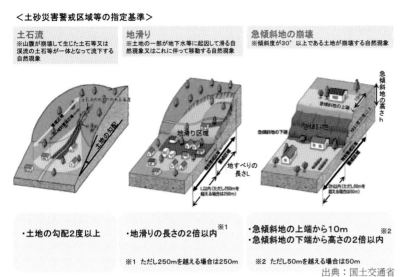

＜土砂災害警戒区域等の指定基準＞

土石流
※山腹が崩壊して生じた土石等又は渓流の土石等が一体となって流下する自然現象

地滑り
※土地の一部が地下水等に起因して滑る自然現象又はこれに伴って移動する自然現象

急傾斜地の崩壊
※傾斜度が30°以上である土地が崩壊する自然現象

・土地の勾配2度以上

・地滑りの長さの2倍以内 ※1

・急傾斜地の上端から10m ※2
・急傾斜地の下端から高さの2倍以内

※1 ただし250mを越える場合は250m

※2 ただし50mを越える場合は50m

出典：国土交通省

図7-5　土砂災害警戒区域等の指定基準

3月には全国で初めて広島県において13箇所の土砂災害警戒区域の指定が行われ、令和5年（2023年）3月末現在で土砂災害警戒区域683,054箇所、土砂災害特別警戒区域584,812箇所が指定されるなど、各都道府県において、基礎調査の結果に基づき、逐次指定作業が進められているところです（図7-5、6）。

土砂災害防止法により、土砂災害警戒区域の指定があったときは、当該警戒区域ごとに、土砂災害を防止するために必要な警戒避難体制に関する事項を市町村地域防災計画に定めることなどが市町村に義務付けられました。

平成17年（2005年）7月には、要配慮者の被災が多発していることや、円滑な警戒避難が行われるために必要な事項を住民に的確に周知することの必要性を踏まえ、要配慮者利用施設への情報などの伝達や土砂災害ハザードマップの配布などに関する規定が市町村の責務として新たに追加されました。

平成23年（2011年）5月、近年の大規模地震や火山噴火などに伴う土砂災害を踏まえ、土砂災害防止法が一部改正されました。この改正により、重大な土砂災害が急迫している状況において、市町村が適切に住民の避難指示の判断などを行うことができるよう、河道閉塞や火山噴火に起因する土石流などの特に高度な技術を要する場合については国が、地すべりについては都道府県が、それぞれ緊急調査を行い、その結果に基づいて土砂災害が想定される土地の区域及び時期の情報（土砂災害緊急情報）を市町村に通知することなどにより、土砂災害から国民の生命・身体の保護を図ることとなりました。

平成26年8月豪雨による広島県広島市での土砂災害等においては、土砂災害警戒区域等の指定や基礎調査がなされていない地域が多く、住民等に土砂災害の危険性が十分に伝わっていなかったなど課題が明らかとなりました。このような課題を踏まえ、平成27年（2015年）1月に土砂災害防止法が一部改正されました。この改正により、都道府県に対し基礎調査の結果の公表が義務付けられ、住民等に早期に土砂災害の危険性を周知することとなりました。

さらに、土砂災害警戒情報を法律上に明記するとともに、都道府県に対し市町村長への通知及び一般への周知が義務付けられ、円滑な避難指示等の発令に資する情報を確実に提供することとなりました。また、土砂災害警戒区域の指定があった場合の市町村地域防災計画において、避難場所・避難経路等に関する事項等を定めることとし、避難体制の充実・強化を図ることとなりました。

平成28年（2016年）8月の台風10号による高齢者グループホーム

（区域数）

基礎調査を実施し、公表済の区域数※
692,773区域

【区域指定数】
土砂災害警戒区域
うち土砂災害特別警戒区域

※基礎調査を実施し、公表済の区域数
土砂災害のおそれがある箇所について基礎調査を実施し、その結果を関係市町村長に通知するとともに、公表した区域の数。
令和5年3月時点の値であり、今後、変更の可能性がある。

出典：国土交通省

図7-6　全国の土砂災害警戒区域等の指定状況の推移（令和5年3月末時点）

の浸水被害を踏まえ、土砂災害に対しても、要配慮者利用施設における避難体制の強化を図るために、平成29年（2017年）6月に水防法の改正と併せて、土砂災害防止法が一部改正されました。この改正により、土砂災害警戒区域内の要配慮者利用施設の管理者等に対して、避難確保計画の作成と避難訓練の実施が義務付けられ、利用者の円滑かつ迅速な避難の確保を図ることとなりました。

また、平成30年7月豪雨、令和元年東日本台風等では、逃げ遅れによる被災や土砂災害警戒区域等の指定に時間を要している等の課題が顕在化しました。社会資本整備審議会 河川分科会 土砂災害防止対策小委員会においてこれら課題に関して調査・審議が行われ、令和2年（2020年）3月に答申がとりまとめられました。答申及び委員会における意見等を踏まえ、令和2年（2020年）8月に土砂災害防止対策基本指針を変更し、今後の基礎調査では3次元地形データ等から得た詳細な地形図データの活用や、土砂災害警戒区域等の早期指定、当該区域を明示した標識等の設置などにより、土砂災害に対する理解の深化、避難の実効性向上を推進していくこととしています。

令和2年7月豪雨等の近年の気候変動の影響による降雨量の増加等に対応するため、流域全体を俯瞰し、あらゆる関係者が協働して取り組む「流域治水」の取組を推進しています。この実効性を高めるため、令和3年（2021年）11月に流域治水関連法が施行されました。これに合わせて土砂災害防止法も改正し土砂災害警戒区域内の要配慮者利用施設の管理者等は、避難訓練の実施結果を市町村長に報告するとともに、当該報告を受けた市町村長は、当該施設の管理者等に必要な助言又は勧告をすることができることとなりました（図7-7）[1) 2)]。

3. 事業制度

砂防関係事業はそれぞれの法律の規定により、基本的には都道府県に

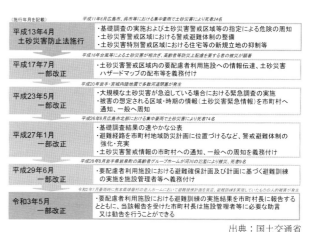

図7-7　土砂災害防止法の改正経緯

出典：国土交通省

おいて行うこととされています。

ただし砂防事業と地すべり対策事業は、特に高度な技術を要するなど都道府県が実施困難な場合には直轄で事業を実施することできます。このため、砂防関係事業は大きく直轄事業と都道府県事業に分類することができます。

また、予防保全事業と災害対策事業という分類も可能です。災害が発生する前から予防保全事業により施設を整備しておくことが理想ですが、災害により被害が発生してしまった場合にも迅速な復旧を図れるように災害対策事業も整備されています。

これらの事業制度の詳細や事業の特徴に応じた採択基準については「砂防関係事業の概要」[3)] としてまとめており、国土交通省砂防部のホームページに掲載しています（図7-8）。

「砂防関係事業の概要」について、毎年度更新し、砂防部HPに掲載
URL：https://www.mlit.go.jp/river/pamphlet_jirei/sabo/pdf/outline_of_sabo_works_2023.pdf

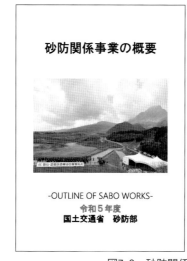

図7-8　砂防関係事業の概要

出典：国土交通省

4. 技術基準

　砂防関係事業のハード対策に関する技術基準は、全国の砂防関係事業の技術標準として、事業制度に対応して整備されるとともに、対象とする土砂移動現象、影響期間、影響範囲に応じて適切な対策が実施できるよう整備されています。図7-9に砂防関係事業の計画の全体構成を示します。「第3章　基礎から学ぶ　河川事業」と同様に河川砂防技術基準が中心となっています。加えて計画ごとに調査、計画、設計、維持管理のために必要な技術基準が整備されています。また、ソフト対策についても、警戒避難に関する技術標準等として、マニュアル等が主に各都道府県、市町村向けに整備されています。

○ 砂防基本計画

	保全対象の位置			
	土石流危険渓流等にある保全対象	扇状地・谷底平野にある保全対象	沖積平野にある保全対象	貯水池
短期 (一連の降雨)	A. 短期 (一連の時雨継続期) 土砂流出による土砂災害対策計画			
A-2. 土石流・流木 対策計画	A-1. 土砂・洪水氾濫対策計画			
	A-3. 土砂・洪水氾濫時に流出する流木の対策計画			
	E. 深層崩壊・天然ダム等異常土砂災害対策計画			
中期 (数年まで)	B. 中期 (土砂流出活発期) 土砂流出対策計画			
長期 (10年以上)	C. 長期 (土砂流出継続期) 土砂流出対策計画			

D. 火山砂防地域における土砂災害対策計画(火山砂防計画)

○ 地すべり防止計画　　○ 急傾斜地崩壊対策計画　　○ 雪崩対策計画
○ 都市山麓グリーンベルト整備計画　　　　　　　　　　出典：国土交通省

図7-9　砂防関係事業の計画の全体構成

5. 施策

1) 根幹的な土砂災害対策

　近年の大規模な土砂災害では、人命だけでなく道路・ライフライン等の公共インフラが被災し、応急対策や生活再建に時間を要する事例が多数生じています。土石流や土砂・洪水氾濫等の大規模な土砂災害から人命はもちろん地域の社会・経済活動を支える公共インフラを保全するため、土砂災害防止施設の整備を推進しています。

2) 要配慮者を守る土砂災害対策

　自力避難が困難な高齢者や幼児等の要配慮者は、土砂災害の被害を受けやすく、土砂災害による死亡・行方不明者のうち、要配慮者が占める割合は高いです（図7-10）。このため高齢者や幼児等が利用する社会福祉施設、医療施設等を保全するため、土砂災害防止施設の整備を重点的に推進しています。

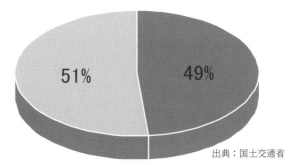

出典：国土交通省

■ 要配慮者（高齢者、幼児等）　　■ その他

図7-10　土砂災害による死亡・行方不明者に占める要配慮者
　　　　（高齢者、幼児等）の割合（平成13～令和4年）

　また、土砂災害防止法に基づき、市町村地域防災計画において土砂災害警戒区域内の要配慮者利用施設の名称及び所在地、情報伝達体制等を定めるとともに、これら施設の管理者等に対し避難確保計画の作成及び計画に基づく訓練の実施を義務づけ、施設利用者の円滑かつ迅速な避難の確保が図られるよう支援を行っています。

3) 地域防災力向上に資する土砂災害対策

　土砂災害リスクが高く、土砂災害の発生による地域住民の暮らしへの影響が大きい中山間地域において、地域社会の維持・発展を図るため、人命を守るとともに、避難場所や避難路、役場等の地域防災上重要な役割を果たす施設を保全する土砂災害防止施設の整備を推進しています。また、リスク情報の提示など土砂災害警戒区域等における避難体制の充実・強化に係る取組に対して支援しています。

4) 火山砂防事業の推進

　火山噴火活動に伴い発生する火山泥流や噴火後の降雨による土石流等に備え、被害を防止・軽減する砂防堰堤や導流堤等の整備を進めています。また、継続的かつ大量の土砂流出により適正に機能を確保することが著しく困難な施設は、除石等を行い機能の確保を図っています。

　火山噴火活動に伴う土砂災害は、大規模となるおそれがあるとともに、あらかじめ噴火位置や規模を正確に予測することが困難であることから、被害が大きくなる傾向にあります。このため、活発な火山活動等があり噴火に伴う土砂災害のおそれがある49火山を対象として、事前の施設整備とともに噴火状況に応じた機動的な対応によって被害を軽減す

るため「火山噴火緊急減災対策砂防計画」の策定を進めています。また、改正「活火山法」が平成27年12月に施行され、火山防災協議会の構成員となる都道府県及び地方整備局等の砂防部局が、噴火に伴う土砂災害の観点から火山ハザードマップの検討を行うこととなりました。そのため、「火山砂防ハザードマップ」を整備することにより、火山防災協議会における一連の警戒避難体制の検討を支援しています。また、火山噴火リアルタイムハザードマップシステムの整備を行い、噴火時に自治体を支援する取組を推進しています。

5）大規模な土砂災害への対応

深層崩壊による被害を軽減するため、土砂災害防止施設の整備や深層崩壊の危険度評価マップ活用等による警戒避難体制の強化等の取組を推進しています。

河道閉塞（天然ダム）や火山噴火に伴う土石流等のおそれがある場合には、「土砂災害防止法」に基づく緊急調査を行い、被害が想定される土地の区域及び時期の情報を市町村へ提供しています。近年、雨の降り方の局地化・集中化・激甚化や火山活動の活発化に伴う土砂災害が頻発しているため、緊急調査を含め災害対応力向上を図る訓練や関係機関との連携強化を推進しています。

さらに、南海トラフ地震等の大規模地震に備え、地震により崩壊する危険性が高く、防災拠点や重要交通網等への影響、孤立集落の発生が想定される土砂災害警戒区域等において、ハード・ソフト一体となった総合的な土砂災害対策を推進しています。また、大規模地震発生後は、関係機関と連携を図り、災害状況等を迅速に把握するとともに、応急対策を的確に実施することが重要です。このため、関係機関等と実践的な訓練を行うなど危機管理体制の強化を図っています。

豪雨などにより発生する土砂災害に対しては、平常時より広域的な降雨状況を高精度に把握するレーダ雨量計、監視カメラ、地すべり監視システム等で異常の有無を監視しています。また、大規模な斜面崩壊の発生に対し、迅速な応急復旧対策や的確な警戒避難による被害の防止・軽減のため、発生位置・

規模等を早期に検知する取組を進めています。

6）警戒避難体制の整備

土砂災害から人命を守るためには、行政と住民が土砂災害に関する情報を共有できる体制の構築及び避難指示などの迅速な発令、避難所の安全確保、要配慮者の避難支援など、警戒避難体制の整備を図ることが必要です。

このため、「土砂災害警戒避難ガイドライン」の市町村への周知と併せて、防災行政無線、携帯電話による情報配信、土砂災害ハザードマップ、現地標識などによる土砂災害警戒区域及び避難所などの周知、土砂災害警戒情報の提供、防災部局及び福祉関係部局などとの連携による要配慮者の避難支援体制の整備、「土砂災害・全国防災訓練」の実施に当たりキャッチフレーズを設けるなどの防災意識の向上のための取組などを推進しています。

6. 海外技術協力

世界には土砂災害をはじめとする自然災害が支障となって、発展が妨げられている地域が数多く存在します。特に、途上国の中には防災技術が不足し、毎年のように繰り返される災害に十分な対策を講じることができない国が多く存在します。このような途上国からの要請に基づき、海外への技術協力が積極的に行われています。砂防事業における本格的な海外技術協力は、昭和42年（1967年）のコスタリカ共和国に対する長期専門家の派遣に始まり、技術協力・学術交流を行った国は、40カ国以上に及んでいます。また、短期専門家としてスリランカ、ネパールなどへ現在までに40カ国以上に派遣されており、海外からの研修員も毎年多く受け入れるなど、技術協力や国際会議などにより砂防技術交流が行われています。今日では「SABO」という言葉は世界に通じる国際語となっています。

7. 施設整備による土砂災害対策

土砂災害を防止するための対策は、大きくハード対策とソフト対策に分けられます。ここではハード対策に焦点をあて、砂防関係事業で整備される土砂災害を防ぐための施設の種類や目的、整備の考え方

を紹介します。砂防関係事業による施設整備は、砂防法、地すべり等防止法、急傾斜地の崩壊による災害の防止に関する法律及び地方財政法に基づいて行われます。土石流や土砂・洪水氾濫、地すべり、急傾斜地の崩壊（がけ崩れ）などの対策の対象とする土砂移動現象と目的に応じて、砂防堰堤工、遊砂地工、地下水排除工、杭工、アンカー工、法枠工、待受式擁壁工などの施設が整備されます。

対象とする土砂移動現象と、土地利用の状況や地域の特性を踏まえ、適切な対策施設を整備し、地域の土砂災害に対する安全度を向上させることが重要です。

1）土石流・流木対策

土石流は、山腹斜面や渓床の土砂が豪雨等に伴って一気に下流へと流下するものです。その流れの速さは規模等によって異なりますが、時速20～40kmという速度で流下し、一瞬のうちに人家等を壊滅させることがあります。土石流は主に土砂や石礫、水で構成されますが、斜面崩壊に起因する場合や、土石流が流下する渓岸に樹木が生育している場合には、多量の流木が混じることもあります。そのため、土石流の対策を行う際には流木への対策も同時に考える必要があります。

土石流や流木による被害を防止するための対策施設には、土石流や流木の発生そのものを抑制するものや、発生した土石流や流木を捕捉、堆積させるもの、導流するものなどがあり、対策を実施する地域の状況、施設設置位置において想定される土砂移動形態等に応じて、適切な対策施設を選択する必要があります（図7-11、12）。

様々な種類の土石流・流木対策施設の中で、土石流、流木への対策として最も一般的に用いられるものは、砂防堰堤です。

砂防堰堤には、透過型砂防堰堤と不透過型砂防堰堤の2種類があります。土石流・流木対策として整備される透過型砂防堰堤は、土石流に含まれる土砂等と流木とを透過部分で一体的に捕捉することを期待して整備されるもので、土石流が流下、堆積する区間に設置されます（写真7-1）。

透過型砂防堰堤では、普段渓流を流れている土砂

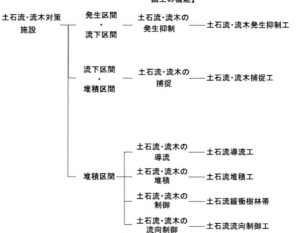

図7-11　土石流・流木対策施設の種類[5]

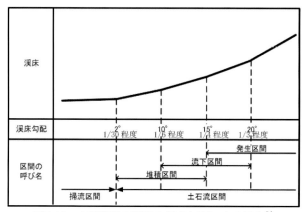

図7-12　土砂移動の形態の渓床勾配による目安[5]

出典：国土交通省

写真7-1　透過型砂防堰堤（鋼製）

や中小規模の出水時の土砂は堆積せずに下流に流下することから、土石流が発生した際に効果的に土砂等を捕捉することができます。また、流木の捕捉にも効果的で、土石流・流木対策は透過型砂防堰堤若しくは後述する流木捕捉工などの透過構造を有する施設で対策することが原則となっています。透過型砂防堰堤が土砂等や流木を捕捉した後には、再びの

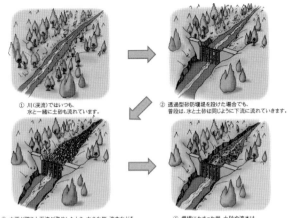

① 川 (渓流) ではいつも、
水と一緒に土砂も流れています。

② 透過型砂防堰堤を設けた場合でも、
普段は、水と土砂は同じように下流に流れていきます。

③ 大雨が降り土石流が発生したとき、大きな岩、流木などを
含む土砂は、堰堤に引っかかり止まります。

④ 堰堤にたまった岩、土砂や流木は、
次の土石流に備えて取り除きます。

出典：国土交通省

図7-13　透過型砂防堰堤が土石流をとらえる働き

土石流発生に備え、これらを取り除く必要があります（図7-13）。

　不透過型砂防堰堤は、設置される場所に応じてその働きが異なります。

　渓流の上・中流域では勾配が急なため、水の働きによって川底や川岸の土砂が侵食され、その土砂が下流へ運搬されます。このような場所に不透過型砂防堰堤を整備すると、砂防堰堤に土砂が貯まることによって川底や川岸の侵食を抑えるとともに、渓流の勾配が緩くなることや渓流の幅が広がることで水の流速が落ち、土砂を侵食したり運搬したりする水の力を弱めることができます。この働きにより、土石流の発生を抑制します。

　一方、渓流の下流域で勾配が比較的緩くなると、上流や中流から水に運ばれてきた土砂が堆積します。このような場所に不透過型砂防堰堤を整備すると、その上流側では、堆積した土砂により渓流の勾配が更に緩やかになるとともに、渓流の幅が広がります。この空間で上流から流れてきた土石流を捕捉、堆積させます。なお、不透過型砂防堰堤には普段から次第に土砂が堆積していくため、定期的に土砂の堆積状況を確認し、必要であれば土石流に備えて土砂を取り除く必要があります。

　また、不透過型砂防堰堤では土石流とともに流下してくる流木を十分捕捉できない事例が確認されています。流木の発生が想定される渓流では、不透過型砂防堰堤とは別に、流木を捕捉するための施設を整備する必要があります（写真7-2）。

出典：国土交通省

写真7-2　不透過型砂防堰堤と流木捕捉工

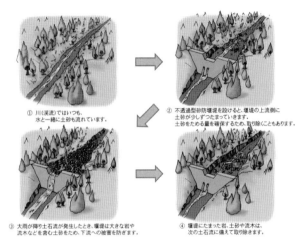

① 川 (渓流) ではいつも、
水と一緒に土砂も流れています。

② 不透過型砂防堰堤を設けると、堰堤の上流側に
土砂が少しずつたまっていきます。
土砂をためる量を確保するため、取り除くこともあります。

③ 大雨が降り土石流が発生したとき、堰堤は大きな岩や
流木などを含む土砂をため、下流への被害を防ぎます。

④ 堰堤にたまった岩、土砂や流木は、
次の土石流に備えて取り除きます。

出典：国土交通省

図7-14　不透過型砂防堰堤が土石流をとらえる働き

　渓流の下流域に整備された不透過型砂防堰堤が土石流や流木を捕捉した後には、透過型砂防堰堤と同様、再びの土石流発生に備え、土石や流木を取り除く必要があります（図7-14）。

2）土砂・洪水氾濫対策

　土砂・洪水氾濫とは、豪雨により上流域から流出した多量の土砂が谷出口より下流の河道で堆積することにより、河床上昇・河道埋塞が引き起こされ、土砂と泥水の氾濫が発生する現象です。土砂・洪水氾濫では、土砂とともに上流域から流出した流木が氾濫する場合もあります（写真7-3）。

　土砂・洪水氾濫による被害を防止するためには、計画規模の土砂移動現象が発生しうる一連の降雨による土砂・洪水氾濫によって、被害が生じるおそれのある扇状地、谷底平野、沖積平野等に位置する保全対象を抽出・設定し、有害な土砂を合理的かつ効果的に処理するための土砂処理計画を策定する必要

写真7-3　平成29年7月九州北部豪雨により発生した
土砂・洪水氾濫と流木（福岡県）

写真7-4　遊砂地の例

があります。土砂処理計画は、生産土砂量の調査、流出解析、河床変動計算、氾濫解析に基づき策定することが基本とされており[4]、砂防堰堤や遊砂地等の整備による保全対象への影響、効果を評価した上で、具体の施設配置を定めます。土砂・洪水氾濫対策では、主に砂防堰堤や遊砂地等の整備が行われます（写真7-4）。

3）地すべり対策

　地すべりとは斜面の一部あるいは全部が地下水の影響と重力によってゆっくりと斜面下方に移動する現象のことをいいます。一般的に移動土塊量が大きいため、甚大な被害を及ぼします。また、一旦動き出すとこれを完全に停止させることは非常に困難です。地すべりは特定の地質又は地質構造の所に多く発生することや、地下水による影響を強く受けることが知られていますが、様々な要因（地形、地質、地質構造、降雨、人為等）が組み合わさって発生します。そのため、地すべり対策工の種類も多岐にわたっています。　地すべり対策工は、大きく分類す

ると抑制工と抑止工に分けられます。抑制工は地すべりの誘因となる自然的条件（地形、地下水等）を低減あるいは除去することを目的とし、抑止工は構造物により地すべりの運動を停止させ、安全度を高めることを目的とするものです。一般には、自然条件を変化させて地すべり運動を生じ難くする抑制工が優先的に計画され、更に必要な場合に抑止工が計画されます。

　地すべり対策の実施に当たっては、事前に地すべり調査・解析を行い、それぞれの地すべりの現象（地形、地質、ブロックの位置、規模、滑動状況等）と事業効果（保全対象の重要度、想定される被害の程度、工法の経済性等）について検討します。この調査結果を踏まえ、地すべり防止施設の整備によるハード対策の内容を地すべり防止計画において定めます。地すべり防止計画では、地すべり運動ブロック毎に計画安全率を定めます。一般的な地すべり防止工事としては、現在の滑動状況に応じて現況安全率を0.95～1.00に仮定し、地すべり発生・運動機構や保全対象の重要度、想定される被害の程度等を総合的に考慮して計画安全率を1.10～1.20に設定します。また、応急対策等で当面の安全確保を図る場合であっても計画安全率1.05以上を設定するものとされています。なお、ここで述べている安全率は、地すべり防止工事の量を決定するために用いられるものであり、工事後の斜面の安定性を示すものではないことに留意する必要があります[4]。

　地すべり対策工のイメージを図7-15に、工法の分

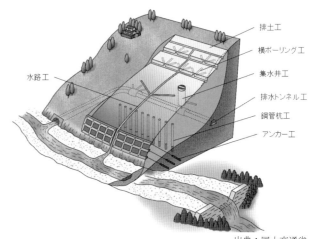

図7-15　地すべり対策工のイメージ

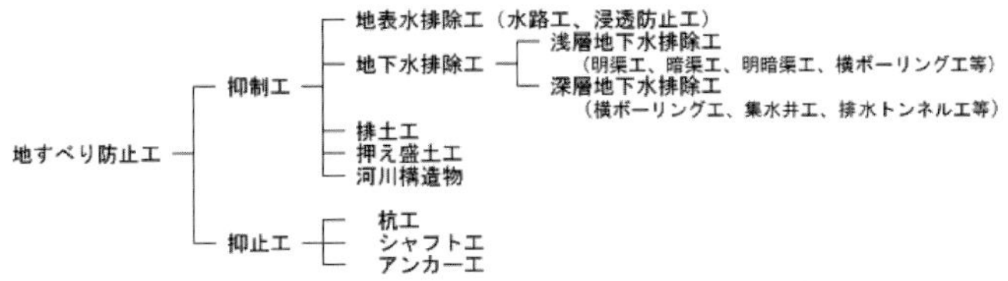

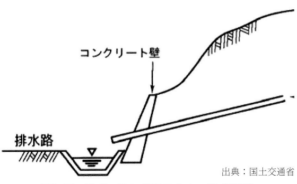

図7-16　地すべり対策工の工法の分類[6]

類を図7-16に示します。

(1)抑制工

　地すべり対策の抑制工には、地下水排除工や排土工、押え盛土工などがあります。

　地下水排除工は、地すべりの原因となる地下水を地すべり地から排除するための工法です。横ボーリング工は、浅い地層の地下水やすべり面付近に分布する地下水を排除する際に用いられます（図7-17、写真7-5）。地表からボーリングマシンによって地下水が集中している部分に向け横向き（自然排水のためにやや上に向ける）に削孔し、集水管（多数の穴を開けた管）を孔内に設置して地下水を排水します。

出典：国土交通省

図7-17　横ボーリング工のイメージ（投影）

写真7-5　横ボーリング工の排水部

出典：国土交通省

　より深い位置の地下水を排除する必要がある場合、地表からの横ボーリングでは延長が長くなってしまうことがあります。このような場合には、地中から集水ボーリングを行う必要があります。そのための工法として、地すべり地の比較的安定

した地盤内に井戸を設置して井戸の中から集水ボーリングを行う集水井工や、すべり面より深い位置の安定した基盤岩内にトンネルを設置し、トンネル内から集水ボーリングを行う排水トンネル工があります。

　排土工は、地すべりの頭部を中心に切土を行い、地すべりを滑らせる方向に働く地すべり土塊の重さを減らし、斜面の安定を図る工法です。排土を行う場合には、排土を行う箇所の上部斜面の安定性等に十分注意する必要があります。

　押え盛土工は、地すべり斜面の末端部に盛土を行うことにより、盛土の重さによって地すべりの滑動力に抵抗する力を増やす工法です。盛土を行う箇所の地盤の安定性に注意する必要があります。

(2)抑止工

　抑止工には、杭工、シャフト工、アンカー工等があります（写真7-6、7）。

出典：国土交通省

写真7-6　鋼管杭工の例

出典：国土交通省

写真7-7　アンカー工の例

　杭工は、鋼管杭等を、すべり面を貫いて不動土塊まで挿入することによってせん断抵抗力や曲げ抵抗力を付加し、地すべり移動土塊の滑動力に対

して直接抵抗する工法です。

シャフト工は、立坑に鉄筋コンクリートを充填し、シャフトの抵抗力で地すべり移動土塊の滑動力に対抗するものであり、地すべりの滑動力が大きく、杭工では十分な安全率が確保できない場合に計画されます。

アンカー工は、斜面から不動地盤に鋼材等を挿入し、基盤内に定着させた鋼材の引張強さを利用して斜面を安定化させる工法です。

4）急傾斜地崩壊（がけ崩れ）対策

がけ崩れとは、雨や地震などの影響によって土の抵抗力が弱まり、急激に斜面が崩れ落ちることをいいます。がけ崩れは突然起きるため、人家の近くで起きると甚大な被害を瞬時にもたらすことがあります。

がけ崩れはその殆どが傾斜30度以上の斜面で発生し、生じたがけ崩れの9割程度は、その崩壊の深さは2m以内となっています。また、地すべりと異なり、地質に関わらず発生することや、大雨に伴って発生するがけ崩れは、降雨の強度に強く影響されることが知られています。

がけ崩れ対策として設置する急傾斜地崩壊防止施設は、その機能の違いから、主に、斜面に対して実施する斜面の崩壊又は滑動の抑制を図る工法及び斜面の崩壊又は滑動の抑止を図る工法、斜面下部で実施する崩壊土砂の保全対象への到達の防止を図る工法に分類されます。これらの工法を斜面の形状や地質、斜面周辺の土地利用状況等に応じて適切に選定します（図7-18）。

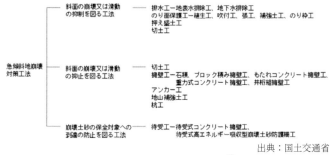

出典：国土交通省

図7-18　がけ崩れ対策工法の分類[6]

また、これらの工法に加えて落石対策が実施される場合もあります。

中でも、がけ崩れ対策として多く採用されるのが、法枠工と擁壁工です。

法枠工は、安定性に不安のあるのり面に現場打ちコンクリートや吹付モルタル、プレキャスト部材によって枠を組み、その内部を植生、コンクリート張工等で被覆することで、のり面の風化、侵食を防止するとともに、のり面表層の崩壊を抑制することを目的としています[7]。

法枠工を施工する場合、景観づくりの観点から、枠内の方形に種子を混ぜた土（厚層基材）を20cm程度詰めることが多くあります。最近では使用する種子は外来種を避けて地域の在来種を用いたり、あるいは、自然の発芽や植生の活着を期待したりします（写真7-8）。

出典：国土交通省

写真7-8　法枠工

擁壁工は、斜面下部の安定や、斜面上部からの崩壊を斜面下部で待ち受けて被害を防止するなどの目的で設置されます。擁壁工には、石積・ブロック積擁壁や重力式擁壁、もたれ擁壁などがあり、地山や基礎地盤の状況等に応じて使い分けられています。また、待受式コンクリート擁壁は、構造的には重力式擁壁と同じですが、崩壊土砂を擁壁背面に設けたポケットで受け止め、人家等へ被害を及ぼさないようにするために整備されるもので、地山の切土を行うことなく施設を設置することができる利点があります[7]。なお、急傾斜地は一般に勾配が急で斜面の長さが長いため、崩壊を擁壁のみで防止できる場合は少なく、他の工法と併用する場合の基礎として設計されることも多くあります（写真7-9）。

出典：国土交通省

写真7-9　待受式コンクリート擁壁工

8. おわりに

　全国各地で整備された砂防関係施設は、豪雨や地震等による土砂移動発生時にその効果を発揮し、多くの人命や資産等を土砂災害から守ってきました。これまでの砂防関係事業による施設整備の効果事例は、国土交通省砂防部のHPに掲載しています。是非一度ご覧ください。

　ここまで、砂防関係事業において土砂災害対策として用いられる基本的な施設やその目的等を紹介してきました。

　土砂災害対策施設の整備は、地域を土砂災害の脅威から守ることを目的として実施されるものです。

　一方、こうした施設の整備は一般的に豊かな自然環境に囲まれた地域等で行われることが多いことから、事業の実施に際しては自然環境や景観にも十分配慮して行う必要があります。

　全国には、砂防関係事業の実施に際し、自然環境や景観に配慮した施設構造としたり、公園との一体的な施設整備を行ったりしたこと等により、良好な環境、景観の形成や親水空間の確保等に大きく寄与している事例が数多くあります。

　砂防関係事業を実施する際には、土砂災害に対する地域の安全性を向上させるだけではなく、様々な創意工夫により、地域の魅力を更に高めるような取組が併せて行われることを期待します。

〈参考文献〉
1）一般社団法人　全国治水砂防協会「砂防関係法令例規集（平成28年版）」
2）一般社団法人　全国治水砂防協会「土砂災害防止法の解説（改定3版）」
3）国土交通省砂防部「砂防関係事業の概要（令和5年度）」
4）国土交通省水管理・国土保全局「河川砂防技術基準計画編基本計画編」（平成31年3月改定版）
5）国土技術政策総合研究所資料第904号「砂防基本計画策定指針（土石流・流木対策編）」（平成28年4月）
6）国土交通省水管理・国土保全局「河川砂防技術基準計画編施設配置等計画編」（令和3年4月）
7）一般社団法人　全国治水砂防協会「新・斜面崩壊防止工事の設計と実例－急傾斜地崩壊防止工事技術指針－」（令和元年5月）

第8章

基礎から学ぶ　砂防維持管理事業

1. はじめに

　我が国の国土は地形が急峻で脆弱な地質であるうえ、多雨豪雪地帯・火山地域を広く抱えており、多くの人々が扇状地や丘陵などに住んでいることから、生活の場とそれを支える地域において、古くから土砂災害を防止する施設が設置されてきました。江戸時代に造られた堰堤が地域住民によって守られ、現在もなお土砂流出を防止する機能を果たしている施設も少なくありません。また、山腹工などは地域環境に溶け込み、土砂災害の防止のみならず自然環境の創造にも寄与しています。これらの施設は植生と土木構造物を組み合わせたものであり、上中流域での土砂流出や下流域を含めた水系全体での土砂移動に対して、流域を面的に見つめてきた砂防の歴史があります。

　近年、気候変動に伴い土砂災害が激甚化、頻発化しており、土石流や土砂・洪水氾濫等により甚大な被害が発生していることから、引き続き施設整備を実施していく必要があります。また、豪雨だけでなく火山噴火や地震に伴う大規模な土砂災害発生に対する危機管理対応が求められ、警戒避難体制の整備や情報伝達機器の開発等の事前準備、火山噴火に対する緊急減災対策、国土監視ネットワークの整備が進められています。

　さらに、土砂災害防止法で定める土砂災害警戒区域等、急傾斜地の崩壊、土石流、地すべりにより被害を受けるおそれのある区域は全国で約68万３千箇所（令和５年（2023年）３月末時点）が指定されており、土砂災害を防止、軽減するために砂防関係施設の整備のみならず警戒避難体制の整備などが進められています。

　このように、国土の管理という視点からも重要な土砂災害防止のため、水系全体における対策、大規模土砂災害に対する危機管理、土砂災害警戒区域の指定等の警戒避難体制の整備によりハード対策とソフト対策が一体となった砂防事業を展開し、国民のいのちとくらしを守る流域治水を推進しています。

　一方で国土を保全してきた砂防関係施設は、戦後の高度経済成長期に急速に整備され、施設の老朽化が加速しています。そこで、予防保全型維持管理へ本格転換し、老朽化対策にかかるライフサイクルコストの縮減及び各年の費用の平準化を図ることで、長期的な展望をもって戦略的に長寿命化を推進し、確実に砂防関係施設の機能を確保していく必要があります。

　このためには、平常時から施設の状態を的確に把握し記録しておくことが重要であり、求められる機能及び性能を満たすべく老朽化対策を実施していくことが必要です。また、砂防関係施設の維持管理には、土砂移動現象や施設の機能、役割の重要度などを十分に理解する専門的な知識や効率的な点検が要求されます。このため、携わる人材の技術力向上を図るなどの技術者の育成や施設を効率的に維持管理していくための技術開発が重要です。

2．砂防関係施設の区分

　砂防関係施設は、土砂災害を未然に防ぐ施設として設置されているもので、土砂災害の形態により設置される施設が区分されています。砂防関係施設の維持管理を的確に実施するために、砂防関係施設の設置目的を明確に理解しておくことが重要です。

1）砂防設備

　「砂防」とは、土砂の生産を抑制し、流送土砂を扞止・調節することによって災害を防止することです。砂防設備は、この目的のために設置された設備で、土砂・流木生産抑制、土砂流送制御、土石流・流木発生抑制等の機能を有しています。

　主な設備として、砂防堰堤、床固工、遊砂地工、渓流保全工等があります（**写真8-1**）。

写真8-1　砂防：砂防堰堤

2）地すべり防止施設

　「地すべり」とは、斜面を構成する土塊の一部が地下水等の作用によって斜面に沿ってすべり落ちる現象です。地すべり防止施設は、地すべり抑制及び抑止の機能を有しており、地形、地質、地すべり地域の状況等に応じて地すべりの滑動力及びその他の予想される荷重を考慮し、安全な構造・規格が付与されています。

　主な施設として、地表水排除工、地下水排除工（横ボーリング工、集水井工、排水トンネル工）、排土工（切土工）、押え盛土工、侵食防止工、杭工、シャフト工、アンカー工等があります（**写真8-2**）。

写真8-2　地すべり：集水井工

3）急傾斜崩壊防止施設

　「急傾斜地」とは、急傾斜地の崩壊による災害の防止に関する法律において、傾斜度が30度以上である土地とされています。「急傾斜地」が崩壊し崩れ落ちることによる被害を防止する施設が急傾斜崩壊防止施設です。

　主な施設として、排水工（地表水排除工、地下水排除工）、のり面保護工、押え盛土工、切り土工、擁壁工、アンカー工、地山補強土工、杭工、待受工、落石対策工等があります（**写真8-3**）。

写真8-3　急傾斜：のり面保護工

4）雪崩対策施設

　「雪崩」とは、山腹に積もった雪が重力の作用によって斜面を崩れ落ちることをいいます。雪崩には厳冬期に多く起きる表層雪崩と春先に多く起きる全層雪崩があります。特に表層雪崩は、速度が速く破壊力が強大で被害範囲も広くなります。主な施設として、予防工、防護工等があります（**写真8-4**）。

写真8-4　雪崩：防護工

3. 事業制度

　砂防関係施設の維持管理に関する事業制度は、施設の老朽化対策を主体とした「砂防メンテナンス事業」と、砂防堰堤等で捕捉された土砂を機能確保のために除石等（土砂撤去、樹木伐採）を行う「緊急浚渫推進事業」があります。「砂防メンテナンス事業」は国土交通省所管事業で、「緊急浚渫推進事業」は総務省所管事業です。

1）砂防メンテナンス事業

　砂防メンテナンス事業は、砂防関係施設の老朽化対策を計画的に実施するため、長寿命化計画の策定又は変更を行い、また老朽化対策が必要な施設については計画的に対策を実施することにより、施設機能を確保することを目的とした事業です。

　砂防メンテナンス事業が創設される以前も防災・安全交付金等によって、地方公共団体が行う老朽化対策を支援してきましたが、個別補助制度によって、地方公共団体がより集中的かつ計画的に老朽化対策を進めることができるようになりました（図8-1）。

2）緊急浚渫推進事業

　土石流等による砂防堰堤の土砂堆積に対して、堆砂の程度や保全対象への危険度に応じて対策の優先度の高い箇所を除石計画に位置付け、緊急的に浚渫を実施する事業です。事業期間は令和6年度まで、地方財政措置は充当率100%、元利償還金に対する交付税措置率70%としています。

4. 基準類

　今後、砂防関係施設の老朽化が加速することが懸念され、将来にわたり砂防関係施設の機能を発揮し続けるためには適切な維持管理を行っていく必要があります（図8-2）。

　このような背景の中、「河川砂防技術基準　維持管理編（砂防編）」において、これまでの砂防の維

砂防設備の整備状況

砂防関係施設の多くが完成から50年以上経過しており、老朽化が進行している。

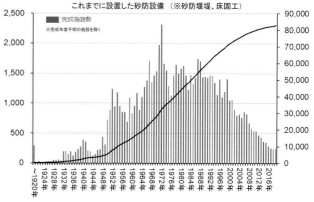

図8-2　砂防堰堤の設置数推移グラフ

【事業体系上の整理】

令和3年度まで

| 補助 | （項）砂防事業費
（目）特定土砂災害対策推進事業費補助
（事業区分）事業間連携砂防等事業費補助
　　　　　大規模特定砂防等事業費補助
　　　　　まちづくり連携砂防等事業費補助
　　　　　大規模更新砂防等事業費補助 |
| 防災安全交付金 | 総合流域防災事業
（3）砂防事業
⑤砂防設備等緊急改築事業
⑥急傾斜地崩壊防止施設緊急改築事業 |

令和4年度

| 補助 | （項）砂防事業費
（目）特定土砂災害対策推進事業費補助
（事業区分）事業間連携砂防等事業費補助
　　　　　大規模特定砂防等事業費補助
　　　　　まちづくり連携砂防等事業費補助
　　　　　砂防メンテナンス事業費補助 |
| 防災安全交付金 | 総合流域防災事業
（3）砂防事業
⑤廃止
⑥廃止 |

図8-1　令和4年度創設時点での事業体系

第1章 総説
第1節 目的 第2節 適用範囲 第3節 維持管理の基本方針

第2章 砂防関係施設の長寿命化計画
第1節 一般 第2節 計画に定める事項

第3章 砂防関係施設の点検及び健全度評価
第1節 砂防関係施設の点検 第2節 点検時期と点検 第3節 基本データの収集 第4節 点検の方法 第5節 砂防関係施設の健全度 第6節 点検結果の保存

第4章 砂防設備及びその周辺の状態把握
第1節 一般 第2節 砂防設備及びその周辺の基本データ 第3節 砂防設備の健全度評価

第5章 地すべり防止施設及び その周辺の状態把握
第1節 一般 第2節 地すべり防止施設及びその周辺の 　　　基本データ 第3節 地すべり防止施設の健全度評価

第6章 急傾斜地崩壊防止施設及び その周辺の状態把握
第1節 一般 第2節 急傾斜地崩壊防止施設及びその周辺の 　　　基本データ 第3節 急傾斜地崩壊防止施設の健全度評価

第7章 雪崩対策施設及び その周辺の状態把握
第1節 一般 第2節 雪崩対策施設及びその周辺の基本データ 第3節 雪崩対策施設の健全度評価

第8章 砂防関係施設の維持・修繕等
第1節 一般

第9章 砂防設備の維持・修繕等
第1節 一般 第2節 砂防堰堤、床固工、帯工、遊砂地工 　2．1 施設本体 　2．2 除石 第3節 渓流保全工 第4節 護岸、水制工、導流工 第5節 山腹工 第6節 管理用道路 第7節 魚道

第10章 地すべり防止施設の維持・修繕等
第1節 一般 第2節 地表排水工 第3節 横ボーリング工 第4節 集水井工 第5節 排水トンネル工 第6節 排土工 第7節 押え盛土工 第8節 侵食防止工 第9節 杭工、シャフト工 第10節 アンカー工

第11章 急傾斜地崩壊防止施設 維持・修繕等
第1節 一般 第2節 排水工 第3節 のり面保護工 第4節 擁壁工 第5節 落石対策工

第12章 雪崩対策施設の維持・修繕等
第1節 一般 第2節 予防工 第3節 防護工

第13章 観測機器等の維持管理
第1節 一般

図8-3　河川砂防技術基準維持管理編（砂防編）の目次・構成

持管理に関する技術基準を体系化し、点検や評価方法など維持管理を計画的に実施するために必要な事項をとりまとめています。

また、平成26年度に「砂防関係施設の長寿命化計画策定ガイドライン（案）」と「砂防関係施設点検要領（案）」を策定し、砂防関係施設の健全の把握、長期にわたる機能及び性能の維持・確保、維持・修繕・改築等の的確な実施を管理者に求めています。

1）河川砂防技術基準維持管理編（砂防編）[1]

河川砂防技術基準維持管理編（砂防編）は、各々の砂防関係施設について機能及び性能を明示し、点検、評価方法等の維持管理を計画的に実施するために必要な事項を定めています（図8-3）。

2）砂防関係施設の長寿命化計画策定ガイドライン（案）[2]

砂防関係施設の長寿命化計画の策定・運用をするため「砂防関係施設の長寿命化計画策定ガイドライン（案）」を策定し、基本的な考え方や手順を示しました。

その後、平成30年度にライフサイクルコストの縮減、修繕等に要する費用の平準化を踏まえた「予防保全型維持管理」を導入し、令和元年度には目視による方法に加え、UAV点検を定期点検等における基本的な方法と位置づけました。

また、令和3年度に「国土交通省インフラ長寿命化計画（行動計画）」の改定等に伴い、①新たな項目として「新技術等の活用などの短期的な数値目標及びコスト縮減効果」を追加、②年次計画を「中期年次計画」と「短期年次計画」に整理しました。

3）砂防関係施設点検要領（案）[3]

砂防関係施設について統一的かつ効果的に点検を実施し、客観的な基準で健全度を評価するため、「砂防関係施設点検要領（案）」を策定しました。

その後、点検の効率化・充実を図るため平成31年にUAV等の活用及び施設情報に関するデータベースシステムの構築を推奨し、令和2年に定期点検等の基本的な方法として、目視による方法に加え、UAVによる方法についても同等と位置づけました。

また、令和4年にUAV点検のメリット・デメリットや活用ポイント、留意点を新たに記載しています。

5．砂防関係施設の維持管理

1）点検

「砂防関係施設点検要領（案）」では、砂防関係施設の点検は統一的かつ効果的に実施し、客観的な基準で健全度を評価することとしています。

また、計画的かつ効率的な点検の実施が図られるよう、点検に関する次の基本的な事項をとりまとめた点検計画を策定します。点検の種類は、「定期点検」、「臨時点検」及び「詳細点検」から構成されています（表8-1）。

定期点検実施時期の間隔は、最長10年以下としていますが、健全度評価により「経過観察」、「要対策」と判定された施設については、5年以下を原則として点検頻度を上げて実施することが望ましいです。これは、健全度が「経過観察」や「要対策」とされた施設は、加速度的に健全度が悪化する傾向が

表8-1 点検の種類と概要

点検の種類	目的	実施時期（頻度）	実施方法
定期点検	砂防関係施設の漏水・湧水・洗掘・亀裂・破損・地すべり等の有無などの施設状況及び施設に直接影響を与える周辺状況について点検する。	点検計画に基づき実施する。	・目視点検もしくはUAV点検を基本とする。 ・点検結果は点検個票にそれぞれとりまとめる。 ・施設の種類ごとに点検項目を定めるものとする。
臨時点検	出水や地震時などによる砂防関係施設の損傷の有無や程度及び施設に直接影響を与える周辺状況を把握、確認する。	出水時や地震時などの事象の発生直後の出来るだけ早い時期に実施する。	・定期点検に準ずる。（安全性・機動性からUAVのメリットを活かすことができるケースが多い。）
詳細点検	定期点検や臨時点検ではその変状の程度や原因の把握が困難な場合に実施する。	必要に応じて実施する。	・必要に応じその状況に適応した計測、打音、観察などの方法で確認するものとする。

表8-2 部位あるいは部位グループの変状レベル評価と表記

変状レベル	損傷等の程度	備考
a	当該部位に損傷等は発生していないもしくは軽微な損傷が発生しているものの、損傷等に伴う当該部位の性能の低下が認められず、対策の必要がない状態	
b	当該部位に損傷等が発生しているが、問題となる性能の低下が生じていない。現状では早急に対策を講じる必要はないが、今後の損傷等の進行を確認するため、定期巡視点検や臨時点検等により、経過を観察する必要がある状態	
c	当該部位に損傷等が発生しており、損傷等に伴い、当該部位の性能上の安定性や強度の低下が懸念される状態	

表8-3 砂防関係施設の健全度評価と表記

健全度	損傷等の程度	表記
対策不要	当該施設に損傷等は発生していないか、軽微な損傷が発生しているものの、損傷等に伴う当該施設の機能及び性能の低下が認められず、対策の必要がない状態	A
経過観察	当該施設に損傷等が発生しているが、問題となる機能及び性能の低下が生じていない。現状では早急に対策を講じる必要はないが、将来対策を必要とするおそれがあるので、定期点検や臨時点検により、経過を観察する、または、予防保全の観点より対策が必要である状態	B
要対策	当該施設に損傷等が発生しており、損傷等に伴い、当該施設の機能低下が生じている、あるいは当該施設の性能上の安定性や強度の低下が懸念される状態	C

あるためで、より短い間隔で点検を実施することで施設の変状を適切に把握し、効果的な施設維持を実施するためです。

また、砂防堰堤など常に流水の影響が及ぶ施設等の点検については、点検頻度を上げるなど適切に対応することが望ましいです。

施設の健全度評価に際しては、砂防関係施設の機能及び性能が適切に維持されるかという視点が重要であることから、現地での点検段階から施設及び施設周辺の状況の特性を十分理解した上で、点検を実施することが必要です。

2）健全度評価

施設の健全度評価は、定期点検及び必要に応じて実施される詳細点検等の結果に基づき、部位ごとの変状レベルを評価した上で（必要に応じ部位グループをまとめて変状レベルを評価する）、流域や当該地すべり地等の施設周辺の状況も踏まえ、施設あるいは施設群全体について総合的に評価します（表8-2）。

予防保全の実施時期を検討するため、既往の健全度評価と組み合わせ、砂防関係施設の劣化速度を把握することが重要です。砂防関係施設の健全度評価において、「経過観察」は、予防保全を踏まえた記載内容としています（表8-3）。

また、点検において変状が認められた場合には、その変状の生じた位置、規模や特徴を把握し、写真撮影等を含めて適切に記録することとしており、その変状の特性あるいは変状の進行度を把握することが必要で、原因あるいはメカニズムをおおよそ考察しておく必要があります。

このため、変状を起こした部位の現場条件を把握し、その部位を構成する材料特性も踏まえた上で、その変状が今後どのように推移するかを可能な範囲で推測しておくことが望ましいです。

3）長寿命化計画の策定

長寿命化計画の策定に当たっては、点検結果に基づく健全度評価、劣化予測を踏まえ、個々の施設に対する対策等の実施の必要性及び実施時期を把握するとともに、防災上の観点等を総合的に勘案して対策の優先順位を検討し、ライフサイクルコストの縮減及び各年の修繕等に要する費用の平準化を考慮することが必要です。

また、上記と併せて、今後、施設の劣化予測の精度向上や長寿命化計画の見直しに資するため、施設点検や健全度評価の結果については、電子データとして記録・保存しておくことが重要です。

従前の長寿命化計画においては、健全度評価の実施後、対策の優先度及び工法等を検討のうえ、年次計画を策定していましたが、ライフサイクルコストを考慮した長寿命化計画では、施設の劣化予測、縮減効果の確認及びトータルコストの平準化などの作業を追加しています（図8-4）。

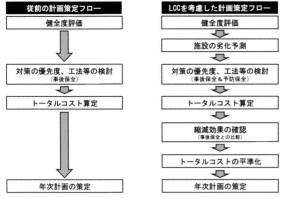

図8-4　年次計画策定のフロー

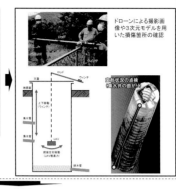

最新の技術を活用し、維持管理のDXを推進することにより、省人化・効率化を図る
図8-5　【事例】地すべり防止施設の点検の効率化

4）長寿命化対策

　対策の検討に当たっては、砂防関係施設の構造、損傷の状態・原因、健全度評価に基づく劣化予測の結果、施設が存する周辺環境（流域特性、保全対象との位置関係等）及びライフサイクルコストの縮減等を踏まえて、対策案の経済性、施工性、環境への影響等を含め、総合的に検討することが必要です。

　ライフサイクルコストの観点を踏まえると、砂防関係施設が有する所定の機能及び性能が確保できなくなった段階で大規模な改築や更新等を実施するよりも、損傷等の程度や機能低下の度合いが軽微な段階で予防保全としての修繕等を実施する方が、一般的にライフサイクルコストを縮減できる場合が多くなります。

　ただし、施工条件等によっては仮設工事費が高くなることが想定され、修繕等の対策回数によっては、割高になることに留意する必要があります。

6. 砂防関係施設の維持管理における効率化の取組

1）メンテナンスサイクルにおける点検の効率化

　前述のとおり、砂防関係施設点検要領（案）を令和元年度と令和3年度に改定し、定期点検等の方法に目視による点検に加え、UAVによる方法の追加し、活用のポイントや留意点を記載しました。

　今後は、UAV活用によって得られる画像データや点群データを用い、点検の質を確保しつつ効率化を進めるため点検のデジタル化を推進します。

　また、点検記録のデータベース化を進め、点検結果を効率的に長寿命化計画へ反映させる取組も進め

ています（図8-5）。

2）メンテナンスサイクルにおける対策の効率化

　点検時に得られた経年的なデータの積み上げをBIM/CIMモデルに反映させることで、維持管理全体のDXを推進し、より効率的な維持管理の推進を目指しています。

　BIM/CIMモデルへの点検データの反映は、維持管理や老朽化対策における出来型測量の簡素化、施工の効率化、施工前の安全性確保等につながるものであり、技術伝承の平準化も期待されています。

7. おわりに

　本章では砂防関係施設の維持管理に係る基本的事項を理解していただくことを目的に関係する内容を紹介しました。初めて砂防関係施設の維持管理業務に携わる方の基礎知識として、理解や関心を深める一助になれば幸いです。

＜参考文献＞
1）国土交通省「国土交通省 河川砂防技術基準 維持管理編（砂防編）」（平成28年3月）
2）国土交通省 水管理・国土保全局 砂防部 保全課「砂防関係施設の長寿命化計画策定ガイドライン（案）」（令和4年3月）
3）国土交通省 水管理・国土保全局 砂防部 保全課「砂防関係施設点検要領（案）」（令和4年3月）

基礎から学ぶ 道路事業

1. はじめに

　日本の道は日本人の社会・経済・生活・文化活動を支え、歴史的発展を遂げてきました。

　我が国最初の道路法は大正8年（1919年）に制定され、道路の種類、等級、路線の認定基準、道路の管理、費用の負担、監督及び罰則等が定められました。昭和27年（1952年）には、現在の道路法が制定され、道路網の整備を図るため、道路に関しての路線指定や認定、管理、構造、保全、費用の負担区分等に関する事項が定められました。

2. 道路の役割

1）道路の基本的な役割

　道路は、誰もが利用する身近な社会資本の1つです。交通ネットワークの要として、人の移動や物資の輸送に欠かすことのできない基本的な社会資本であり、社会・経済の発展を促し、国民生活の向上に大きく寄与するとともに、都市の骨格を形成するほか、防災空間の提供や各種公共公益的な施設の収容空間になるなど、公共空間としても重要な役割を果たしています。こうした道路の機能は、大きく「交通機能」と「空間機能」と呼ばれ、それぞれにおいて、図9-1に示すような機能を有しています。

2）道路は多様な空間

　社会情勢や環境の変化に伴い、国土を支える道路の役割は増大しています。図9-2のように、これまで情報化や環境保全など、その時々のライフスタイルの変化に対応して道路空間は進化してきました。

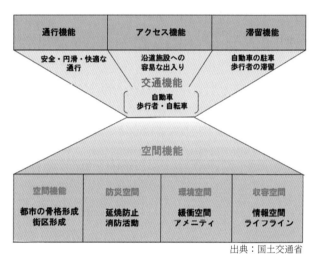

出典：国土交通省

図9-1　道路の機能

出典：国土交通省

図9-2　多様な空間を構成する道路

3. 道路の種類

1）道路法の道路

　道路法において、「道路」とは一般交通の用に供する道で、以下の(1)～(4)のものをいいます。道路別の延長割合は図9-3のとおりであり、高速自動車国

日本の
自然条件

インフラ
整備の変遷

河川
河川

維持
河川

ダム
ダム

維持
ダム

砂防
砂防

維持
砂防

道路

維持
道路

港湾
港湾

維持
港湾

公園
都市

街路
街路

区画
土地
整理
市街地

再開発

水道
水道

維持
下水

下水道

維持
下水

住宅
公営

漁港
漁港

海岸
海岸

維持
海岸

契約
入札

評価
事業

道の延長割合が最も低く、市町村道の延長割合が最も高くなっています。一方で、**図9-4**のように、高速自動車国道や一般国道は道路延長の割合に比して利用されている割合は高く、およそ１％の高速自動車国道が全体の30％の大型車の交通を担っています。

また、一般国道には、国土交通大臣が管理するいわゆる直轄国道と都道府県や政令指定都市の長が管理するいわゆる補助国道があります。直轄国道は、政令によって指定されており、指定区間ともいいます。一方、河川では都道府県又は政令指定都市の長が管理を行う一級河川のことを指定区間といいます。

⑴**高速自動車国道**

　全国的な自動車交通網の枢要部分を構成し、かつ、政治・経済・文化上特に重要な地域を連絡する道路その他国の利害に特に重大な関係を有する道路

⑵**一般国道**

　高速自動車国道と併せて全国的な幹線道路網を構成し、かつ一定の法定要件に該当する道路

⑶**都道府県道**

　地方的な幹線道路網を構成し、かつ一定の法定要件に該当する道路

⑷**市町村道**

　市町村の区域内に存する道路

２）高規格幹線道路の体系

　高規格幹線道路とは、図9-5のように、「高速自動

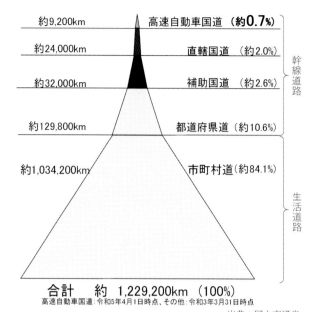

図9-3　道路別の延長

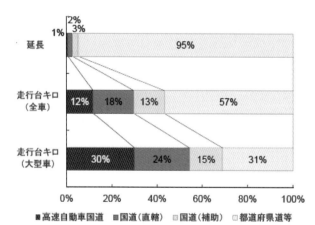

出典：国土交通省（データの出典：「平成27年度全国道路・街路交通情勢調査」、「自動車燃料消費量統計年報 平成27年度分」）

図9-4　道路別の延長及び物流等のシェア

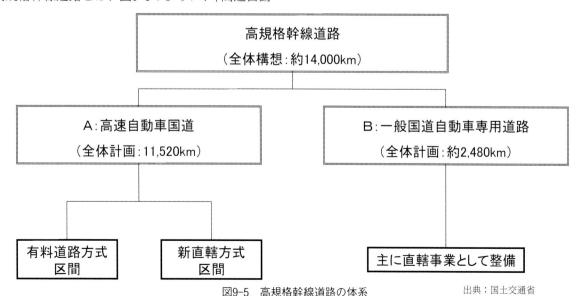

図9-5　高規格幹線道路の体系　　　　出典：国土交通省

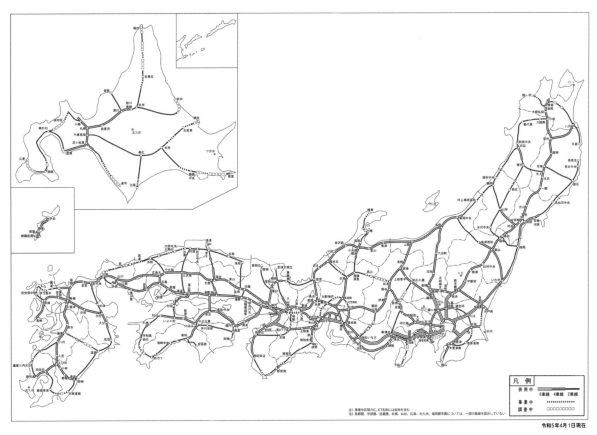

図9-6　高規格幹線道路網図

出典：国土交通省

「車国道」及び「一般国道の自動車専用道路」のこと
をいいます。高規格幹線道路は一般的に、自動車が
高速で走行できる構造で造られた自動車専用道路の
ことを指し、昭和62年（1987年）6月に閣議決定
された第四次全国総合開発計画に位置づけられまし
た。高規格幹線道路は、高速交通サービスの全国的
な普及、主要拠点間の連絡強化を目標とし、地方中
枢・中核都市、地域の発展の核となる地方都市及び
その周辺地域等からおおむね1時間程度で利用可能
となるよう、約14,000kmにわたって形成されてい
ます。

　また、高規格幹線道路網の現状は、**図9-6**のよう
になっています。高規格幹線道路の約4割が暫定2
車線区間であり、速度低下や安全性の低下、通行止
めリスクが高いなどの課題があります。

3）有料道路制度

　我が国における本格的な有料道路制度は、財政上
の制約の下で遅れていた道路整備を促進することを
目的として、国又は地方公共団体が道路を整備する
に当たり財政投融資資金等の借入を行い、道路の利

用者から料金を徴収してその返済に充てる制度とし
て昭和27年（1952年）に創設されました。

　昭和31年（1956年）には、事業の効率的運営を
図るとともに広く民間資金を活用するため日本道路
公団が設立されるなど、道路整備特別措置法等によ
る現在の制度の骨格が整えられました。

　道路整備特別措置法に基づく有料道路には、**図
9-7**のように高速自動車国道、都市高速道路、本州
四国連絡道路及び一般有料道路の4種類があります。

　通常、建設された道路は無料で一般交通の用に供
される「無料公開の原則」に基づいています。しか
し、道路の整備を促進するため、借入金により整備
し、通行料金を徴収してその返済に充てる有料道路
制度を規定するとともに、料金の徴収主体を高速道
路会社、地方道路公社等に限定しています。

4）道路事業に係る国の負担・補助

　道路事業については、道路の種類や事業内容に応
じた国の負担・補助の割合が、道路法等で規定され
ています。（**図9-8**）

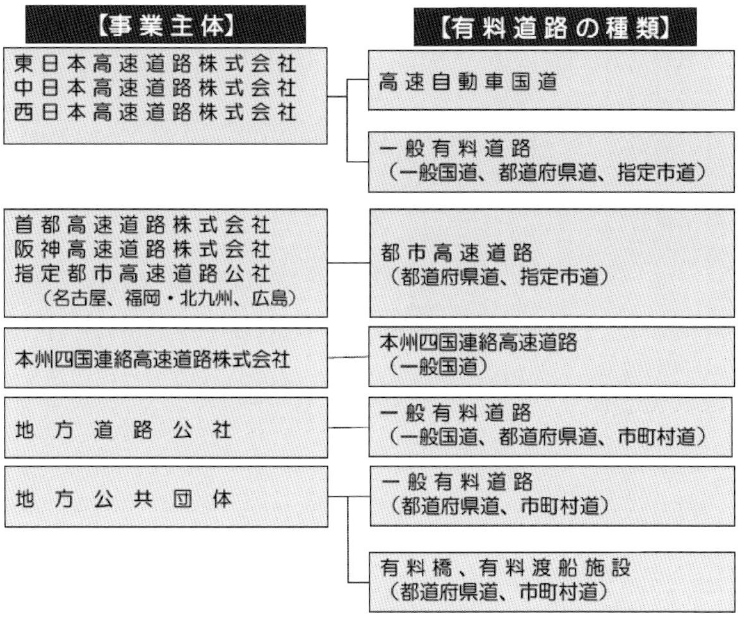

図9-7　有料道路の種類と事業主体

注）高速道路株式会社が事業を営む道路は独立行政法人日本高速道路保有・債務返済機構との協定及び協定に基づく国土交通大臣の許可を受けた道路のみ。
出典：国土交通省

4. 道路をつくる

1）道路事業の流れ

図9-9のように、道路事業ではまず、道路交通調査を基に必要な路線が計画されます。その後、都市計画決定などの手続きを行った上で、事業（用地買収・工事など）に着手し、供用後は維持管理を行います。

2）道路の技術基準

高速自動車国道及び一般国道の技術的な基準は道路法第30条に基づいて道路構造令によって定められています。また、都道府県道及び市町村道の道路構造についても道路構造令を参酌して条例で定めることとなっています。

道路構造令では、常日頃利用する道路の幅員や勾配、線形など道路の根幹的な部分

道路の種類		道路管理者	費用負担	国の負担・補助の割合	
				新設・改築	維持・修繕
高速自動車国道	有料道路方式	国土交通大臣【高速自動車国道法§6】	高速道路会社	会社の借入金で新設・改築・修繕等を行い、料金収入で上記に係る債務及び管理費を賄う【道路整備特別措置法§3等】	
	新直轄方式		国都道府県（政令市）	3／4 負担【高速自動車国道法§20①】	10／10 負担【高速自動車国道法§20①】
一般国道	直轄国道	＜新設又は改築＞国土交通大臣【道路法§12】＜維持、修繕、その他の管理＞指定区間：国土交通大臣その他：都府県(政令市)【道路法§13】	国都道府県（政令市）	2／3 負担【道路法§50①】	10／10 負担【道路法§49】
	補助国道		国都府県（政令市）	1／2 負担【道路法§50①】	維持：　　—【道路法§49】修繕：1／2以内 補助【道路法§56】
都道府県道		都道府県(政令市)【道路法§15】	都道府県（政令市）	1／2以内 補助【道路法§56】	維持：　　—【道路法§49】修繕：1／2又は1／2〜7／10補助【修繕法§1】
市町村道		市町村【道路法§16】	市町村	1／2以内 補助【道路法§56】	維持：　　—【道路法§49】修繕：1／2又は1／2〜7／10補助【修繕法§1】

図9-8　道路事業に係る国の負担・補助　　　　　　　　出典：国土交通省

に関する基準が定められています。道路構造令を受けて、図9-10のように、更に具体の基準が定められています。

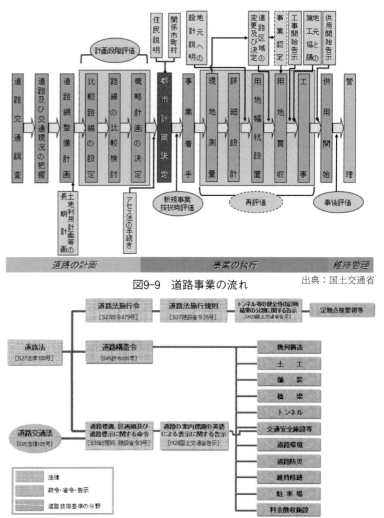

図9-9　道路事業の流れ

図9-10　道路技術基準の体系

5. 身近な道路の「カタチ」を決める技術基準

　道路は、高速自動車国道や一般国道、都道府県道、市町村道のそれぞれによって形成されており、相互に脈絡一貫することで、初めてその機能を全うしうるものです。私たちが、日本各地へ旅行や出張をした際も、車道の幅員や線形、歩道の位置、標識の案内表示など道路の基本的な「カタチ」が統一されていることによって、自動車・自転車等の運転者や歩行者の安心・安全な通行が実現しています。

　このような、道路の基本的な「カタチ」は、道路の技術基準として定められています。最も基本的な技術基準は、道路法第30条に基づく、「道路構造令」であり、通行する自動車の種類や道路の幅員、建築限界、線形などに関する事項を定めています[1]。

　本章では、最も基本的な道路の技術基準である道路構造令についてその基本的な考え方を紹介します。

　加えて、技術の進展や社会の要請、社会資本の整備の進捗に応じた、道路構造令の変遷について紹介します。

　また、近年では地域の実情に応じて、より弾力的に道路の「カタチ」を変えることが可能となっています。本章の最後では、こうした地域における好事例についても紹介します。

6. 道路の技術基準の基本となる道路構造令

1）新設又は改築の際の一般的技術的基準

　最も基本的な道路の技術基準として、道路構造令があります。道路構造令は、道路を新設し、又は改築する場合における一般的技術的基準です。そのため、新設又は改築以外の工事については適用されず、基準に適合しない道路を存置することは道路構造令の規定に抵触しません。

　また、一般的技術的基準とは、道路の通常の機能を確保し、通常の自然的・外部的条件に対応する基準ということです。したがって、一般的道路利用とは異なる機能を必要とするものや通常の自然的・外部的条件とは異なる条件のもとにあるもので、道路構造令の規定全てをそのまま適用することができない場合には、その構造については個別に検討し、定めることができます。

2）道路の構造を決める種級区分

　道路構造令では、「道路の別」と「道路の存する地域」の組み合わせによって、道路の種別が第1種から第4種までに分類されています。道路の種別に応じた構造のイメージを図9-11に示します。

　ここでいう、「道路の別」とは、高速自動車国道や自動車専用道路といった完全出入制限が実施され

高速自動車国道／自動車専用道路

<第1種>

構造上120km/hで走れる道路も可能
車線の幅員を3.75mまで拡大可能
（通常3.5m〜2.75m）

<第2種>

出典：首都高HP

往復の方向別に分離（中央分離帯等の設置）
（暫定2車線区間除く）
（第3種は規格の高い道路のみ）

地方部 ← → 都市部

歩道、自転車道等の設置
交通量の少ない市町村道
は車線のない道路
（1車線道路）

原則、両側に歩道を設置
（第3種は交通量が多い場合や必要な場合）
植樹帯を設置

<第3種>

その他の道路

<第4種>

出典：国土交通省

図9-11　道路の種別に応じた構造（わかりやすさのため例外等を記載していない）

る道路であるか、その他の道路（いわゆる一般道路）であるかということです。また、「道路の存する地域」とは、「地方部」か「都市部」かということであり、交通のトリップ長や、建築物の密集度などが異なり、道路に求められる機能が異なるため区分しています。

また、同じ種別の道路であっても、「道路の種類（高速自動車国道、一般国道、都道府県道、市町村道）」、「地域の地形（平地部、山地部）」、「計画交通量」によって、道路に求められる機能が異なるため、更に第1級から第5級までの級別に分類しています。第1級に近いほど、計画交通量の多い、規格の高い道路となります。

7. 社会の要請に応じた技術基準の変遷

1）昭和45年に「車線」が登場

近代的な道路構造に関する基準は、元をたどれば明治19年（1886年）の内務省訓令「道路築造保存方法」[2]まで遡ります。その後、国の法律に基づく初めての基準として大正8年（1919年）に定め

られた「道路構造令」、「街路構造令」を経て、幅員など現在の道路構造令にも通じる考え方の根拠が定められたのは、昭和33年（1958年）の道路構造令です[3]。同年は、第2次道路整備五箇年計画のスタートの年であり、同年は道路整備のために必要となる「財源」と「構造基準」の両輪がそろった年となりました。

昭和33年の道路構造令では、現在の考え方の根底となる、新設・改築時に適用される一般的な技術基準であることや、種級に応じた設計速度の規定（当時は第1種〜第5種までの区分）、舗装の原則化などを定めており、日本独自の交通の状況や地形等の制約をできるだけ反映し、かつ欧米等の最新の技術を可能な限り盛り込んだ形で制定されました。

その後、昭和45年（1970年）に現行の道路構造令が制定されました。昭和45年の制定では[4]、別途制定されていた「高速自動車国道等の構造基準（道路局長通達）」についても包含し、高速自動車国道から1車線の道路までの一貫性を有する総合的な技

術基準となりました。また、昭和30年代から40年代にかけて、交通事故の増大が大きな社会問題となっていたことを受け、交通安全に配慮した構造基準とすることに特に重点が置かれていました。

この際、それまで車道上で混合交通を余儀なくされていた自動車や自転車について、事故防止のため、自動車と自動車以外の交通の分離を徹底するよう規定されました。

具体的には、昭和33年の道路構造令が車道全幅の規定であったものが、車線を構成単位とする規定に変わりました（写真9-1）。

また、自転車道・自転車歩行者道を設置する規定の新設や、交差点の構成要素として右左折車線や交通島などが定義されるなど、昭和45年の制定により、現道路構造令の基本的な形が出来上がりました。

2）歩行者への対応の充実

昭和45年の道路構造令制定後も、時代の要請等に応じて道路構造令は改正されてきました。特に、歩道の幅員については、改正のたびに広くなっており、障害者、高齢者等を含む様々な歩行者や、多様な利用形態に対応した構造へと変化しています。

最近では令和2年（2020年）11月25日の道路法改正に伴い、道路構造令も合わせて改正され、歩行者利便増進道路（ほこみち）の条項が追加されました。

8. 地域のニーズに応じた取組

1）道路構造令の条例化[5]

地方分権の気運の高まりもあり、平成23年（2011年）には、都道府県道・市町村道については、道路の交通の安全性・円滑性を確保する観点から最低限必要とされる規定を除き、地方公共団体が条例で構造の基準を定めることとなりました。

2）防災機能を考慮した路肩幅員の規定の例[6], [7]

和歌山県では、防災機能の強化を図るため、防災機能を強化する必要がある道路の幅員や路肩等の規定を定めています。具体的には、緊急自動車の通行又は災害時の復旧活動等を勘案した幅員の広い道路や、津波により被害が想定される箇所に、避難のための通路又は車を停車する箇所を設けることができ

るようにしています（図9-12）。

出典：国土交通省

写真9-1 昭和45年道路構造令制定前の青山通り（写真上）と制定後の青山通り（写真下）[4]

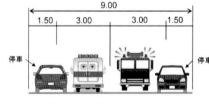

出典：国土交通省

図9-12 災害時の緊急停車帯の設置の例（図上）と避難のための通路等の例（図下）[6], [7]

＜参考文献＞
1）「道路構造令の解説と運用」（公社）日本道路協会，2021
2）平岩洋三・野津隆太「道路技術基準の変遷（総論）道路技術基準温故知新」（公社）日本道路協会，2015
3）淡中康雄・大脇鉄也「近代的構造基準の創生期～誕生から昭和33構造令まで～道路技術基準温故知新」（公社）日本道路協会，2015
4）大脇鉄也・淡中康雄「幅員主義から車線主義へ～昭和45年

　構造令の全面改定～道路技術基準温故知新」（公社）日本道路
　協会，2015
5）「道路政策の変遷」（公社）日本道路協会，2018
6）「地域ニーズに応じた道路構造基準等の取組事例集（増補改
　訂版)」（公社）日本道路協会，2017
7）和歌山県ウェブサイト「避難のための通路等の例」

　構造令の全面改定～道路技術基準温故知新」（公社）日本道路
　協会，2015
5）「道路政策の変遷」（公社）日本道路協会，2018
6）「地域ニーズに応じた道路構造基準等の取組事例集（増補改
　訂版)」（公社）日本道路協会，2017
7）和歌山県ウェブサイト「避難のための通路等の例」

基礎から学ぶ 道路維持管理事業

1. はじめに

　道路は、誰もが利用し、沿道の人々の生活に密着している身近な社会資本かつ、国土の利用・開発・保全に資する社会資本です。主な役割としては、交通ネットワークの要として、人の移動や物資の輸送に欠かすことのできない基本的な社会資本であり、社会・経済の発展を促し、国民生活の向上に大きく寄与するとともに、都市の骨格を形成するほか、防災空間の提供や各種公共公益的な施設の収容空間になるなど、公共空間として重要な役割を果たしています。

　我が国の最初の道路法は大正8年（1919年）に制定され、道路の種類、等級、路線の認定基準、道路の管理、費用の負担、監督及び罰則等が定められました。昭和27年（1952年）には、現在の道路法が制定され、道路網の整備を図るため、道路に関しての路線指定や、認定、管理、構造、保全、費用の負担区分等に関する事項が定められました。

　近年、高度経済成長期に集中的に整備された橋梁等のインフラの老朽化が進展し、この事態に対し、いかに効率的・効果的かつ継続的に対処していくかが大きな課題となっています。

　また、道路を良好な状態に保ち、通行に支障が出ないように保つためには、日常の維持管理が必要であり、巡視や清掃、除草といった維持と橋梁補修や舗装補修、トンネル補修といった修繕等を行わなければなりません。

2. 道路の管理区分

　第9章 基礎から学ぶ 道路事業「3. 道路の種類 1）道路法の道路」をご参照ください。

3. 維持管理の法令・基準

　道路法第42条において、「道路管理者は道路を常時良好な状態に保つように維持し、修繕し、もって一般交通に支障を及ぼさないように努めなければならない」と規定されており、国土交通省では、以下に示すような体系にのっとり、道路の維持管理を行っています（図10-1）。

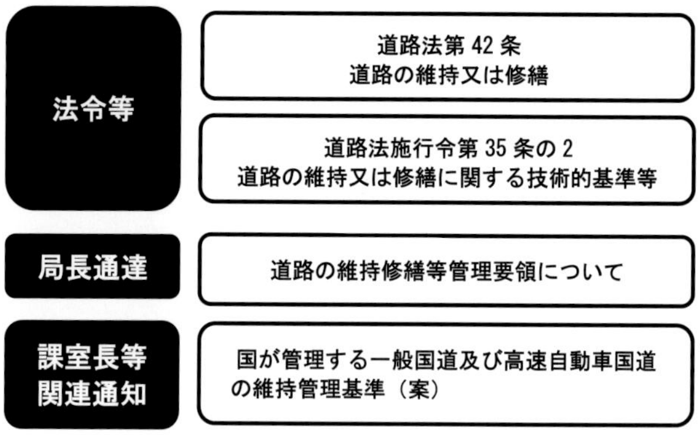

出典：国土交通省

図10-1　道路の維持管理に係る技術基準類の体系例

1）道路法第42条　道路の維持又は修繕

　法律上で道路管理者が道路状況を良好な状態に保つことを定義しています（管理者の責務）。

2）道路法施行令第35条の2
道路の維持又は修繕に関する技術的基準等

　上記の道路法に基づき、道路の構造、交通状況又は維持修繕の状況、地域の地形、地質又は気象の状

況から、道路の巡視、清掃、除草、除雪その他道路機能を維持するために必要な措置を講ずることや、点検により損傷、腐食、劣化等の異状を把握した時は、道路の効率的な維持及び修繕が図られるよう、必要な措置を講ずること等が規定されています。

また、国としては局長通達（道路の維持修繕等管理要領について）と課室長等関連通知（国が管理する一般国道及び高速自動車国道の維持管理基準(案)図10-2一部抜粋）により運用しているところです。

```
‥‥‥‥‥‥‥‥【維持管理基準（案）抜粋】‥‥‥‥‥‥‥‥
 1. 巡回
    50,000台以上／日                          ：原則 1日に1回
    5,000台以上／日～50,000台未満／日未満      ：原則 2日に1回
    5,000台未満／日                            ：原則 3日に1回
 2. 清掃
    路面清掃(以下を目安に塵埃量に応じた適切な頻度を設定)
      年間 12回(三大都市内)
      年間  6回(DID地区内)
      年間  1回(上記以外)
 3. 除草
    以下の繁茂状況を目安に実施
    ・建築限界内の通行の安全確保ができない場合
    ・運転者からの視認性が確保できない場合
 4. 剪定
    高木・中低木   3年に1回程度を目安
                  樹種による生長速度の違い等を踏まえて実施
    寄植          1年に1回程度を目安
 5. 除雪
    大規模な通行止めが生じないよう、
    また、一定程度の旅行速度が保たれるよう
    ・新雪除雪は5～10cm程度の降雪量を目安に実施
    ・凍結防止剤散布は20g/㎡程度を目安に実施
```

出典：国土交通省

図10-2　国が管理する一般国道及び高速自動車国道の維持管理基準（案）抜粋

4. 点検・修繕の法令・基準

道路の老朽化対策については、平成25年度の道路法改正を受け、道路法施行令第35条2において平成26年度から道路管理者は全ての橋梁、トンネル、道路附属物等（シェッド、大型カルバート、横断歩道橋、門型標識等）の道路構造物について健全性の診断をすることが定められ、道路法施行規則第4条の5の6において5年に1回の頻度で点検（定期点検）を実施することが義務づけられました（図10-3）。

また、平成26年（2014年）には国のみならず地方公共団体においても点検が円滑に実施されるよう、主な変状の着目箇所や判定事例写真等が掲載されている定期点検要領[1]を策定しています。現時点では、①道路橋、②道路トンネル、③シェッド・大型カル

```
○社会資本整備審議会 技術部会
  社会資本メンテナンス戦略小委員会 設置 ［平成24年7月31日］

○ 笹子トンネル天井板崩落事故 ［平成24年12月2日］

○ 平成25年を「社会資本メンテナンス元年」に位置付け
○ 道路法の改正 ［平成25年6月］
   点検基準の法定化、国による修繕等代行制度創設

○ 定期点検に関する省令・告示 公布 ［平成26年3月31日］
   5年に1回、近接目視による点検

○道路の老朽化対策の本格実施に関する提言
   ［平成26年4月14日］

● 定期点検 1巡目（平成26年度～平成30年度）

○ 定期点検要領 通知 ［平成31年2月28日］
   定期点検の質を確保しつつ、実施内容を合理化

● 定期点検 2巡目（令和元年度～）

○技術分科会 技術部会 斉藤大臣へのインフラメンテナンス
  第2フェーズに関する提言手交 ［令和4年12月2日］
```

出典：国土交通省

図10-3　道路の老朽化対策に関する取組の経緯

バート等、④横断歩道橋、⑤門型標識等、⑥舗装、⑦小規模附属物、⑧道路土工構造物に関する定期点検要領を整備し、策定以降改訂を加えています。

平成26年度から平成30年度の5年間で橋梁、トンネル等の点検が完了し、令和元年度から2巡目の点検が開始されているなか、予防保全による道路インフラの老朽化対策を図るため、各道路管理者はメンテナンスサイクル（点検・診断・措置・記録）の構築に取り組んでいます。

5. 点検・修繕の状況

1）道路インフラの現状

全国の道路インフラのストックは、令和4年度末時点で橋梁が約73万橋、トンネルが約1万箇所存在し、この他に道路附属物等が約4万施設存在します。

橋梁の場合、約9割の橋梁が地方公共団体が管理し（図10-4）、また、我が国の道路インフラは高度経済成長期に建設されたものが多く、橋梁の場合、建設年度が判明している約52万橋のうち建設後50年を経過するものは令和4年度末時点で37％ですが、10年後の令和14年度末には61％に増加する見込みであり、将来に向けて全国の橋梁の老朽化がより深刻化することが想定されています（図10-5）。

国土交通省では、国民や道路利用者の皆様に道路インフラの現状及び老朽化対策状況を分かりやすくお知らせすることや、各道路管理者が管理施設の老朽化の実態を踏まえた措置方針等の立案につなげることを目的に、平成26年度から全道路管理者の定期点検の実施状況や結果等をとりまとめた「道路メンテナンス年報」を公表しており、令和5年（2023年）8月には令和4年度末までの結果をとりまとめた「道路メンテナンス年報（令和4年度）」[2)]を公表しています。

2）橋梁等の2巡目点検の実施状況

　今回公表した道路メンテナンス年報では、2巡目点検の進捗状況や各施設の判定区分割合、修繕等の措置状況等についてとりまとめています。

　橋梁・トンネル・道路附属物等の2巡目点検（令和元年度～令和4年度）の実施率は、点検対象施設数に対し、橋梁83％、トンネル73％、道路附属物等78％となっており、1巡目の平成26年度～平成30年度の点検実施率と比較すると、橋梁では1ポイント、トンネルでは2ポイント、道路附属物等では1ポイント高い値となっています。5年に1回の頻度で点検を実施することから、2巡目点検の4年目の段階では、概ね80％程度の施設の点検が実施されていることが望ましいため、2巡目点検は着実なペースで点検が進んでおり、点検実施時期が平準化されてきていることが分かります（図10-6）。

3）橋梁等の令和4年度末時点での判定区分割合

　橋梁・トンネル・道路附属物等の定期点検を実施した際には、構造物の健全性の診断結果をⅠ～Ⅳの4段階に区分します（表10-1）。

　令和4年度末時点の橋梁・トンネル・道路附属物等の点検結果は、過年度（平成26年度～令和4年度）の点検で、早期又は緊急に措置を講ずべき状態（判定区分Ⅲ・Ⅳ）と判定された割合は、橋梁で8％、トンネルで32％、道路附属物等で13％となっています（図10-7）。

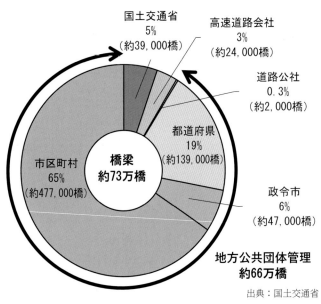

図10-4　道路管理者別の橋梁数

出典：国土交通省

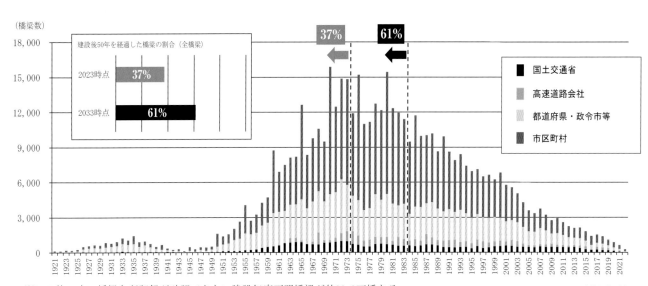

※この他、古い橋梁など記録が確認できない建設年度不明橋梁が約20.9万橋ある。

（建設年度）

図10-5　建設年度別の橋梁数

出典：国土交通省

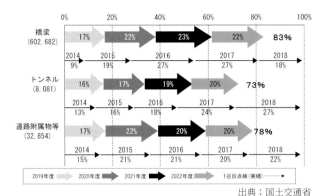

出典：国土交通省

図10-6　2巡目点検の進捗状況（全道路管理者合計）

表10-1　健全性の区分（橋梁、トンネル、道路附属物等）

判定区分		状態
Ⅰ	健全	構造物の機能に支障が生じていない状態。
Ⅱ	予防保全段階	構造物の機能に支障が生じていないが、予防保全の観点から措置を講ずることが望ましい状態。
Ⅲ	早期措置段階	構造物の機能に支障が生じる可能性があり、早期に措置を講ずべき状態。
Ⅳ	緊急措置段階	構造物の機能に支障が生じている、又は生じる可能性が著しく高く、緊急に措置を講ずべき状態。

出典：国土交通省

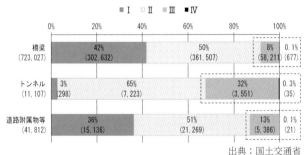

出典：国土交通省

図10-7　過年度の点検結果（全道路管理者）

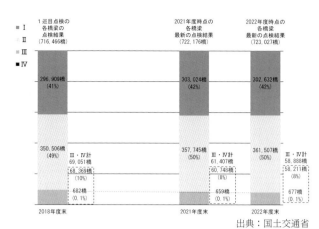

出典：国土交通省

図10-8　判定区分割合の変化（橋梁）

表10-2　1巡目点検施設の修繕等措置の実施状況（橋梁）

管理者	措置が必要な施設数（A）	措置に着手済の施設数（B）	うち完了（C）	未着手施設数
国土交通省	3,359	3,337 （99%）	2,344 （70%）	22 （1%）
高速道路会社	2,533	2,402 （95%）	1,905 （75%）	131 （5%）
地方公共団体	61,466	46,043 （75%）	34,357 （56%）	15,423 （25%）
合計	67,358	51,782 （77%）	38,606 （57%）	15,576 （23%）

出典：国土交通省

施設数の多い橋梁では、判定区分Ⅲが8％（約58,200橋）、判定区分Ⅳが0.1％（約700橋）存在し、過年度からの判定区分割合の推移を見ると、1巡目点検時点（平成30年度末時点）で69,051橋あった判定区分Ⅲ・Ⅳの橋梁が令和4年度末時点では58,888橋となっており、着実に減少していることが分かります（図10-8）。

4）1巡目点検施設の修繕等措置の実施状況（橋梁）

1巡目（平成26年度～平成30年度）の点検で判定区分Ⅲ・Ⅳと判定された橋梁のうち、修繕等の措置に着手した割合は、令和4年度末時点で、国土交通省：99％、高速道路会社：95％、地方公共団体：75％、完了した割合は、国土交通省：70％、高速道路会社：75％、地方公共団体：56％となっており、地方公共団体の措置着手・完了率が低水準となっています（表10-2）。

点検要領において、判定区分Ⅲ・Ⅳである橋梁は次回点検まで（5年以内）に措置を講ずべきとしています。5年以上前の点検で判定区分Ⅲ・Ⅳとされた橋梁の着手率は、国土交通省及び高速道路会社では100％となっていますが、地方公共団体においては約8割となっており、5年以上経過していても措置に着手できていない橋梁が約2割もあることが課題です。

5）老朽化対策状況の更なる見える化

社会資本の現状や課題等についての理解を広めるためには、道路インフラの老朽化の現状や対策実施状況等の情報をよりわかりやすく、見える化していくことが重要です。

老朽化対策の更なる見える化を図るため、「全国道路施設点検データベース～損傷マップ～」[3]にて、橋梁・トンネル・道路附属物等の諸元や点検結果、

措置状況等を地図上で公開しています。

また、より詳細な点検データ等については、「全国道路施設点検データベース」[4]で有料公開を行っており、研究機関や民間企業等による技術開発の促進による維持管理の効率化・高度化を目指しています（図10-9）。

図10-9　全国道路施設点検データベース

6. 道路メンテナンス事業補助

現在、道路施設の老朽化が進行する一方で、施設の大多数を管理する地方公共団体においては、老朽化対策に必要な安定的な予算の確保が課題となっています。国土交通省では、各団体で策定されている長寿命化修繕計画（図10-10）に基づき実施される橋梁、トンネル、道路附属物などの修繕、更新、撤去を対象とする個別補助制度として、「道路メンテナンス事業補助制度」を令和2年度に創設しています。

この補助制度では、長寿命化修繕計画に短期的な数値目標を記載する、または新技術の活用などコスト縮減や事業の効率化などに取り組む地方公共団体に重点的に支援をしています。

その他、「防災・減災、国土強靱化のための5か

図10-10　長寿命化修繕計画

年加速化対策」にも老朽化対策が盛り込まれていますので、それらも活かして地方公共団体を支援していく方針です。

7. 技術的支援

地方公共団体においては、技術系職員が少ないことや、技術力の低下が課題となっています。国土交通省では、メンテナンスサイクルの着実な実施に向け地方公共団体に対して様々な支援を行っています。

1) 道路メンテナンス会議

関係機関の連携による検討体制を整え、課題の状況を継続的に把握・共有することで、効果的な老朽化対策の推進を図ることを目的に、全都道府県ごとに設置しています。

主な役割としては、①維持管理等に関する情報共有②点検、修繕等の状況把握及び対策の推進、③点検業務の発注支援（地域一括発注等）、④技術的な相談対応を担っています（写真10-1）。

写真10-1　道路メンテナンス会議開催状況

2) 地域一括発注

地方公共団体において課題となっている、市町村の技術職員不足・技術力不足を補うために、事務負担等を軽減させる目的で市町村が実施する点検・診断の発注事務を都道府県等が受託する地域一括発注を実施しています。

令和4年度は482市区町村（32道府県）が地域一括発注を活用しています（図10-11）。

3) 技術的な相談対応、研修の実施

地方公共団体からの定期点検や老朽化対策に関する技術的な相談に対し、国の研究機関や全国の地方整備局等の職員が対応することで、地方への技術支

・市町村のニーズを踏まえ、
地域単位での点検業務の一括発注等の実施

図10-11　地域一括発注のイメージ

出典：国土交通省

援も実施しています。

　要請により緊急的な対応が必要かつ高度な技術力を要する施設については、地方整備局、国土技術政策総合研究所、土木研究所の職員等で構成する「道路メンテナンス技術集団」による直轄診断を実施しています（写真10-2）。

出典：国土交通省

写真10-2　国と地方公共団体による合同現地調査

　また、令和元年度より、全国各地に「道路メンテナンスセンター」を順次設置し、地域のメンテナンス拠点として、地方公共団体の施設の診断・修繕の代行、高度な技術を要する施設に関する相談、点検に関する技術指導や研修を実施しています。

　このほか、地方公共団体の職員の技術力育成のため、橋梁、トンネル等の定期点検に必要な知識と技能の習得を目的に全国の地方整備局等で研修を開催し、平成26年度から令和4年度末までに約1,000の地方公共団体から約5,800名が参加しています（写真10-3）。

写真10-3　研修実施状況　　出典：国土交通省

8.　おわりに

　本章では道路の維持管理・修繕に係る基本的事項を理解いただくことを目的に関係する内容を紹介しました。少しでも道路維持管理の理解や関心を深める一助になれば幸いです。

＜参考文献＞
1）国土交通省道路局「定期点検要領」（平成31年2月）
　　https://www.mlit.go.jp/road/sisaku/yobohozen/yobohozen.html
2）国土交通省道路局「道路メンテナンス年報」（2023年8月）
　　https://www.mlit.go.jp/road/sisaku/yobohozen/yobohozen_maint_r04.html
3）国土交通省ウェブサイト「全国道路施設点検データベース～損傷マップ～」
　　https://road-structures-map.mlit.go.jp/
4）一般財団法人日本みち研究所ウェブサイト「全国道路施設点検データベース」
　　https://road-structures-db.mlit.go.jp/

【用語解説】
※補助国道：一般国道のうち、国が管理する国道の区間（指定区間）を指定する「一般国道の指定区間を指定する政令」にて指定されていない区間を示し、都道府県及び政令市が管理する道路。

第11章

基礎から学ぶ 港湾事業

1. はじめに

日本は海外からの輸出入量の99.6％を船舶により運んでいます。食料の60％、エネルギーの90％以上を輸入に頼る我が国にとって、海外との交易の重要性は大きく、港湾は私たちの生活に欠かせない社会基盤です。なお、本章における港湾事業とは、港湾法に基づき定義される港湾の事業を指し、漁港漁場整備法で定義される漁港等を除きます。

2. 港湾の種類と港湾管理者

港湾の区分と港湾管理者一覧は図11-1に示すとおりです。

現在、我が国の港湾の数は、993あり、長距離の国際海上コンテナ運送に係る国際海上貨物輸送網の拠点となり、かつ当該国際海上貨物輸送網と国内海上貨物輸送網とを結節する機能が高い港湾であって、その国際競争力の強化を重点的に図ることが必要な港湾を「国際戦略港湾」、それ以外の港湾で国際海上輸送網の拠点となる港湾を「国際拠点港湾」、それ以外で海上輸送網の拠点となる港湾その他の国の利害に重大な関係を有する港湾を「重要港湾」、それ以外の概ね地方の利害に係る港湾を「地方港湾」、暴風雨に際し小型船舶が避難のため停泊することを主たる目的とし、通常貨物の積卸し又は旅客の乗降の用に供せられない港湾を「避難港」としています（全て政令で定められたものです）。

それ以外に、港湾区域の定めのない港湾で、都道府県知事が水域を公告したものである56条港湾があります。

港湾管理者とは、港湾法の規定に基づき設立され

(2023年4月1日現在)

区　　分	総数	港　湾　管　理　者					都道府県知　　事
		都道府県	市町村	港務局	一部事務組合	計	
国際戦略港湾	5	1	4	0	0	5	―
国際拠点港湾	18	11	4	0	3	18	―
重 要 港 湾	102	82	16	1	3	102	―
地 方 港 湾	807	504	303	0	0	807	―
計	932	598	327	1	6	932	―
（うち避難港）	(35)	(29)	(6)	(0)	(0)	(35)	
56 条 港 湾	61	―	―	―	―	―	61
合　　計	993	598	327	1	6	932	61

出典：国土交通省港湾局総務課調べ。

注 (1)東京都の洞輪沢港は避難港指定を受けているが、管理者未設立であり、かつ56条港湾ではないので本表より除く。
　　(2)56条港湾とは、港湾法第56条により都道府県知事が水域を定めて公告した港湾を示す。

図11-1　港湾数一覧

た港務局又は港湾法第33条の規定による地方公共団体であり、港湾法第12条に規定する業務である「港湾計画を作成すること」、「港湾施設を良好な状態に維持すること」、「港湾施設の建設及び改良に関する港湾工事をすること」等を行う組織です。港湾管理者となっている地方公共団体には、普通地方公共団体（都道府県又は市町村）と特別地方公共団体（一部事務組合）があります。どのような場合に都道府県、市町村が港湾管理者になるか等について定めた要件はありませんが、図11-1に示すとおり、598の港湾で都道府県が、327の港湾で市町村が港湾管理者となっています。港湾管理者は、①港湾管理者の設立の意思決定（地方公共団体の議会の議決）、②予定港湾区域の決定、③国又は都道府県との調整、（港湾区域の同意が必要なため）、④議会議決及び公告、⑤関係地方公共団体との協議等を経て、設立されます。

3. 港湾等の基本方針・港湾計画

1）港湾の開発、利用及び保全並びに開発保全航路の開発に関する基本方針

港湾法第3条の2に規定する「港湾の開発、利用及び保全並びに開発保全航路の開発に関する基本方針」（基本方針）は、国の港湾行政の指針として、並びに港湾管理者が個別の港湾計画を策定する場合の指針として、国土交通大臣が定めるものです。図11-2に基本方針の概要を示しています[1]。

世界経済の拡大・多極化や、我が国における本格的な人口減少、少子高齢化・生産年齢人口の減少、頻発化・激甚化する自然災害等、国内外の社会情勢等の変化の中で港湾政策における国や港湾管理者、民間企業、地域団体等が連携し取り組むべき内容は大きく変化しており、必要に応じて見直しを行っています。

1）基本方針とは

港湾法第3条の2第1項の規定により国土交通大臣が定める、港湾の開発、利用及び保全並びに開発保全航路の開発に関する方針

2）基本方針の役割

①国の港湾行政の指針（港湾法第3条の2第1項）
②個別の港湾計画を定める際の指針（港湾法第3条の3第2項）
③特定貨物輸入拠点港湾における特定利用推進計画の指針（港湾法第50条の6第4項）
④国際旅客船拠点形成港湾における国際旅客船拠点形成計画の指針（港湾法第50条の16第4項）
⑤港湾脱炭素化推進計画の指針（港湾法第50条の2第4項）

3）基本方針に定める事項（港湾法第3条の2第2項）

Ⅰ．港湾の開発、利用及び保全の方向に関する事項
Ⅱ．港湾の配置、機能及び能力に関する基本的な事項
Ⅲ．開発保全航路の配置その他開発に関する基本的な事項
Ⅳ．港湾の開発、利用及び保全並びに開発保全航路の開発に際し配慮すべき環境の保全に関する基本的な事項
Ⅴ．経済的、自然的又は社会的な観点からみて密接な関係を有する港湾相互間の連携の確保に関する基本的な事項
Ⅵ．官民の連携による港湾の効果的な利用に関する基本的な事項
Ⅶ．民間の能力を活用した港湾の運営その他の港湾の効率的な運営に関する基本的な事項

出典：国土交通省

図11-2　基本方針の概要

2）港湾計画

　港湾計画とは、一定の水域と陸域からなる港湾空間において、開発、利用及び保全を行うに当たっての指針となる基本的な計画で、港湾法第3条の3に「港湾の開発、利用及び保全並びに港湾に隣接する地域の保全に関する政令で定める事項に関する計画」と規定されている法定計画です。港湾法第3条の3には、国際戦略港湾、国際拠点港湾又は重要港湾の港湾管理者は、港湾計画を定めなければならないと規定されています。港湾計画では、通常10年から15年程度の将来を目標年次として、その港湾における開発、利用及び保全の方針を明らかにする

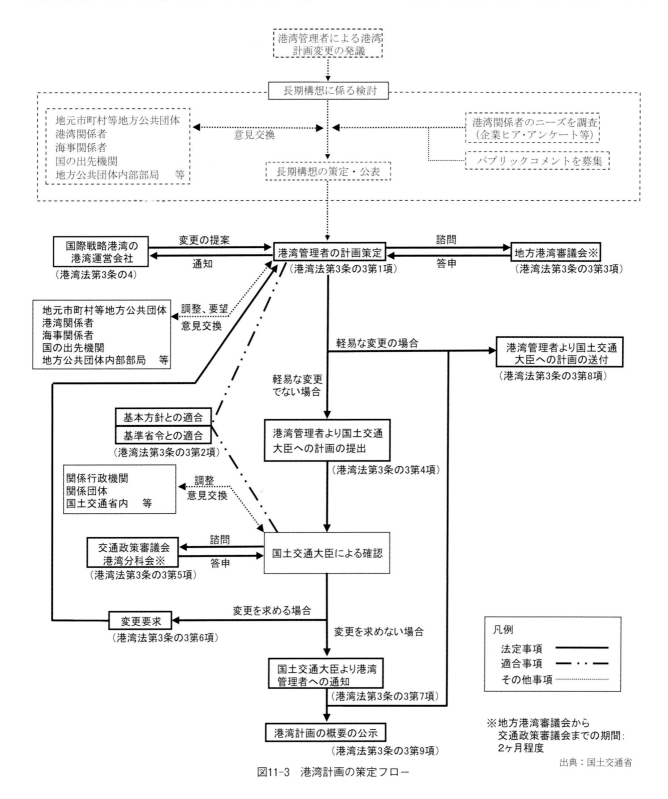

図11-3　港湾計画の策定フロー

とともに、取扱可能貨物量などの能力、その能力に応じた港湾施設の規模及び配置、さらに港湾の環境の整備及び保全に関する事項などを定めることとなっています。国際戦略港湾、国際拠点港湾又は重要港湾の港湾計画が策定される場合の標準的な策定フローは図11-3のとおりです[2]。

4. 事業制度

　港湾は、防波堤、航路、泊地、岸壁、臨港道路などの基本施設、荷役機械、埠頭用地等の物流効率化施設、緑地、旅客ターミナル等の集客施設により構成され、また臨海部には工場、業務ビル、商業施設等が立地しています。国又は港湾管理者が行う公共事業としては、一般公衆の利用に供する防波堤、岸壁、航路、泊地等の整備を行う港湾整備事業や水質浄化、底質改善などの公害防止対策事業、廃棄物の適正処理のための海面処分場の整備を行う港湾環境整備事業があります。このうち、直轄工事については、港湾法第52条第1項において、国と港湾管理者の協議が調うことと、予算の範囲内で実施することを前提に、国際戦略港湾、国際拠点港湾、重要港湾又は避難港で、国自ら実施することができる港湾工事と定められています。例えば、国際戦略港湾が長距離の国際海上コンテナ運送に係る国際海上貨物輸送網の拠点として機能するために必要な係留施設及びこれに附帯する荷さばき地の港湾工事などが直

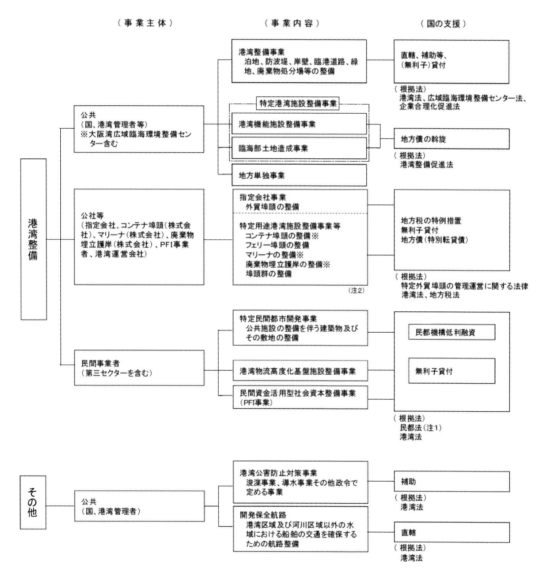

（注1）民都法:「民間都市開発の推進に関する特別措置法」
（注2）※を付した事業(コンテナ埠頭、マリーナ及び廃棄物埋立護岸)については、PFI事業として実施する場合も支援対象。　　　　　出典：国土交通省

図11-4　港湾整備のしくみ

轄工事として挙げられています。また、港湾管理者が行う港湾工事についても、補助事業や交付金事業等により実施しています。

このほか、クルーズ旅客の利便性・安全性の向上や物流機能の効率化のための補助等を行う非公共事業や、ふ頭用地や上屋など公共事業の対象にならない施設整備や用地造成を行う起債事業などがあります（図11-4）[2]。

5. 港湾の施設の技術上の基準

1）「港湾の施設の技術上の基準」の概要

港湾の施設の技術上の基準（技術基準）は、港湾法第56条の2の2に基づき規定され、港湾の施設（技術基準対象施設）を建設、改良、維持する際に適用されます。この基準は港湾としての機能維持、港湾の利用者等の安全性確保の観点から規定されており、さらに、公共の安全その他の公益上影響が著しいと認められる技術基準対象施設を建設、改良する場合には、国又は国土交通大臣の登録を受けた者（登録確認機関）の確認を受けなければならないとされています（図11-5）[2]。

「港湾の施設の技術上の基準を定める省令」では、施設の目的を達成するために施設に必要とされる性能（要求性能）を、また、基準省令に適合する要件を定めた「港湾の施設の技術上の基準の細目を定める告示」では、性能照査を行えるよう要求性能を具体的に記述した規定（性能規定）を定めています。要求性能及び性能規定を満足することが確かめられ

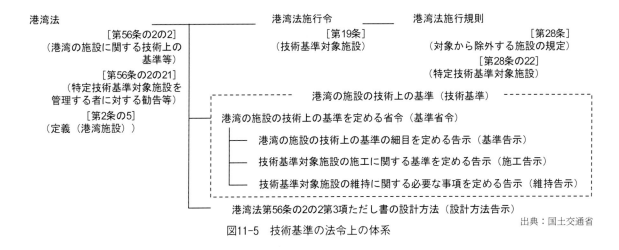

図11-5　技術基準の法令上の体系

出典：国土交通省

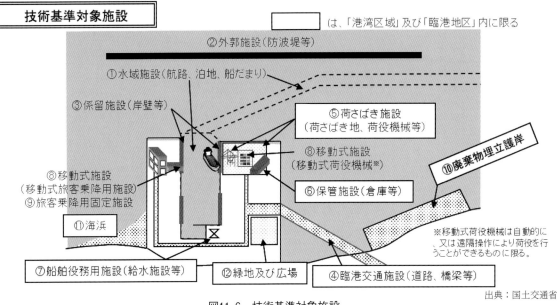

図11-6　技術基準対象施設

出典：国土交通省

写真11-1　技術上の基準・同解説

出典：国土交通省

写真11-2　横浜港に入港する世界最大級の大型コンテナ船

るのであれば、新たな設計手法、材料、工法などを用いることができ、技術開発等に対して柔軟に対応できる設計体系となっています。

また、技術基準を遵守する義務がある技術基準対象施設は、港湾法施行令第19条にて定めています（図11-6）[2]。

2）「港湾の施設の技術上の基準」の改訂の経緯・概要

昭和49年（1974年）に制定された技術基準は、技術的な知見の蓄積や社会的な情勢の変化等を踏まえその都度見直されてきており、平成19年（2007年）には性能規定を導入する大幅な改訂が行われています。また、およそ10年ごとに改訂しており、それに併せて「港湾の施設の技術上の基準・同解説」（基準・同解説）（写真11-1）も改訂されています。基準・同解説とは、技術基準の利用者に対して、技術基準の正しい理解を助け、技術基準の円滑な運用を支援する解説書です。

6. 主要施策事例の紹介

港湾行政の主要施策のうち、ここでは、国際競争力の強化の事例を紹介します。

1）国際コンテナ戦略港湾政策の推進

国際海上物流の幹線としての役割を担う国際基幹航路※が我が国港湾へ寄港することは、日本に立地する企業の国際物流に係るリードタイムの短縮のみならず、経済安全保障を確保していくためにも大変重要です。しかしながら、我が国港湾は、釜山港や上海港といったアジアの主要港と比較して、相対的に貨物量が少ないことに加え、新型コロナウイルス感染症の影響による国際海上コンテナ物流の混乱な

どにより、国際基幹航路の我が国への寄港数は減少傾向にあります。そのため、国土交通省では、国際基幹航路の我が国への寄港を維持・拡大するため、「集貨」、「創貨」、「競争力強化」の三本柱による国際コンテナ戦略港湾政策を関係者一丸となって進めています。

「集貨」については、フィーダー航路網の充実やコンテナターミナルの一体利用を推進することで、国内及び東南アジア等からの貨物の集約に取組んでいます。「創貨」については、流通加工・再混載等の複合機能を有する物流施設の立地促進を進めています。さらに、「競争力強化」については、船舶の大型化や取扱貨物量の増大に対応した大水深・大規模コンテナターミナルの整備・再編、AI、IoT、自動化技術を組み合わせたコンテナターミナルの生産性向上に取組んでいます。

※北米、中南米、欧州等と日本の港との間を結ぶ、長距離の国際海上コンテナ運送に係る航路

2）国際バルク戦略港湾政策の推進

我が国は、生活や産業活動に必要不可欠な資源・エネルギー等のほぼ全てを海外からの輸入に依存しています。

例えば、肉類の生産など畜産業に必要な飼料用とうもろこし、日本の電力供給の約3割を担う石炭火力発電に利用される石炭、自動車やインフラ整備など様々な産業を支えている鉄鋼業に必要な鉄鉱石といった貨物のほとんどは、「バルカー」と呼ばれるばら積み貨物船で海外から輸入されています。

よって、これら資源・エネルギー等を安定的かつ安価に輸入することは、我が国産業の国際競争力を確保・強化し、雇用と所得の維持・創出を図るため

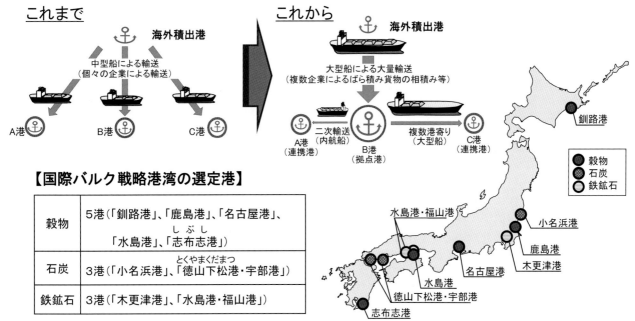

【国際バルク戦略港湾の選定港】

穀物	5港（「釧路港」、「鹿島港」、「名古屋港」、「水島港」、「志布志港」）
石炭	3港（「小名浜港」、「徳山下松港・宇部港」）
鉄鉱石	3港（「木更津港」、「水島港・福山港」）

図11-7　国際バルク戦略港湾の選定港

出典：国土交通省

に極めて重要です。

国土交通省では、平成23年（2011年）5月、資源・エネルギー等の拠点となる港湾を国際バルク戦略港湾として10港選定しました。国際バルク戦略港湾政策は、産業や生活を根底から支えるばら積み貨物の海上輸送網の拠点となる港湾機能の強化を図るものです（図11-7）。

具体的な取組としては、「大型船が入港できる岸壁等の整備」、「荷さばき施設等の整備に対する補助や税制特例措置」、「民間の視点を活用した埠頭運営」、「企業間連携による大型船を活用した共同輸送の促進」により、ハード・ソフト一体となった取組を推進しています。

7. おわりに

ここで紹介しきれなかった事業の詳細や港湾局全体の施策については、国土交通省港湾局ウェブサイト[3]に詳しく記載していますので、ぜひご覧いただければと思います。

＜参考文献＞
1）国土交通省港湾局ウェブサイト「港湾の開発、利用及び保全並びに開発保全航路の開発に関する基本方針」（https://www.mlit.go.jp/kowan/kowan_fr1_000025.html）
2）国土交通省港湾局「数字で見る港湾2023」日本港湾協会
3）国土交通省港湾局ウェブサイト（https://www.mlit.go.jp/kowan/index.html）

日本の自然条件

インフラ整備の変遷

河川

河川維持

ダム

ダム維持

砂防

砂防維持

道路

道路維持

港湾

港湾維持

都市公園

街路

土地区画

市街地再開発

水道

下水道

下水管路

公営住宅

漁港

海岸

海岸維持

入札契約

事業評価

第12章

基礎から学ぶ 港湾維持管理事業

1. はじめに

　輸入に頼る我が国にとって、海外との交易の重要性は大きく、港湾は、私たちの生活に欠かせない社会基盤です。港湾は、全国に993港（56条港湾61港含む。）存在し、岸壁や桟橋といった係留施設、航路や泊地といった水域施設、荷役機械や上屋といった荷捌き施設、道路や橋梁といった臨港交通施設などの様々な港湾施設によって構成されています。また、各施設は周辺環境に合わせて多種多様な構造形式のものが存在しています。これらの港湾施設は、今後急速な老朽化の進展が見込まれており、公共岸壁を例にとると、令和2年（2020年）時点において建設後50年以上経過した施設の割合は約2割でしたが、令和22年（2040年）には約7割に達すると見込まれています（図12-1）。

※国際戦略港湾、国際拠点港湾、重要港湾、地方港湾の公共岸壁数（水深4.5m以深）：国土交通省港湾局調べ
※竣工年不明施設（約100施設）については上記の各グラフには含めていない

出典：国土交通省

図12-1　供用後50年以上経過する公共岸壁の割合（施設数）

　一方、港湾施設を管理する港湾管理者においては、技術者不足や財政上の制約もあり、施設の維持管理が十分にできない状況も発生しています。また、台風に伴う高潮・高波・暴風による被害の頻発化・激甚化に直面し、さらに気候変動に起因する海面水位上昇など将来の災害リスク増大が懸念される状況です。

　こうした状況を踏まえると、これまで行っていた施設点検などの取組だけでは十分な維持管理がなされているとは言えず、真に必要な施設整備とのバランスを精査しながら、ライフサイクルコストの縮減、デジタル・トランスフォーメーション（DX）の推進による技術者不足の解消等を図るための戦略的な維持管理への取組により、持続可能なインフラメンテナンスを実現することが重要になっています。

2. 管理区分

1）港湾の種類と港湾管理者

　第11章 基礎から学ぶ 港湾事業「2. 港湾の種類と港湾管理者」をご参照ください。

2）港湾施設の貸付け

　管理委託等を受けた港湾管理者は、港湾施設を公共施設として堤供するとともに、港湾施設を適切に維持するために必要な点検診断や維持・補修工事に係る費用を負担しなければなりませんが、公共施設として利用されることによって得られる使用料・賃貸料は港湾管理者の収入となります。

　このほか、直轄工事によって生じた港湾施設については、国土交通大臣から指定を受けた港湾運営会社や海洋再生可能エネルギー発電の設備等の設置及び維持管理をする者（許可事業者）に対し貸し付けることができる場合もあります（港湾法第55条）（港湾法第55条の2）。

3. 港湾施設の維持管理の取組

　これまで港湾施設の維持管理については、港湾施設毎に個別施設計画として維持管理計画を策定し、点検や補修を行うとともに、維持管理に関する情報を一元管理する「維持管理情報データベース」を構築し、活用されてきたところです。

　「国土交通省インフラ長寿命化計画（行動計画）」（令和３年度〜令和７年度）（第２次行動計画）において、持続可能なインフラメンテナンスの実現に向け、予防保全への本格転換、新技術等の普及促進などを推進することが重要とされたことを受け、国土交通省港湾局では、全ての港湾管理者が施設のライフサイクルコスト縮減に関する具体的方針を設定し、個別施設計画（予防保全計画）に記載することを新たに掲げました。

1）維持管理情報データベース

　港湾施設の適切な維持管理・更新を行うためには、施設に関する正確な情報を継続的に収集・蓄積することが不可欠です。そのため、平成28年度から、各港湾における点検診断情報、維持管理計画書等の維持管理に関する情報を、国と港湾管理者、民間事業者（港湾施設を管理する事業者）との間で共有し、有効活用するための維持管理情報データベースの運用を開始しています（図12-2）。

出典：国土交通省

図12-2　維持管理情報データベースの概要

2）個別施設計画（予防保全計画）

　個別施設計画（維持管理計画）は港湾施設毎に作成するため、その性格上、港全体での事業費縮減や各年度の事業費平準化は考慮されておらず、港単位の俯瞰的な視点に基づいた計画ではありませんでした。こうした点を踏まえ、前述のとおり第２次行動計画では個別施設計画の一つとして予防保全計画の策定を掲げ取り組むこととしました。

　個別施設計画（予防保全計画）には、既存施設の統廃合や新技術等の活用などに係る短期的な数値目標及びそのコスト縮減効果を検討した上で、港単位で策定しています。老朽化に伴って機能が低下した施設や社会情勢の変化に伴って需要が低下した施設等について、全ての施設を維持するのではなく、機能の集約化や見直しなどによって残すべき施設を選別することで、維持管理・更新コストの縮減、平準化を図るなど効率的かつ戦略的な維持管理を進めることが重要です（図12-3）。

　当該計画の策定主体は国と港湾管理者であり、両者による十分な調整を踏まえた上で策定することを基本としています。

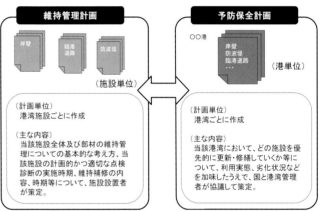

出典：国土交通省

図12-3　維持管理計画と予防保全計画の関係

3）事業制度（補助事業）

⑴個別補助制度（港湾メンテナンス事業）

　地方公共団体等が管理する港湾施設に対しては、令和３年度まで、防災・安全交付金により既存施設の延命化を行うための改良事業に対して総合的・一体的に支援してきましたが、加速度的に進行する重要インフラの老朽化対策を集中的・計画的に実施するため個別補助制度（港湾メンテナンス事業）を令和４年度に創設し、地方公共団体等の予防保全型維持管理への本格転換を支援しています。

⑵個別施設計画作成支援（港湾メンテナンス事業）

　第２次行動計画で掲げた取組を実行していくため、ライフサイクルコストの縮減につながる新技

術等を活用した点検及び補修の手法や既存港湾施設の統廃合、機能の集約化及び転換の検討など、個別施設計画の見直しに必要な検討に係る費用を支援する個別補助制度を令和４年度予算より創設し、各港湾管理者がライフサイクルコストの縮減を十分に検討することが可能となり、予防保全型インフラメンテナンスへ転換の加速化を図ることができるように支援を行っています。

⑶公共施設等適正管理推進事業債

　国庫補助事業を補完する地方単独事業について地方財政措置を拡充する制度（総務省所管）です。平成30年度より、港湾施設の長寿命化を図るための地方単独事業についても対象となりました。この制度により、老朽化した施設を補修することによって10年以上の長寿命化が見込まれる港湾施設の改良事業への補助を行うことができるようになりました。１件当たりの事業規模が国庫補助要件（都道府県・政令市・一部事務組合が港湾管理者の場合は２億円未満、市町村が港湾管理者の場合は0.9億円未満）を満たさない場合が交付税措置の対象となります。起債充当率は90％、交付税措置率は各自治体の財政指数により変動しますが30～50％です。

4. 法令・ガイドライン

1）維持管理関係法令

　港湾法第56条２の２に規定する国土交通省令で定める技術上の基準に適合するように建設、改良、維持を行わなければいけない施設（技術基準対象施設）は、一般的に海象からの影響を受けやすい厳しい自然状況の下に置かれることから、材料の劣化、部材の損傷、基礎等の洗掘、沈下、埋没等により、供用期間中に性能の低下が生じることが懸念されます。

　このような性能低下が生じやすい施設を適切に維持管理が進められるよう、平成25年（2013年）６月に公布された改正港湾法において、技術基準対象施設の維持は、定期的に点検を行うこと、その他の国土交通大臣が定める方法により行うこと、と規定されました。

　これを受け、「港湾の施設の技術上の基準を定める省令」（平成25年11月）及び「技術基準対象施設の維持に関し必要な事項を定める告示」（平成26年３月）の改正（図12-4）を行い、点検診断に関する事項を定め、各港湾管理者に維持管理として行うべ

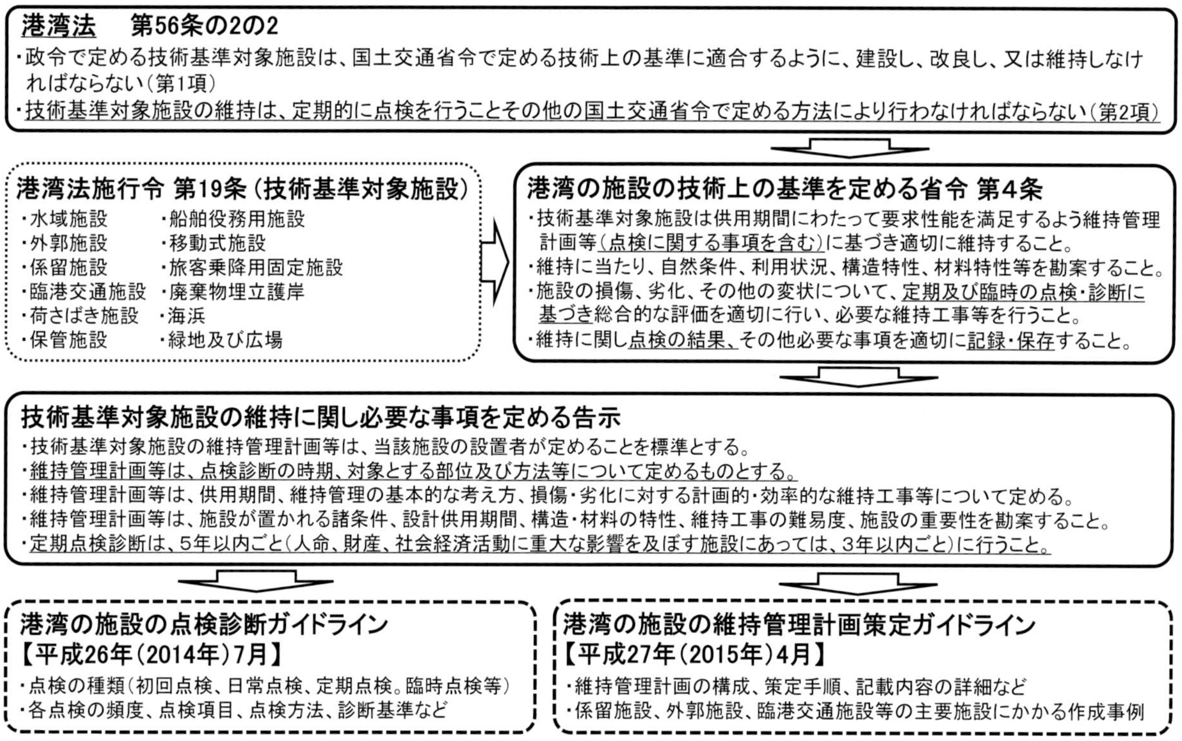

港湾法　第56条の2の2
・政令で定める技術基準対象施設は、国土交通省令で定める技術上の基準に適合するように、建設し、改良し、又は維持しなければならない（第1項）
・技術基準対象施設の維持は、定期的に点検を行うことその他の国土交通省令で定める方法により行わなければならない（第2項）

港湾法施行令 第19条（技術基準対象施設）
・水域施設　　　・船舶役務用施設
・外郭施設　　　・移動式施設
・係留施設　　　・旅客乗降用固定施設
・臨港交通施設　・廃棄物埋立護岸
・荷さばき施設　・海浜
・保管施設　　　・緑地及び広場

港湾の施設の技術上の基準を定める省令 第4条
・技術基準対象施設は供用期間にわたって要求性能を満足するよう維持管理計画等（点検に関する事項を含む）に基づき適切に維持すること。
・維持に当たり、自然条件、利用状況、構造特性、材料特性等を勘案すること。
・施設の損傷、劣化、その他の変状について、定期及び臨時の点検・診断に基づき総合的な評価を適切に行い、必要な維持工事等を行うこと。
・維持に関し点検の結果、その他必要な事項を適切に記録・保存すること。

技術基準対象施設の維持に関し必要な事項を定める告示
・技術基準対象施設の維持管理計画等は、当該施設の設置者が定めることを標準とする。
・維持管理計画等は、点検診断の時期、対象とする部位及び方法等について定めるものとする。
・維持管理計画等は、供用期間、維持管理の基本的な考え方、損傷・劣化に対する計画的・効率的な維持工事等について定める。
・維持管理計画等は、施設が置かれる諸条件、設計供用期間、構造・材料の特性、維持工事の難易度、施設の重要性を勘案すること。
・定期点検診断は、5年以内ごと（人命、財産、社会経済活動に重大な影響を及ぼす施設にあっては、3年以内ごと）に行うこと。

港湾の施設の点検診断ガイドライン
【平成26年（2014年）7月】
・点検の種類（初回点検、日常点検、定期点検。臨時点検等）
・各点検の頻度、点検項目、点検方法、診断基準など

港湾の施設の維持管理計画策定ガイドライン
【平成27年（2015年）4月】
・維持管理計画の構成、策定手順、記載内容の詳細など
・係留施設、外郭施設、臨港交通施設等の主要施設にかかる作成事例

図12-4　港湾施設の維持管理に関する法体系　　　　　　出典：国土交通省

表12-1　定期点検診断の実施時期の考え方

点検診断の種類		通常点検診断施設	重点点検診断施設
定期点検診断	一般定期点検診断	5年以内ごとに少なくとも1回	3年以内ごとに少なくとも1回
	詳細定期点検診断	・供用期間中の適切な時期に少なくとも1回 ・供用期間延長時	・10〜15年以内ごとに少なくとも1回 ・主要な航路に面する特定技術基準対象施設等は、10年以内ごとに少なくとも1回

出典：国土交通省

き取組の共有がなされました（表12-1）。

2）ガイドライン

　法令に点検方法を規定化したことを踏まえ、技術基準対象施設に必要とされる性能を適切に維持することを目的に、点検診断の基本的な考え方について取りまとめた「港湾の施設の点検診断ガイドライン」（平成26年7月）を策定しました。

　また、施設毎に適切な維持管理を行うことを目的に作成する維持管理計画の策定に当たり、港湾の施設の点検診断ガイドラインや予防保全型維持管理の考え方を踏まえた維持管理計画の構成、策定手順、内容の詳細について取りまとめた「港湾の施設の維持管理計画策定ガイドライン」（平成27年4月）を策定しました。

　このほか、港湾荷役機械に特化して具体的な点検診断の頻度、方法等について取りまとめた「港湾荷役機械の点検診断ガイドライン」（平成26年7月）や「港湾荷役機械の維持管理計画策定ガイドライン」（平成28年3月）も策定しました。

　一方、港湾管理者の財政的、人的な課題から、維持管理計画書の策定や点検診断が十分に進んでいない状況がありました。このため、効率的かつ効果的に港湾施設の点検診断、維持管理計画策定が可能となるよう、優良事例等を各ガイドラインの参考資料として整理し、令和2年（2020年）3月に「点検診断の効率化に向けた工夫事例集（案）」と「直営で作成した維持管理計画書の事例集（案）」を取りまとめ公表しました。また、港湾の施設の効率的な点検診断が可能となるよう、令和2年度に「港湾の施設の新しい点検技術カタログ（案）」を取りまとめ公表し、毎年更新しています。

5. 港湾局における維持管理情報の電子化の取組

　AI、IoT等の情報通信技術が著しく発展する中、諸外国の港湾においても手続の電子化とそれに伴う物流の可視化を推進するなど、電子化の動きは各方面で活発化しており、我が国の港湾においても電子化の取組を進めることが求められています。

　このような状況を踏まえ、港湾局においては、紙、電話、メール等で行われている港湾関連手続や港湾を取り巻く様々な情報を電子化し、これらが有機的に繋がる事業環境を実現することで、港湾全体の生産性向上を図るため、民間事業者間の港湾物流手続（港湾物流分野）、港湾管理者の行政手続や調査・統計業務（港湾管理分野）及び港湾の計画から維持管理までのインフラ情報（港湾インフラ分野）を電子化し、これらをデータ連携により一体的に取扱うデータプラットフォームである「サイバーポート」を構築しています。

　本章では、サイバーポートが扱う3分野のうち、維持管理と密接な関わりのある、港湾インフラ分野について紹介します。

1）サイバーポート（港湾インフラ分野）

　港湾機能を安定的に維持するためには、港湾施設全体の状況を踏まえた経費や人の投資を最適化させることができるような効率的なアセットマネジメントの実現が必要となります。

　そのためには、港湾の計画から整備、維持管理に至るまでの間で取り扱われる港湾計画や港湾台帳、国有港湾施設の管理台帳、工事に関わる情報、維持管理情報といった港湾施設を取り巻く膨大な情報が必要となりますが、これらの多くは電子化されておらず、保有主体・所在が分散され、一部の電子化されたデータにおいても保有主体によってその保有形

式は異なり、項目の不一致や重複した情報があるなどの課題があります。さらに、その情報は、適切な更新がなされていない、空間的な把握ができないなどの課題があり、有効活用されていない状況です。

このため、サイバーポート（港湾インフラ分野）では港湾施設を取り巻く情報の一元的管理や地図情報との紐付けによりそれらの情報の一覧性による有用性の拡大や入力の省力化による更新性の向上を目的とし、港湾計画、港湾台帳等の地図上で取り扱われる情報についてGIS（地理情報システム）を利用して電子化するといった取組（図12-5）を進め、プロトタイプとなる10港（苫小牧港、横浜港、新潟港、清水港、神戸港、和歌山下津港、広島港、高知港、北九州港、下関港）を対象に令和5年（2023年）4月12日より、サイバーポート（港湾インフラ分野）のポータルサイトを開設し、当該10港を対象とした第一次運用を開始しました。
https://www.cyber-port.mlit.go.jp/infra/

2）サイバーポート（港湾インフラ分野）の機能（第一次運用版）

GIS画面のベースマップは、標準図面、航空写真、白地図、淡泊地図、色別標高図、英語表記から選択することが可能です。ベースマップに重ね合わせることのできるレイヤーとして「施設位置図」、「港湾計画図」、「区域平面図」、「海しる」があり、選択し

て表示できます。さらに各レイヤーの任意の情報を抽出して、表示・非表示を選択することもできます。「施設位置図」では、水域施設、外郭施設、係留施設、臨港交通施設、荷さばき施設等、「港湾計画図」では、任意の施設毎の計画、任意の施設毎の既設、港湾の環境の整備及び保全に関する区域等、「区域平面図」では、港湾区域界、港域界、海岸保全区域等を選択できます。

例えば、施設位置図で係留施設を表示し、同時に港湾計画図を表示することで現在と将来の姿を一目で確認できます。また、GIS画面で施設をクリックすると施設の基本情報、維持管理リンクや電子納品リンクが表示されます。リンクをクリックすると当該施設に紐付く維持管理情報や電子納品物（図面等）の閲覧が可能となります（図12-6）。

さらに、前述の機能のほか、ダッシュボード機能も備えています。ダッシュボード機能を利用することで、維持管理情報データベースの維持管理情報等を集計し、円グラフや積み上げグラフを表示することが可能となります（図12-7）。

3）サイバーポート（港湾インフラ分野）の利用申請

サイバーポート（港湾インフラ分野）は利用登録を行わずに利用することが可能ですが、より多くの機能を利用するためにはポータルサイトを通じて利用申請を行い、利用登録することが必要です。国及

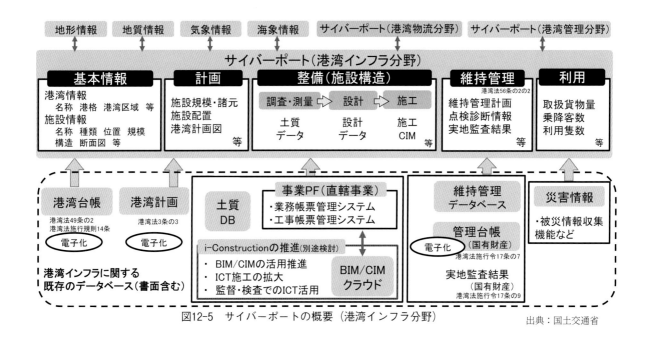

図12-5　サイバーポートの概要（港湾インフラ分野）

出典：国土交通省

び港湾管理者以外の登録利用
者は、改正港湾法（令和４年
11月18日法律第87号）の規
定に従い、利用料金を負担し
ていただく必要がありますが、
当面の間無償で利用できます。

　なお、利用申請を行うこと
ができる者は、「港湾管理者」、
「港湾施設を管理する民間事
業者」、「港湾の工事又は業務
の受注者」、「港湾の業務・工
事の競争参加資格を有する
者」、「大学・高等専門学校」、
「研究開発法人」です。

図12-6　サイバーポート（港湾インフラ分野）GIS画面　　出典：国土交通省

４）サイバーポート（港湾インフラ分野）のロードマップ

　令和５年度中に対象港湾を現在の10港から重要
港湾以上の125港に、令和６年度以降に全港湾932
港（56条港湾除く。）に拡大する予定です。また、
現在の機能から更なる改良を進め、港湾物流分野・
港湾管理分野で得られる施設の利用状況などの情報
を連携することで、港湾インフラ分野においてこれ
らの情報を活用し、効率的な維持管理や災害時の迅
速な復旧に寄与できるようにするとともに、港湾に
おける効率的なアセットマネジメントの実現を目指
していきます。

6．おわりに

　本章では港湾の維持管理に係る基本的事項や取組
についてご理解いただくことを目的に関係する内容
を紹介しました。少しでもご理解やご関心を深める
一助になりますと幸いです。

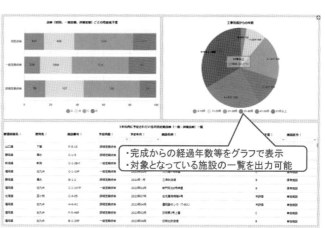

図12-7　ダッシュボード機能　　出典：国土交通省

＜参考文献＞
１）国土交通省港湾局「数字で見る港湾2022」公益社団法人日本港湾協会
２）国土交通省港湾局ウェブサイト
　　https://www.mlit.go.jp/kowan/index.html
３）国土交通省港湾局「港湾の施設の点検診断ガイドライン」（平成26年７月）（令和３年３月一部変更）
４）国土交通省港湾局「港湾の施設の維持管理計画策定ガイドライン」（平成27年４月）（令和５年３月一部変更）
５）国土交通省港湾局「港湾荷役機械の点検診断ガイドライン」（平成26年７月）
６）国土交通省港湾局技術企画課技術監理室「港湾荷役機械の維持管理計画策定ガイドライン」（平成28年７月）

第13章

基礎から学ぶ 都市公園事業

1. はじめに

　都市公園の歴史は古く、明治6年（1873年）の太政官布達第16号から始まり、その後、東京市区条例、旧都市計画法等の一連の都市計画法令が制定され、これらの法令により都市公園の整備が進められてきました。しかしながら、管理については統一した法規がなく、公園とは関係ない施設が設けられるなど、公園の効用を阻害する事例もみられたことから、公園施設を明確にし、公園管理の適正化を図るため、都市公園の設置及び管理について統一した基準となる都市公園法が昭和31年（1956年）に制定されました。

2. 都市公園とは[1]

1）公園の分類

　一般的に「公園」は図13-1に示すように、営造物公園と地域制公園に大別されます。都市公園は、営造物公園の中で、都市公園法第2条に基づく、国又は地方公共団体が設置する公園です。

2）公園のストック効果

　都市公園は、人々のレクリエーションの空間となるほか、良好な都市景観の形成、都市環境の改善、都市の防災性の向上、生物多様性の確保、豊かな地域づくりに資する交流の空間など多様な機能を有する都市の根幹的な施設です。これらのストック効果をより効果的に発揮していくことが重要です（図13-2）。

3. 都市公園の種別[1]

　都市公園には公園の広さや目的などにおいて、住区基幹公園、都市基幹公園、大規模公園、国営公園などに区分されます（図13-3）。

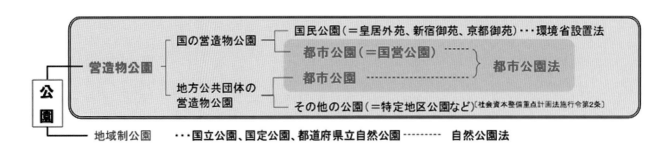

図13-1　公園の分類

出典：国土交通省

※それぞれの効果は相互に関連しており、厳密に分けられるものではない

社会資本のストック効果

安全・安心効果
地震、津波、洪水等への災害安全性を向上させ、安全・安心を確保する効果

生活の質の向上効果
衛生状態の改善、生活アメニティの向上などの生活水準の向上に寄与し、生活の質を高める効果

生産拡大効果
移動時間の短縮、輸送費の低下等によって経済活動の生産性を向上によって、経済成長をもたらす効果

都市公園のストック効果分類

①防災性向上効果
災害発生時の避難地、防災拠点等となることによって都市の安全性を向上させる効果

②環境維持・改善効果
生物多様性の確保、ヒートアイランドの解消等の都市環境の改善をもたらす効果

③健康・レクリエーション空間提供効果
健康運動、レクリエーションの場となり心身の健康増進をもたらす効果

④景観形成効果
季節感を享受できる景観の提供、良好な街並の形成効果

⑤文化伝承効果
地域の文化を伝承、発信する効果

⑥子育て、教育効果
子どもの健全な育成の場を提供する効果

⑦コミュニティ形成効果
地域のコミュニティ活動の拠点となる場、市民参画の場を提供する効果

⑧観光振興効果
観光客の誘致等により地域の賑わい創出、活性化をもたらす効果

⑨経済活性化効果
企業立地の促進、雇用の創出等により経済を活性化させる効果

出典：国土交通省

図13-2　都市公園の主なストック効果

種類	種別	内容
住区基幹公園	街区公園	主として街区内に居住する者の利用に供することを目的とする公園で、街区内に居住する者が容易に利用することができるように配置。
	近隣公園	主として近隣に居住する者の利用に供することを目的とする公園で、近隣に居住する者が容易に利用することができるように配置。
	地区公園	主として徒歩圏内に居住する者の利用に供することを目的とする公園で徒歩圏域内に居住する者が容易に利用することができるように配置。
都市基幹公園	総合公園	都市住民全般の休息、観賞、散歩、遊戯、運動等総合的な利用に供することを目的とする公園。
	運動公園	都市住民全般の主として運動の用に供することを目的とする公園。
大規模公園	広域公園	主として一の市町村の区域を超える広域のレクリエーション需要を充足することを目的とする公園。
国営公園		一の都府県の区域を超えるような広域的な利用に供することを目的として国が設置する大規模な公園にあっては、1箇所当たり面積おおむね300ha以上として配置。国家的な記念事業として設置するものにあっては、その設置目的にふさわしい内容を有するように配置。
特殊公園		風致公園、動植物公園、歴史公園、墓園等特殊な公園で、その目的に則し配置。
緩衝緑地		大気汚染、騒音、振動、悪臭等の公害防止、緩和若しくはコンビナート地帯等の災害の防止を図ることを目的とする緑地。
都市緑地		主として都市の自然的環境の保全並びに改善、都市の景観の向上を図るために設けられている緑地であり、1箇所当たり面積0.1ha以上を標準として配置。
緑道		災害時における避難路の確保、都市生活の安全性及び快適性の確保等を図ることを目的として、近隣住区又は近隣住区相互を連絡するように設けられる植樹帯及び歩行者路又は自転車路を主体とする緑地

出典：国土交通省

図13-3　主な都市公園の種類

これら様々な種類の都市公園の整備が進められ、全国約11万箇所、総面積で約13.0万ha（令和3年度（2021年度）末時点）の公園が整備されています（図13-4）。その大半は市町村が整備・管理していますが、都道府県においても、一の市町村の区域を越える広域の利用に供することを目的とする公園等について、約600公園を整備・管理しています。

一人当たりの公園面積についても、10.8㎡／人

となりました。これは昭和35年（1960年）と比較すると、総箇所数にして約25倍、総面積で約9倍、一人当たり面積で約5倍となりました。このように、都市公園は人々にとっても身近なものとして整備が進んできました。一方で、設置から長い年数が経過した公園の数も増加しています。公園を管理する地方公共団体の予算については、整備費・維持管理費をはじめ、縮小傾向にあり、再整備や維持管理の予算の確保についての課題もあります（図13-5）。

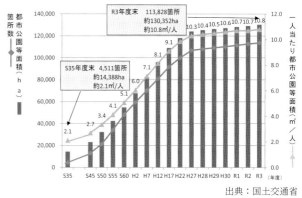

出典：国土交通省

図13-4　都市公園の整備面積・箇所数の推移

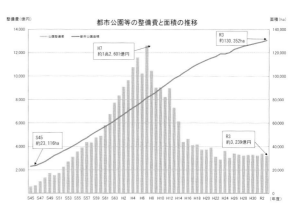

出典：国土交通省

図13-5　都市公園に係る整備費と維持管理費の推移

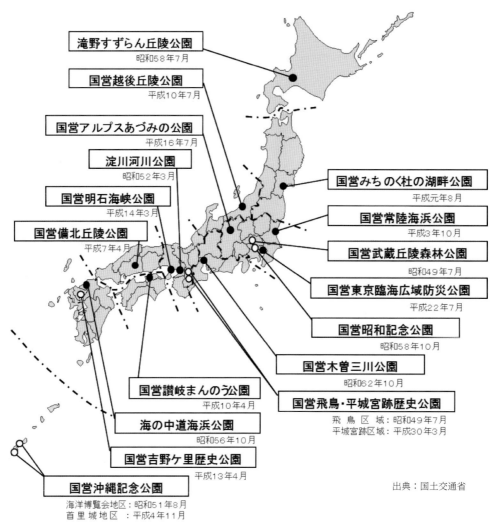

滝野すずらん丘陵公園
昭和58年7月

国営越後丘陵公園
平成10年7月

国営アルプスあづみの公園
平成16年7月

淀川河川公園
昭和52年3月

国営明石海峡公園
平成14年3月

国営備北丘陵公園
平成7年4月

国営みちのく杜の湖畔公園
平成元年8月

国営常陸海浜公園
平成3年10月

国営武蔵丘陵森林公園
昭和49年7月

国営東京臨海広域防災公園
平成22年7月

国営昭和記念公園
昭和58年10月

国営木曽三川公園
昭和62年10月

国営讃岐まんのう公園
平成10年4月

国営飛鳥・平城宮跡歴史公園
飛　鳥　区　域：昭和49年7月
平城宮跡区域：平成30年3月

海の中道海浜公園
昭和56年10月

国営吉野ケ里歴史公園
平成13年4月

国営沖縄記念公園
海洋博覧会地区：昭和51年8月
首里城地区　：平成4年11月

出典：国土交通省

図13-6　国営公園の位置

　国営公園は、国が設置する都市公園であり、現在、図13-6で示す17公園で、国において整備及び維持管理を行っています。国営常陸海浜公園や海の中道海浜公園のように広域的な見地から設置される公園、また、国営昭和記念公園や国営飛鳥・平城宮跡歴史公園のように我が国固有の優れた文化的資産の保存及び活用等を図るための公園があります。

4.　関連規準

1）公園施設の種類[2)3)]

　「公園施設」とは、都市公園の効用を全うするために設けられる都市公園法第2条第2項などに規定する下記の施設であり、これに該当しない施設は公園施設としては取り扱われないことに留意が必要です。

　　・園路広場
　　・修景施設（植栽、花壇、噴水　等）

　　・休養施設（休憩所、ベンチ　等）
　　・遊戯施設（ぶらんこ、滑り台、砂場　等）
　　・運動施設（野球場、陸上競技場、水泳プール等）
　　・教養施設（植物園、動物園、野外劇場　等）
　　・便益施設（飲食店、売店、駐車場、便所　等）
　　・管理施設（門、柵、管理事務所　等）
　　・その他の施設（展望台、備蓄倉庫　等）

2）公園施設の設置基準[2)3)]

　都市公園は、本来、屋外における休息、運動等のレクリエーション活動を行う場所であり、地震等の災害時における避難地としても活用される施設であることから、原則として建築物によって建ぺいされない公共オープンスペースとしての性質を有するものです。そのため、公園施設として設けられる建築物の都市公園の敷地面積に対する割合（建ぺい率）について、100分の2を超えてはならないとしてき

たところですが、地方分権の流れを受けた平成24年（2012年）の法改正により、地方公共団体が設置する都市公園に関する建ぺい率については、100分の2を超えてはならないという基準を十分参酌したうえで、地域の実情に応じて、当該地方公共団体自らが条例で定めることとなりました。また、運動施設や教養施設、防災性向上等の観点から必要とされる施設については、基準の特例もあります。

3）都市公園の管理基準 [2)3)4)5)6)7)8)9)]

都市公園の整備が進む一方で、施設の老朽化に起因する事故の予防に努めることも必要です。

国においては、「都市公園における遊具の安全確保に関する指針（第2版）」（平成26年6月）や「公園施設の安全点検に係る指針（案）」（平成27年4月）など、公園利用者の安全に重大な影響がある施設について、安全確保に関する基本的な考え方を示した指針を策定し、国から地方公共団体へ技術的助言を行っております（図13-7）。

さらに、これまで指針等で示した内容を踏まえ、平成29年（2017年）の都市公園法改正により、都市公園の管理基準に関する規定が追加されたところです(第3条の2)。遊戯施設等については、年1回の点検を行うこと、修繕の記録等が規定されています。

5．都市公園整備

都市公園を新たに計画し、供用するまでのプロセスとしては、一般的に下記のような順序で行われます。

・構想（企画・立案、調査・調整、基本方針）
・計画・設計（基本計画、基本設計、実施設計）
・契約（設計書、価格設定、発注・契約）
・施工（施工、施工検査）
・管理（供用、維持管理）

6．補助制度 [10)]

都市公園法第29条の規定に基づき、国は、都市公園の新設又は改築に要する費用の一部を補助する

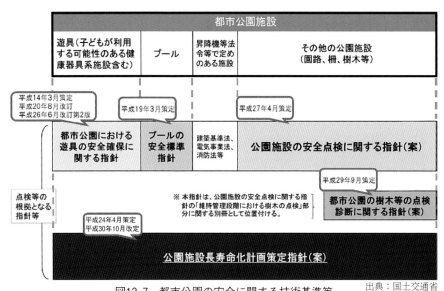

図13-7　都市公園の安全に関する技術基準等　　出典：国土交通省

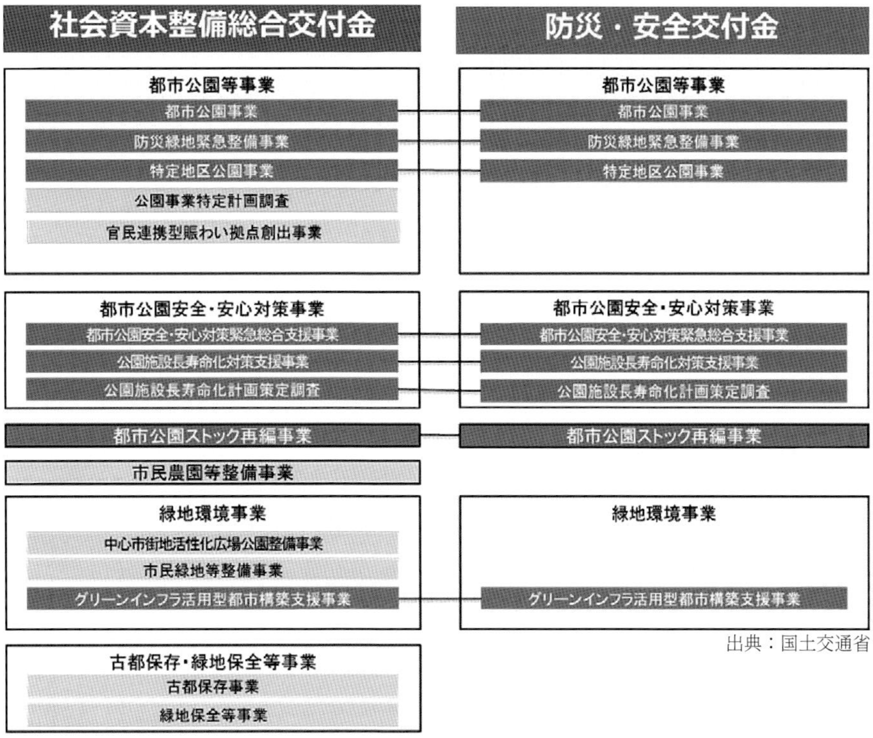

図13-8　都市公園・緑地等事業

ことができるとされています。なお、そのうち補助
対象となる公園施設は都市公園法施行令第31条で
決められています。

　補助制度の中で、主要なものが社会資本整備総合
交付金と防災・安全交付金になります。

　社会資本整備総合交付金は、国土交通省所管の地
方公共団体向け個別補助金を一つの交付金に原則一
括し、地方公共団体にとって自由度が高く、創意工
夫を生かせる総合的な交付金として平成22年度に
創設されました。また、地域における総合的な事前
防災・減災対策や老朽化対策、生活空間の安全確保
を集中的に支援するため、平成24年度に防災・安
全交付金が創設されました。令和5年度時点の都市
公園に関する事業は図13-8に示すとおりです。

　一般的には、面積が2ha以上、総事業費が2.5億
円以上（都道府県は5億円以上）の事業が交付対象
となりますが、その条件に該当しない場合も、社会
的なニーズを踏まえ、例えば老朽化対策を集中的に
支援する事業（公園施設長寿命化対策支援事業）な
どもあり、地域の実情を踏まえて事業を活用するこ
とが可能となっています。

7.　最近のトピック

1）官民連携[11]

　都市公園も設置から年数が経過した公園が増えて
いく中、整備したストックをより有効に活用してい
く必要があります。そのため、施設の魅力向上を図
る必要がありますが、一方で地方公共団体の財政面
等が深刻化する中で再整備が難しい課題があります。
そのため、公園施設を適切に整備・更新し、都市公
園の利便の向上を図るためには、民間活力を最大限
に活用するという観点が必要です。

　従来より、都市公園では民間施設と連携し、魅力
向上を図ってきた事例がありますが、その取組を更
に進めるべく、平成29年（2017年）の都市公園法
改正において飲食店、売店等の公園施設（公募対象
施設）の設置と、そこから生ずる収益を活用して周
辺の公園施設（特定公園施設）の整備等を一体的に
行う者を、公募により選定する公募設置管理制度
（Park-PFI）が創設されました（図13-9）。活用す

出典：国土交通省

図13-9　公募設置管理制度（P-PFI）における活用イメージ

る自治体も増えており、公園の更なる魅力向上が期
待されます。

2）ストック再編

　整備された都市公園のストックを有効に活用し、
人口減少・少子高齢化の進行等に対応し、子育て世
代が住みやすい生活環境づくり、健康長寿社会の実
現等を推進するため、都市公園について、地域のニー
ズを踏まえた新たな利活用や都市の集約化に対応し
た、効率的・効果的な整備・再編を図る必要があり
ます。

　そのため、国においては、平成27年度に社会資
本整備総合交付金に支援事業（都市公園ストック再
編事業）を創設しハード面の支援を実施し、更に令
和元年度には必要となる調査などソフト面の支援を
拡充しています（図13-10）。

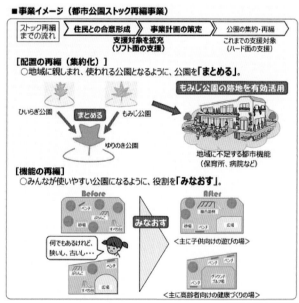

出典：国土交通省

図13-10　都市公園における再編イメージ

3）グリーンインフラの取組の推進

社会資本整備や土地利用等のハード・ソフト両面において、自然環境が有する多様な機能を活用し、持続可能で魅力ある国土・都市・地域づくりを進める取組である「グリーンインフラ」の取組も進められています（図13-11）。

出典：国土交通省

図13-11　グリーンインフラの取組イメージ

その中で都市公園もグリーンインフラの一つとして捉え、地域の課題解決を図るため、都市型水害対策や都市の生産性・快適性向上等にも寄与する形で整備を進めることも重要となっています。

国においては令和2年度より社会資本整備総合交付金及び防災・安全交付金に支援事業（グリーンインフラ活用型都市構築支援事業）を創設し、都市公園のみならず面的に緑地などのグリーンインフラの整備の支援を重点的に進めています。

＜参考文献＞
1）一般財団法人 日本公園緑地協会「公園緑地マニュアル」
2）都市公園法研究会編「都市公園法解説（改訂新版)」
3）国土交通省「都市公園法運用指針」
4）国土交通省「都市公園における遊具の安全確保に関する指針」
5）国土交通省「公園施設の安全点検に係る指針（案)」
6）国土交通省「プールの安全標準指針」
7）国土交通省「都市公園の移動等円滑化整備ガイドライン（改訂第2版)」
8）国土交通省「公園施設長寿命化計画策定指針（案)」
9）都市公園技術標準解説書「一般財団法人 日本公園緑地協会」
10）国土交通省「社会資本整備総合交付金交付要綱」（令和5年11月29日）
11）国土交通省「都市公園の質の向上に向けたPark-PFI 活用ガイドライン」

第14章

基礎から学ぶ 街路事業

1. はじめに

我が国の都市は人口減少・少子高齢化や財政的制約などの社会情勢に対応するため、多極ネットワーク型コンパクトシティへの転換が求められています。

また、今後のまちづくりにおいては、これら都市再生の取組を更に進化させ、既存ストックの活用等により官民のパブリック空間をウォーカブルな人中心の空間へ転換し、民間投資と共鳴しながら「居心地が良く歩きたくなる」まちなかを形成し、様々な人々の出会い・交流を通じたイノベーションの創出

や人間中心の豊かな生活を実現し、まちの魅力・磁力・国際競争力の向上が内外の多様な人材、関係人口を更に惹きつける好循環が確立された都市の構築を図ることが求められています（**図14-1**）[1]。

そのため、街路交通施策についても多極ネットワーク型コンパクトシティの形成に資する施策へと注力していかなければなりません。

また、街路交通に係る都市インフラの整備に当たっては、これまでの量的整備を求めてきた視点から転換し、安全・安心、健康医療福祉の向上、景観

図14-1 「居心地が良く歩きたくなる」まちなか形成のイメージ 出典：国土交通省

の向上や地域の歴史文化の継承といった「質」の高いストックを創出していかなければなりません。

さらに、整備された都市インフラの維持管理や機能更新に当たっては、ライフサイクルコストの低減や空間・施設の再構築・再配分による機能の更新や再生といった「質」の維持・向上が求められます。

都市インフラストックの創出や再構築・維持管理に際しては、「都市マネジメント」の観点から民間企業等の活力を最大限に活用したり地域に維持管理を委ねたりするなど、官民が積極的に連携して効率的・効果的に都市インフラストックの創出・維持管理を進めることが求められます。なお、既存の都市インフラストック等を最大限活用した修復・改変等により、「居心地が良く歩きたくなる」ウォーカブルなまちなかづくり[2]を進めていくことも重要です。

こうした街路交通施策の推進に当たっては、持続可能な多極連携型まちづくり（コンパクト・プラス・ネットワーク）の実現に向けて、都市機能や居住機能の集約化と併せ、都市の骨格となる公共交通軸を確保するとともに、地区内の回遊性を高めるためのシェアモビリティの導入や駐車場の適正配置等も含め、多様な交通モードの有機的な連携が図られた総合的な都市交通システムの構築に取り組んでいくことが求められます。さらに、自動運転等の新たな技術の社会実装を見据えた街路交通施設のあり方についても併せて検討[3]していくことが重要です。

2．街路とその現状

1）街路の役割

街路は都市の中の道路であり、多種多様な役割を担っています。市民生活や経済活動等に伴う自動車交通等を円滑に処理するだけではなく、市民が散歩を楽しみ祭りやイベントが開催されるなど、人々が集い語り合う都市において最も基礎的な公共空間です。街路が交通機関はもとより都市において重要な公共空間であることは、大正時代に制定された街路構造令を見ても明らかです。街路構造令は大正8年（1919年）の旧道路法制定に伴い構造基準として道路構造令とともに内務省令として公布されており、道路とは別に都市内の道路である街路について構造

令が定められていたのです。当時は馬車や荷車が主要な交通であったにもかかわらず、構造令では例えば「廣路」であれば二十四間（約44m）以上の幅員として歩車道の分離、植樹帯や橋詰広場の位置づけ等都市内における空間としての機能を重視していたことがわかります。街路は都市を代表する公共空間を形成し、けやきの4列並木が美しい仙台市の定禅寺通り（写真14-1）や大阪市の御堂筋などは正に都市を代表する空間として多くの人が認識しており、改めて都市における街路空間の重要性を再認識させられます。街路構造令はその後昭和27年（1952年）の道路法改正に伴い昭和33年（1958年）に道路構造令に一本化されることになり、現在はこの道路構造令が適用されています[4][5]。また、街路の持つ空間機能としてはその他にも地下鉄や路面電車といった公共交通機関や上下水道、電力等のライフラインを収容する他、災害時には避難路を提供し延焼を防ぐ防火帯としての機能などもあります。さらに、街路は市街地の街区を構成し、沿道の市街化を誘導する機能を持っており、都市の基盤としてまちづくりの方向性を決める重要な役割を担っています。このような各種機能を整理すると表14-1のようになります。

出典：国土交通省
写真14-1　仙台市定禅寺通り

2）街路事業とは

⑴街路事業の定義

街路事業は、都市計画法第59条の許可又は承認を得て実施される都市計画事業のうち都市計画道路を整備する事業であり、その中でも都市局が所管する事業をいいます。街路そのものは、道路と同様に一般国道、都道府県道又は市町村道に分けられ、街路事業は、各道路の特性に応じて都道府県や市区町村といった地方公共団体が事業主体

日本の自然条件
インフラ整備の変遷
河川
河川維持
ダム
ダム維持
砂防
砂防維持
道路
道路維持
港湾
港湾維持
都市公園
街路
土地区画
市街地再開発
水道
下水道
下水道維持
公営住宅
漁港漁場
海岸
港湾海岸維持
入札契約
事業評価

表14-1　街路における各種機能

大 項 目	小 項 目	内 容
都市交通施設機能	通路としての機能	人及び物の動きのための通路としての機能
	沿道利用のための機能	沿道の土地、施設、建物等への出入り、ストックヤードへのアプローチ、貨物の積み下しのスペースとしての機能
都市環境保全機能		都市のオープンスペースとしての住環境を維持する機能
都市防災機能	避難路・救援路	災害発生時に被災者の避難及び救助のための通路としての機能
	災害遮断	災害の拡大を抑え遮断するための空間としての機能
都市施設のための空間機能	他の交通機関のための空間	モノレール、新交通システム、地下鉄、路面電車等を設置するための空間
	供給処理施設のための空間	電気、上水道、下水道、地域冷暖房、都市廃棄物処理管路、ガス等を設置するための空間
	通信情報施設のための空間	電話、CATV等を設置するための空間
	その他の施設のための空間	電話ボックス、信号、案内板、ストリートファニチャー等を設置するための空間
街区の構成と市街化の誘導	街区の構成	街路は街区を囲み、その位置、規模、形状を規定する
	市街化の誘導	沿道の土地利用の高度化を促し、都市の面的な発展方向、形状、規模等に影響を与える

出典：国土交通省

となって整備を行います。

　都市計画道路とは、都市計画法第11条に定められる都市施設のうち「道路」のことを示しています[6]。自由通路（**写真14-2**）、都市モノレール専用道（**写真14-3**）等が街路事業として実施できるのは、運用指針において道路の種別として位置付けられているためです。

出典：国土交通省

写真14-2　自由通路整備事例（松本駅東西自由通路）

出典：国土交通省

写真14-3　都市モノレール整備事例（大阪モノレール）

　所管区分については原則として都市部における都市計画道路は都市局が、それ以外の地域におけるものは道路局が所管しています。しかし、その都度両局が協議して定めることとされている部分もあるため、明確に定義することはできません。

　なお、社会資本整備総合交付金事業等による道路整備事業は、道路法第56条等による法律補助であるため、交付申請時には路線認定及び道路の区域決定（変更）が必須となることに留意しなければなりません。

(2)都市計画道路

　都市計画道路とは、都市施設として都市計画法に基づいて都市計画決定された道路であり、都市計画法では単に「道路」と表現されており、都市計画運用指針では、以下の機能を有するものとされています。

①都市における円滑な移動を確保するための交通機能
②都市環境、都市防災等の面で良好な都市空間を形成し、供給処理施設等の収容空間を確保するための空間機能
③都市構造を形成し、街区を構成するための市街地形成機能

また、主として交通機能に着目して次のような種別に分類されます。

①自動車専用道路
　都市高速道路、都市間高速道路、一般道路等専ら自動車の交通の用に供する道路
②幹線街路
　都市内におけるまとまった交通を受け持つとともに、都市の骨格を形成する道路
③区画街路
　地区における宅地の利用に供するための道路
④特殊街路
　ア　専ら歩行者、自転車又は自転車及び歩行者のそれぞれの交通の用に供する道路
　イ　専ら都市モノレール等の交通の用に供する道路
　ウ　主として路面電車の交通の用に供する道路

なお、自由通路やペデストリアンデッキ、地下道等は④特殊街路のアに該当すると考えられます。また、交通広場（駅前広場等）については、次のように定められており、都市計画道路の一部として都市計画に定めることが望ましいとされています[6]。

交通広場の計画
　鉄道駅等交通結節点においては、複数の交通機関間の乗り継ぎが円滑に行えるように、必要に応じ駅前広場等の交通広場を設けるものとし周辺幹線街路と一体となって交通を処理するものについては道路の一部として都市計画に定めることが望ましい。

都市計画道路は、「道路法による道路」と定められていませんが、社会資本整備総合交付金等により実施されている街路事業の対象となる道路は、当然ながら、「道路法による道路」となるものです。このため、技術基準についても、道路と同様に扱うこととなり、道路構造令及び道路構造令を参酌して条例で定めることとなります（詳細は第9章基礎から学ぶ道路事業 **5.** ～ **8.** を参照）。

3. 街路事業の主な施策

2. でお示ししたとおり、街路交通施策は街路整備だけではなく、時代のニーズに応じた都市空間整備、都市交通システムの構築やまちづくりと一体となった都市の発展を図ってきました。

3. では、街路事業に焦点を当てて、幹線街路の整備、連続立体交差事業の推進、無電柱化の推進について紹介します。

1）主要な幹線街路等の整備

今後のまちづくりは、コンパクト・プラス・ネットワークの考え方に基づき、医療・福祉・商業等の生活機能が集約した、コンパクトなまちづくりを進めることが重要です[7]。幹線街路の整備・再構築は、それらの集約拠点間を結ぶネットワークとして位置づけることができ、このネットワークを効率的に構築することが、ヒトやモノの都市内及び都市間の移動を活発化させることに繋がり、地域の活力維持に寄与していきます。

今後の幹線街路の整備・再構築においては、都市機能の集約拠点間の接続性を確保しながら、地域におけるストック効果を高める街路整備を推進すべきです。その際に、ストック効果の観点から重要度の高い路線の位置づけ及び魅力的な都市空間を創出する効果的な街路空間の構築に考慮して街路整備を推進することが重要です。

都市の骨格となる幹線街路ネットワークは、都市計画道路では、自動車専用道路及び幹線街路（主要幹線街路・都市幹線街路・補助幹線街路）が該当します[1]。

地域の自立的発展や地域間の連携を支える道路として整備することが望ましい路線を「地域高規格道路」として指定し、高規格幹線道路（高速自動車国道等）を補完する自動車専用道路又はこれと同等の規格を有する道路として整備が行われています[8]。さらに、都市機能の集約拠点間を結び、高規格幹線道路（高速自動車国道等）へのアクセス機能を担う幹線軸としての放射道路の整備及び中心部への通過交通の分散機能、交通円滑化機能を担う環状道路の整備については重要度の高い道路として位置づけられます（写真14-4）。

出典：横浜市

写真14-4　首都高速神奈川7号横浜北西線（神奈川県横浜市）

2）連続立体交差事業

　都市に数多く存在する踏切は、渋滞や事故の原因となるばかりか、鉄道が市街地を分断することによって、線路両側の一体的な市街地形成を阻害しています。このような状況を解消するため、複数の踏切を一挙に除却し、都市内交通の円滑化を図るとともに、分断された市街地の一体化による都市の活性化を図る事業として、連続立体交差事業を進めています。連続立体交差事業は、市街地において連続して道路と交差している鉄道の一定区間を高架化又は地下化する事業であり、多数の踏切の除却あるいは新設道路との立体交差を一挙に実現するものです（図14-2）。

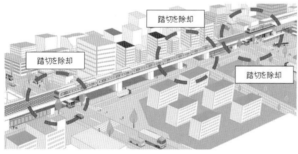

出典：国土交通省

図14-2　連続立体交差事業の整備イメージ

　連続立体交差事業は、道路と鉄道との立体交差化による都市交通の円滑化をはじめ様々な効果をもたらす事業であり、その効果には次のようなものがあります[9]。

　①数多くの踏切が同時に除却されるため、踏切遮断による交通渋滞、踏切事故が解消される。

　②鉄道により分断されていた地域が一体化するため、周辺住民等の利便性が飛躍的に向上する。

　③周辺市街地における土地利用の可能性が増大する。

　④高架下空間や鉄道用地跡地が多目的に活用されることによりまちづくりのインパクトとなる。

　⑤駅部の高架化と同時に、駅前広場等の改良ができる。

　⑥鉄道施設の改良により、安全性の向上、騒音の減少等が図られる。

　このように、連続立体交差事業は、都市交通の円滑化ばかりでなく、まちづくり、都市の発展といった面においても、極めて大きな効果が期待できる事業です。

3）無電柱化の推進

　無電柱化は、「防災」、「安全・快適」、「景観・観光」の観点から推進しています。

⑴防災

　大規模災害（地震、竜巻、台風等）が起きた際（写真14-5）に、電柱等が倒壊することによる道路の寸断を防止します。

出典：国土交通省

写真14-5　大規模災害による電柱等の倒壊

⑵安全・快適

　写真14-6に示すような空間について、無電柱化により歩道の有効幅員を広げることで、通行空間の安全性・快適性を確保します。

⑶景観・観光

　景観の阻害要因となる電柱・電線（写真14-7）をなくし、良好な景観を形成します。

　無電柱化については、昭和61年度から始まる3期にわたる電線類地中化計画に基づき、平成

る対象とし、必要な機器を設置できる歩道幅員を有する箇所で優先して実施し、これらの地域では電線類の地中化がかなり進展するとともに、集客力の向上など地域振興にも寄与してきたところです。さらに平成11年度から平成15年度に至る「新電線類地中化計画」においては、3,000kmを目標に、それまでの2倍以上のペースで電線類地中化を推進し、一定の整備進捗が図られてきたところです。

平成22年（2010年）2月24日には、今後の無電柱化の進め方について、関係者間で調整を図るため、無電柱化に関する連絡調整会議が開催され、関連機関との連携を強化しつつ、円滑に事業の実施が図れるよう、「無電柱化に係るガイドライン」を策定しました[10]。

現在は、平成28年（2016年）12月9日に施行された「無電柱化推進に関する法律」第7条に基づく、平成30年4月策定の前計画に代わる新たな「無電柱化推進計画」が令和3年（2021年）5月25日に策定されています。当推進計画では、新設電柱の抑制、コスト縮減、事業のスピードアッ

出典：国土交通省

写真14-6　安全性・快適性の支障となっている電柱例

出典：国土交通省

写真14-7　景観の阻害となっている電柱・電線例

10年度までに3,400km程度の電線類の地中化を実施してきました。この間は、比較的大規模な商業地域、オフィス街、駅周辺地区など、電力や通信の需要が高く、街並みが成熟している地域を主た

表14-2　街路事業の支援制度

項目	制度概要	補助率
①地域高規格道路・重要物流道路	広域ネットワークを形成する等の性質に鑑みた地域高規格道路の整備及び、国土交通大臣が物流上重要な道路輸送網として指定する「重要物流道路」の整備について計画的かつ集中的に支援	・補助国道、都道府県道又は市町村道の改築・・・・1／2 ・基幹道指定による嵩上げを行った場合・・・5.5／10（これに加え、地域の財政力に応じた嵩上げ等が可能）
②都府県境道路整備	都府県を跨ぐ構造物の支援を伴う道路の整備について、計画的かつ集中的に支援	
③アクセス道路 （1）地域高規格道路ICアクセス道路 （2）スマートICアクセス道路 （3）高規格ICアクセス道路	高規格幹線道路等の整備と併せて行われる、地方公共団体におけるICアクセス道路の整備に対し、個別補助制度により計画的かつ集中的に支援	
④空港・港湾アクセス道路	物流の効率化など生産性向上に資する空港・港湾等へのアクセス道路の整備について計画的かつ集中的に支援	
⑤連続立体交差事業	道路と鉄道の交差部が連続する鉄道の一定区間を高架化又は地下化することで、交通の円滑化と分断された市街地の一体化による都市の活性化に資する事業について、計画的かつ集中的に支援	
⑥踏切道改良計画事業	交通事故の防止と駅周辺の歩行者等の交通利便性の確保を図るため、踏切道改良促進法に基づき改良すべき踏切道に指定された踏切道の対策について、計画的かつ集中的に支援	・5／10または5.5／10等（これに加え、地域の財政力に応じた嵩上げ等が可能）
⑦無電柱化推進計画事業	「無電柱化推進計画」に定めた目標の確実な達成を図るため、同目標に係る地方公共団体による無電柱化の整備を計画的かつ集中的に支援	
⑧交通安全対策 （地区内連携）	一定の区域において関係行政機関等や関係住民の代表者等との間での合意に基づき、計画的かつ集中的に実施していく必要のある交通安全対策を支援	
⑨交通安全対策 （通学路緊急対策）	通学路の安全を早急に確保するため、千葉県八街市における交通事故を受けて実施したR3通学路合同点検に基づき、ソフト対策の強化とあわせて実施する交通安全対策について計画的かつ集中的に支援	
⑩街路交通調査費	総合都市交通体系調査（総合的な都市交通マスタープラン等を策定するための調査）および街路事業調査（特定の重要な街路事業について事業計画を策定するための調査）に対して支援	1／3

出典：国土交通省

表14-3　市街地整備の主な支援制度

項目	制度概要	補助率
①都市・地域交通戦略推進事業	徒歩、自転車、自動車、公共交通など多様なモードの連携が図られた、自由通路、駐車場等の公共的空間や公共交通などからなる都市交通システム全体に対して、総合的に支援	1／3、1／2（立地適正化計画に位置付けられた事業等）
②地下街防災推進事業	地下街等防災推進計画に基づき実施される事業（通路、避難施設、避難啓発活動等）や地下街等防災推進計画の策定および付随する調査（安全点検、耐震診断、対策検討等）に対して支援	1／3（地方公共団体との協調補助）
③国際競争拠点都市整備事業	都市の国際競争力強化につながる都市開発事業に関連して必要となる公共公益施設（道路、鉄道施設、BRT、バスターミナル、鉄道駅周辺施設等）の整備等の事業に支援	1／2または1／3
④まちなかウォーカブル推進事業	車中心から人中心の空間へと転換を図る、まちなかの歩いて移動できる範囲において、滞在の快適性の向上を目的として実施する、道路・公園・広場等の整備や修復・利活用、滞在環境の向上に資する取組を重点的・一体的に支援	1／2

出典：国土交通省

プを位置づけており、令和3年度から5年間で約4,000kmの新たな無電柱化の着手を計画目標として掲げています[11]。

4. 街路交通施策の支援制度

　街路交通施策に関する支援制度は、主に通常補助事業と社会資本整備総合交付金に分類されます。

　通常補助事業は国が行う直轄事業に関連する事業や国家的な事業に関連する事業、先導的な施策に係る事業、短期間・集中的に施行する必要がある事業等、特に必要があるものに限定し、個別に国が補助金を交付することとなります。

　一方、社会資本整備総合交付金は、地方公共団体が作成する社会資本整備総合整備計画に定める目標実現のための事業を総合的・一体的に支援する制度です[12]。

　また、道路・街路関連事業及び市街地整備関連事業に関する主な支援制度については、**表14-2及び表14-3**のとおりです。

5. おわりに

　本章は、街路交通施策として、街路事業に係る基礎知識及び支援制度について紹介しました。本章が多様な都市政策課題へ対応した街路交通施策を進め

ていく一助になることを期待します。

　各種制度や支援について、更に詳細に確認したい点があれば、当課や各地方整備局までご相談いただき、より一層の街路交通施策の推進に注力してください。

〈参考文献〉
1）国土交通省都市局街路交通施設課監修「街路交通事業事務必携（令和5年）」（公社）日本交通計画協会
2）国土交通省都市局・道路局「ストリートデザインガイドライン」
3）国土交通省都市局「都市交通における自動運転技術の活用方策に関する検討会」
4）矢島隆「街路構造令40年の展開（その1）」,『都市と交通』,（公社）日本交通計画協会，2009年11月
5）「道路構造令の解説と運用」（公社）日本道路協会，2021
6）国土交通省「第12版都市計画運用指針」
7）国土交通省「国土のグランドデザイン2050 ～対流促進型国土の形成～」
8）国土交通省道路局、都市・地域整備局記者発表「地域高規格道路の区間指定について」（平成16年3月30日）
9）国土交通省都市局「都市における道路と鉄道との連続立体交差化に関する要綱」
10）国土交通省道路局「無電柱化に係るガイドライン」（平成22年2月24日）
11）国土交通省道路局記者発表「新たな『無電柱化推進計画』を策定～ 全ての電柱の削減に向けた取組を初めて計画に位置づけ～」（令和3年5月25日）
12）国土交通省「社会資本整備総合交付金交付要綱」（令和5年9月22日）

日本の自然条件

インフラ整備の変遷

河川

河川維持

ダム

ダム維持

砂防

砂防維持

道路

道路維持

港湾

港湾維持

都市公園

街路

土地区画

市街地再開発

水道

下水

下水維持

営繕

公営住宅

漁港

海岸

海岸維持

入札契約

事業評価

第15章

基礎から学ぶ 土地区画整理事業

1. はじめに

土地区画整理事業は、市街地の一定の区域における都市基盤施設と宅地を一体的・総合的に整備する手法として、日本の都市整備において最も中心的な役割を果たしてきた事業であり、「都市計画の母」とも呼ばれます。

これまで、震災・戦災からの復興、都市部への人口集中に対応した宅地供給、スプロール市街地の改善、地域振興の核となる拠点市街地の整備など、既成市街地、新市街地を問わず多様な地域で、多様な目的に応じて活用されてきました。現在、土地区画

整理事業の着工実績は、我が国の人口集中地区面積の約3割に相当する約37万haに達しています。

本章では、土地区画整理事業の特徴と流れ、技術基準、支援制度、活用事例などについてご紹介します。

2. 土地区画整理事業の特徴

1）土地区画整理事業の定義と仕組み

土地区画整理事業は、土地区画整理法（法）第2条に「都市計画区域内の土地について、公共施設の整備改善及び宅地の利用の増進を図るため、（中略）土地の区画形質の変更及び公共施設の新設又は変更

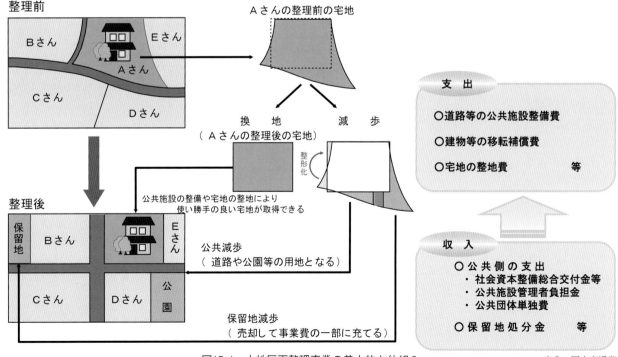

図15-1　土地区画整理事業の基本的な仕組み

出典：国土交通省

に関する事業」と定義され、法第1条に「健全な市街地の造成を図り、もって公共の福祉の増進に資すること」とその目的が定められています[1]。

土地区画整理事業は、「換地」という手法により道路・公園などの公共施設を整備するとともに、個々の宅地の区画形状を整える事業であり、公共施設用地を生み出すために必要な土地や事業資金の一部に充てるための売却用の土地を、地権者が公平に負担する「減歩」という仕組みを持っています[2]（図15-1）。各地権者においては、土地区画整理事業後の宅地の面積は従前に比べ小さくなるものの、都市計画道路や公園等の公共施設が整備され、土地の区画が整うことにより、利用価値の高い宅地が得られます。

土地区画整理事業の事業費については、減歩により生み出した「保留地」の売却や、公共施設の整備に着目した国・地方公共団体からの交付金・負担金等により賄われています。

2）土地区画整理事業の特徴

土地区画整理事業の特徴として、以下のようなものが挙げられます[2]。

○面的な総合整備

事業地区内について、道路・公園・上下水道など生活に必要な基盤施設と、住宅や商店などが立地する宅地を一体的に整備できます。

○地権者参加型

地権者は土地を保有したまま事業に参加します。事業後も地区内に残ることができ、コミュニティが維持されます。

○民主的な手続き

組合員による総会、地権者から選出された委員の審議会において事業内容が決められるなど、民主的な手続きで進められます。

○公平な負担

地権者が土地の資産に応じて公平に負担をします。

○多様なまちづくりに対応

中心市街地の活性化、密集市街地の解消、街区再編による土地の有効利用、スプロール市街地の解消、防災性の向上など多様な目的に活用されます。

3）土地区画整理事業の施行者と実績

土地区画整理事業を施行する者を施行者といい、主な施行者は以下のとおりです[1][2]。

○個人施行者（法第3条第1項）

宅地について所有権又は借地権を有する者は、1人又は数人で施行することができます。また、地方公共団体や都市再生機構等が地権者の同意を得て個人施行者となることも可能です。

○土地区画整理組合（法第3条第2項）

宅地について所有権又は借地権を有する者が7人以上で設立する土地区画整理組合は、施行することができます。

○都道府県又は市町村（法第3条第4項）

都道府県又は市町村は、施行区域（都市計画法第12条第2項の規定により土地区画整理事業について都市計画に定められた区域）の土地について施行することができます。都道府県と市町村のどちらが施行者となるかについての要件等はありませんが、公共団体施行のうち約9割が市町村施行の事業となっています。

表15-1　土地区画整理事業の実績（令和4年3月31日現在）

区分		事業着工		うち事業中止		うち換地処分済み		うち施行中	
		地区数	面積(ha)	地区数	面積(ha)	地区数	面積(ha)	地区数	面積(ha)
旧都市計画法		1,214	64,241	2	10	1,212	64,231	0	0
土地区画整理法	個人・共同	1,509	19,653	4	90	1,442	18,715	63	848
	組合	6,233	126,896	29	724	5,951	119,450	253	6,721
	区画整理会社	4	37	0	0	4	37	0	0
	公共団体	2,889	125,261	34	842	2,499	110,070	356	14,348
	行政庁	87	3,812	0	0	87	3,812	0	0
	都市機構	314	28,694	0	0	306	28,603	8	91
	地方公社	113	2,099	0	0	113	2,099	0	0
	小計	11,149	306,451	67	1,656	10,402	282,786	680	22,009
合計		12,363	370,692	69	1,666	11,614	347,017	680	22,009

（注）1．公共団体・機構等施行とは、公共団体、行政庁、独立行政法人都市再生機構、地方住宅供給公社施行をいう
　　　2．個人・組合等施行とは、個人・共同、土地区画整理組合、区画整理会社施行をいう。

出典：国土交通省

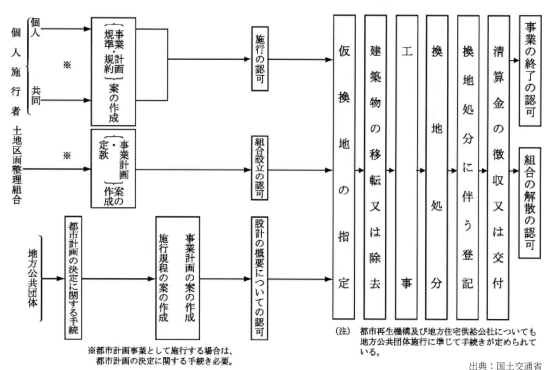

※都市計画事業として施行する場合は、
　都市計画の決定に関する手続き必要。

（注）都市再生機構及び地方住宅供給公社についても
　　　地方公共団体施行に準じて手続きが定められて
　　　いる。

出典：国土交通省

図15-2　土地区画整理事業の流れ

○独立行政法人都市再生機構（法第3条の2）

　独立行政法人都市再生機構は、国土交通大臣が一体的かつ総合的な住宅市街地その他の市街地の整備改善を促進すべき相当規模の地区の計画的な整備改善を図る等のための土地区画整理事業を施行する必要があると認める場合に、施行区域の土地について施行することができます。

　土地区画整理事業は幅広く活用されており、施行者別の施行実績は表15-1のとおりです。なお、事業の規模は公共団体等（都市再生機構等を含む）施行の平均が約48ha、組合等施行の平均が約19haとなっていますが、近年は10ha以下の比較的小規模な事業の割合が増加傾向にあります。

3. 土地区画整理事業の流れ

　標準的な土地区画整理事業における全体の流れは、図15-2のとおりです[1][2]。

1）土地区画整理事業の都市計画決定

　地方公共団体が施行する土地区画整理事業は都市計画事業として施行するため、土地区画整理事業の都市計画決定を行います。なお、個人施行者や土地区画整理組合は都市計画決定されていなくても事業を行うことができます。

2）事業計画の決定と事業の開始（法第4条ほか）

　事業計画には、事業の基本的事項である施行地区、設計の概要、施行期間及び資金計画を定めます。個人施行の場合を除き、事業計画は縦覧に供され、利害関係者はその内容について意見書を提出することができます。

　公共団体等施行の場合は、事業計画において定める設計の概要について国土交通大臣又は知事の認可を受けなければならず、組合施行の場合は、組合の設立について知事の認可を受けなければなりません。

3）仮換地の指定（法第98条）

　一般的に、換地処分により最終的に土地の帰属が確定する以前に、建物等を従前地から将来換地となるべき土地の上に移転したり、公共施設の建設工事を実施したりします。このため、換地処分がなされるまでの間、権利者が仮に使用できる土地を施行者は指定します。これを仮換地の指定といいます。

　施行者が仮換地を指定しようとするときには、公共団体等施行の場合は土地区画整理審議会の意見を聴くこと、また、組合施行の場合は総会等の同意を得ることが必要です。

4）建物等の移転移設及び公共施設等の工事

　仮換地が指定されると、建物の移転、地下埋設物

の移設、道路、公園の築造等各種の工事が始まります。通常、施行者は、道路、公園等公共施設の建設工事を実施し、建物等の所有者は、施行者からの移転の通知・照会に基づいて対象物件の移転を行います。また、施行者は、所有者に対し移転等にともなう損失補償費を支払います。

5）換地計画の決定（法第86条）

通常、工事が概成した段階で、施行者は換地処分の内容とすべき事項、すなわち換地設計、清算金、保留地等を定めた換地計画を決定し、都道府県知事の認可を受けなければなりません。このとき、換地は、その従前の宅地と、位置、地積、土質、水利、利用状況、環境等が照応するように定められなければなりません。個人施行の場合を除いて、換地計画は縦覧に供され、利害関係者は、その内容について施行者に対して意見書を提出することができます。

6）換地処分と清算・登記（法第103条）

換地処分は工事完了後、換地計画に定められた事項を関係権利者に対して通知することによって行われます。また換地処分が行われた旨は公告され、これにより権利者の従前の宅地についての権利は換地に移行し、同時に清算金の額が確定します。

施行者は、換地処分後、施行地区内の土地及びその上の権利の変更につき、一括して登記の申請又は嘱託をするとともに、清算金の徴収交付を行わなければなりません。

7）事業の完了に係る事務

土地区画整理事業の完了に当たって必要となる事務としては、清算金の徴収又は交付、保留地の処分、公共施設の管理の引継ぎ等があります。組合施行の場合は、都道府県知事から組合解散の認可を受けた後、清算人が決算報告書を作成し、都道府県知事からの承認を受け、組合員に報告しなければなりません。

4．土地区画整理事業の技術的基準・マニュアル

1）関係法令における技術的基準

土地区画整理事業の事業計画に関する技術的基準は、法施行規則第8条から第10条に定められています。この中では、施行地区及び工区の設定、設計の概要の設定、資金計画のそれぞれについての基準を示しています[1]。

また、上記の技術的基準の運用を含めた土地区画整理事業制度の運用のあり方、活用に当たっての基本的考え方、事業化のあり方について、「土地区画

表15-2 土地区画整理事業に関する主なマニュアル等

マニュアル等	発行	発行月	概要
敷地整序型土地区画整理事業実用マニュアル	区画整理促進機構	平成13年4月	都市の再生に向け、土地の有効高度利用を図るため、換地手法を敷地レベルのものまで活用し、民間事業者等による都市の再生を進めるための事業である「敷地整序型土地区画整理事業」について、建築物整備との一体的整備の段階的な解説やプロジェクトモデル等を紹介したマニュアル
土地区画整理事業移転補償実務マニュアル	日本土地区画整理協会	平成14年8月	移転補償における移転の実務手順、移転計画の作成方法、移転補償にかかるQ＆A、関係判例などを整理し、土地区画整理事業の移転及び移転補償の円滑な実施を図るためのマニュアル
多様で柔軟な市街地整備手法	国土交通省都市・地域整備局市街地整備課	平成19年	既成概念にとらわれない柔軟な運用により多様で柔軟な市街地整備を実施している区画整理、再開発の事例の一部を紹介するもの
大街区化ガイドライン（第1版）	国土交通省都市・地域整備局、住宅局	平成23年3月	細分化された土地を集約・整形して一体的敷地として活用するため、国・公有地等の有効活用などによる大街区化を推進するためのマニュアル
まちづくり推進のための大街区化活用にかかる執務参考資料	国土交通省都市局市街地整備課、住宅局市街地建築課	平成26年3月	大街区化を進めることを目的に、大街区化の活用効果や大街区化を進める上での課題に対する対応方針案等を事例を交えてより具体的に紹介した実践的なマニュアル（大街区化ガイドラインと併せた活用を想定）
機動的な街区再編に向けた土地・建物一体型の市街地整備手法活用マニュアル	国土交通省都市局市街地整備課	平成28年9月	各種の土地・建物一体型の市街地整備手法の特長を比較・整理するとともに、様々なまちづくり上の課題に対し、どのような地区において、どのような手法を活用することが有効かつ効果的か、その考え方を整理したマニュアル
立体換地活用マニュアル	国土交通省都市局市街地整備課	平成28年9月	都市機能の立地促進等に有力な市街地整備手法である立体換地について、運用改善及び手続きの明確化を示したマニュアル
柔らかい区画整理 事例集	国土交通省都市局市街地整備課	平成29年2月	「工夫を凝らした中心市街地の活性化」、「細分化された街区の再編成と既存公共空間の有効利用」、「工夫を凝らした密集市街地の解消」などの事例を紹介
小規模で柔軟な区画整理 活用ガイドライン	国土交通省都市局まちづくり推進課、都市計画課、市街地整備課	平成30年11月	空間再編賑わい創出事業をはじめとした、都市のスポンジ化地区における誘導施設整備のための小規模で柔軟な土地区画整理事業手法について、まちづくりの発意から計画、事業化、事業の進め方、事業と一体で行う誘導施設の導入、そして持続的に誘導効果を発揮する方策まで、参考事例や留意点、工夫を交えながら示した一連の制度活用のガイドライン
市街地整備2.0 新しいまちづくりの取り組み方事例集	国土交通省都市局市街地整備課、住宅局市街地建築課	令和2年12月	『行政が中心となって公共空間確保・宅地の整形化・建物の不燃共同化を大規模に志向した開発』から、『「公民連携」で「ビジョンを共有」し、「多様な手法・取組」を組み合わせて、「エリアの価値と持続可能性を高める更新」』（市街地整備2.0）へと大きく転換を図る必要のある市街地整備の考え方について、参考となる事例を紹介
土地区画整理事業・市街地再開発事業 一体的施行実務ガイドマニュアル	（公社）全国市街地再開発協会、（一社）再開発コーディネーター協会、（公社）街づくり区画整理協会、（一社）全日本土地区画整理士会	令和3年3月	土地区画整理事業と市街地再開発事業の一体的施行を進めるための一般的な実務上の運用方法を定めたマニュアル
柔らかい区画整理の手引き	国土交通省都市局市街地整備課	令和5年4月	多様化・複雑化する市街地のニーズに対応しつつ市街地の再編、活用を進めるため、市街地整備の手法を柔軟に適用し、合意形成を図りながら「小規模・短期間・民間主導」型の「柔らかい区画整理」を進めるための手引き

出典：国土交通省

防災上危険な密集市街地及び空洞化が進行する中心市街地等都市基盤が脆弱で整備の必要な既成市街地の再生、街区規模が小さく敷地が細分化されている既成市街地における街区再編・整備による都市機能更新を推進するための土地区画整理事業に対して、社会資本整備総合交付金により支援。

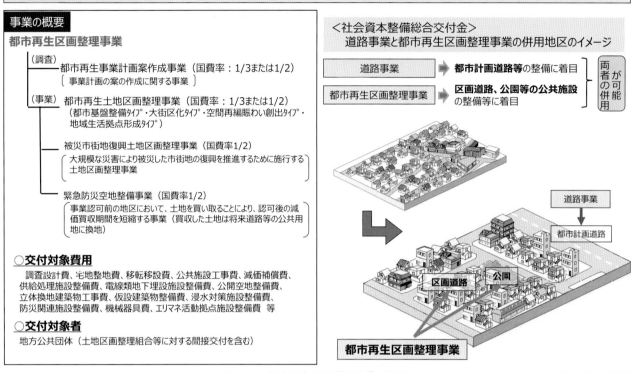

図15-3 都市再生区画整理事業の概要

出典：国土交通省

整理事業運用指針」を国の技術的助言としてとりまとめていますので、事業の実施に当たっての参考としてください[3]。

2）各種マニュアル等

土地区画整理事業は、既成市街地の再生等の様々な事業目的に活用され、市街地再開発事業等の他事業と組み合わせた事業も盛んに行われているなど、高度化・複雑化しているため、事業類型に応じた様々なマニュアル等の整備・普及を行っています。表15-2のとおり主なマニュアル等の概要をご紹介しますので、地域の状況に応じてご活用ください。

5. 土地区画整理事業への支援制度

土地区画整理事業に対する国からの支援制度は、大きく分けて、都市計画道路等の整備に着目した「道路事業（道路区画）」と、区画道路や公園等の整備に着目した「都市再生区画整理事業（都再区）」の2種類があります。以下にそれぞれの概要を記載しますが、支援要件等の詳細については令和5年4月

現在の制度として「土地区画整理必携」もご参照ください[2]。

1）道路事業による支援

土地区画整理事業にて整備する都市計画道路等について、用地買収方式で整備した場合の仮想事業費（工事費、移転補償費、用地費等）を限度として、道路事業による支援が可能です。

区画整理補助事業実施要領に基づく事業の場合、公共団体等施行の事業では面積5ha以上（DID内等では面積2ha以上）、組合等施行の事業では都市計画事業として施行されるもので面積10ha以上（DID内等では面積2ha以上）などの採択基準があります[2]。

2）都市再生区画整理事業による支援

区画道路、公園等の公共施設を用地買収方式で整備した場合の仮想事業費（工事費、移転補償費、用地費等）の一部のほか、公開空地整備費や浸水対策施設整備費等を限度として、都市再生区画整理事業による支援が可能です。支援に係る地区要件等の概要については、図15-3をご覧ください。

6. 土地区画整理事業の活用事例

　まちづくりにおける様々な目的に対して活用される土地区画整理事業について、主な活用場面とその事例を紹介します[4)5)]。

1）中心市街地の活性化

　地方都市等の中心市街地では、空き店舗や遊休地が密集して空洞化しています。そのため、街区の再編、低未利用地の集約化や基盤整備を行い、核となる商業施設や、福祉・文化施設等の公益施設、共同住宅の立地等を促進し、中心市街地の活性化を推進しています（事例：写真15-1）。

出典：国土交通省

写真15-1　彦根本町土地区画整理事業（滋賀県彦根市）

2）密集市街地の解消

　道路、公園等が未整備で老朽化した木造建築物の密集する防災上危険な市街地が大都市を中心に存在しています。このため、以下の取組により、防災性の向上を図り、安全な市街地を形成しています（事例：写真15-2）。

・道路・公園などの公共施設を整備し、避難・延焼遮断空間を確保

・倒壊・焼失の危険性が高い老朽建築物の更新を促進し、建築物の安全性が向上

・地権者の自主的な共同建替えのため敷地条件整備を行い、地域の不燃化を促進

出典：国土交通省

写真15-2　一之江駅西部土地区画整理事業（東京都江戸川区）

3）街区再編による土地の高度利用

　土地利用が細分化された既成市街地において、街区の再編に合わせて散在した低未利用地や共同利用希望者の土地を集約化することにより、敷地規模の拡大、土地の高度利用を図り、オープンスペースが確保されたゆとりある良好な市街地環境の形成を推進しています（事例：写真15-3）。

出典：国土交通省

写真15-3　有楽町一丁目地区土地区画整理事業（東京都千代田区）

4）拠点市街地の形成

　大都市、地域の中心となる都市等において、既成市街地内の鉄道跡地、臨海部の工場跡地等を活用して、都市構造の再編に資する拠点市街地の整備を推進しています（事例：写真15-4）。

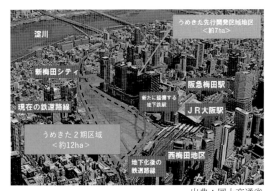

出典：国土交通省

写真15-4　大阪駅北大深東地区土地区画整理事業・大阪駅北大深西地区土地区画整理事業（大阪市北区）

7. おわりに

　土地区画整理事業は、様々な都市課題に対応できるツールですが、用地買収方式による他事業とは大きく考え方が異なる事業であり、活用に当たっては様々な疑問が生じるかと存じます。本章で紹介した内容について、更に詳細に確認したい点があれば、当課や各地方整備局までご相談いただき、土地区画整理事業による都市の課題解決に取り組んでいただければ幸いです。

〈参考文献〉
1）土地区画整理法制研究会編著「逐条解説　土地区画整理法」ぎょうせい，2016
2）国土交通省都市局市街地整備課 監修「土地区画整理必携（令和5年度版）」（公社）街づくり区画整理協会
3）国土交通省都市局市街地整備課「土地区画整理事業運用指針」(2001)
4）国土交通省都市局市街地整備課「市街地整備制度の概要─土地区画整理事業」
(https://www.mlit.go.jp/toshi/city/sigaiti/toshi_urbanmainte_tk_000069.html)
5）国土交通省都市局市街地整備課、住宅局市街地建築課「市街地整備2.0　新しいまちづくりの取り組み方事例集」(2020)
(https://www.mlit.go.jp/toshi/city/sigaiti/toshi_urbanmainte_tk_000071.html)

日本の自然条件
インフラ整備の変遷
河川
河川維持
ダム
ダム維持
砂防
砂防維持
道路
道路維持
港湾
港湾維持
都市公園
街路
土地区画
市街地再開発
水道
下水道
下水維持
公営住宅
漁港
海岸
海岸維持
入札契約
事業評価

第16章

基礎から学ぶ 市街地再開発事業

1. はじめに

1）市街地再開発事業とは

市街地再開発事業とは、都市再開発法で「市街地の土地の合理的かつ健全な高度利用と都市機能の更新とを図るため、都市計画法及び都市再開発法で定めるところに従って行われる建築物及び建築敷地の整備並びに公共施設の整備に関する事業並びにこれに付帯する事業」と定義されています。

つまり、市街地再開発事業の目的は、既成市街地において老朽建築物を除却し、公共施設の整備と優良な建築物を整備すること、細分化された敷地の統合及び防災性向上の全面的なクリアランスを行うことにより、合理的かつ健全な高度利用と良質な都市空間を形成することです。

2）都市再開発法の制定と経緯

都市再開発法は、主に公共施設の整備を目的とする市街地改造事業について定めた「市街地改造法」と、主に土地所有者などの権利者による不燃防災建築物の建設促進を目的とする防災建築街区造成事業について定めた「防災建築街区造成法」の二つの法律を統合して一つの法律として制定したものです。

「市街地改造法」と「防災建築街区造成法」の二つの流れで行われていた都市の再開発は、市街地改造法についていえば、一定規模以上の重要な公共施設である道路・広場の整備と関連してその付近の土地の高度利用を図ることを目的としていましたが、制度として広く面的整備に活用できていませんでした。また防災建築街区造成法についていえば、建築物の不燃化・共同化の助成法としての性格を有するもので、強制権や権利調整手法に係る規定がないため、再開発の推進の観点からは十分でないことが課題とされていました。

都市再開発法の制定に当たっては、相当規模の面的広がりを持った再開発を想定して、権利処理の規定として、一般的な等価交換としての権利変換という新しい考えが、再開発を推進する総合的なまちづくりの都市再開発手法として導入されました（図16-1）[1]。

3）事業のしくみ

事業のしくみ、全体のイメージについては図16-2、3を参照ください[1]。

ア）敷地を共同化し、高度利用することにより、公共施設用地を生み出します。

イ）従前権利者の権利は、原則として等価で新しい再開発ビルの床に置き換えられます。この床を権利床といいます。

ウ）高度利用で新たに生み出された床を保留床といい、この床を処分することで事業費に充てることができます。

4）事業の種類

市街地再開発事業は、第一種市街地再開発事業と第二種市街地再開発事業とに区分されます。

第一種市街地再開発事業は、都市再開発法制定時から設けられている事業手法であり、権利変換手続きにより、従前建物、土地所有者等の権利を再開発ビルの床に関する権利に原則として等価で交換しま

公共施設整備・面的再開発

震災復興土地区画整理事業 （耕地整理法(T13)を準用）

関東大震災の震災復興

↓

戦災復興土地区画整理事業 （特別都市計画法：S21）

戦災復興土地区画整理事業のための特別立法

↓

土地区画整理事業 （土地区画整理法：S29）

┄┄┄┄┄┄┄┄

市街地改造事業 （市街地改造法：S36）

「宅地の立体化」を仮換地制度から分離
⇒公共施設の収用権等に依るため、広く面的整備ができない

耐火建築物の建築促進

防災街区の設定 （都市計画法、市街地建築物法：T8）

都市の中枢及び縦横の要路沿いに防火地区を設定

↓

震災後の耐火建築助成 （防火地区建築補助規則：T13～S13）

（市街地整備への国費投下停止）関東大震災の復興のため、一定の地域に補助金を復活

↓

路線防火建築帯の造成促進 （耐火建築促進法：S27）

戦災の経験から高まった、耐火建築物による不燃都市建設の世論を反映

↓

街区単位の防災建築物の建設促進 （防災建築街区造成法：S36）

帯から面への耐火措置の拡充
⇒防火地域制のみに依るため、都市計画的な権利処理等の規定がない

↓

市街地再開発事業 **（都市再開発法：S44）**

出典：国土交通省

図16-1　都市再開発法の制定と経緯

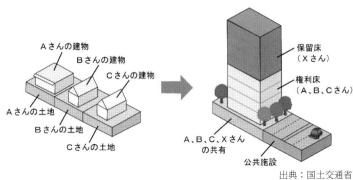

図16-2　市街地再開発のしくみ

出典：国土交通省

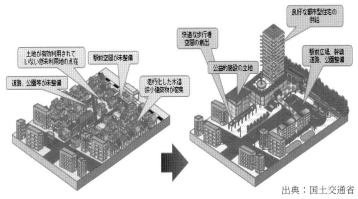

図16-3　市街地再開発事業のイメージ

出典：国土交通省

す。これを権利変換方式といいます。

　これに対し、第二種市街地再開発事業は、昭和50年（1975年）の都市再開発法改正によって創設された事業手法であり、公共性、緊急性が著しく高い事業で、一旦施行地区内の建物・土地等を施行者が買収又は収用し、買収又は収用された者が希望すれば、その対償に代えて再開発ビルの床を与えます。これを管理処分方式といいます。

　第一種市街地再開発事業については、規模があまり大きくない等、権利調整が比較的容易な地域に関しては非常に適した再開発手法ではありますが、権利者の数が非常に多い大規模な地区を再開発する場合には権利の調整にかなりの期間を要します。また、緊急性を要するものについても適正に対処できない課題がありました。その背景から大規模な事業で、かつ、公益性及び緊急性が高いものについて事業の円滑な実施を図ることを目的とし

た管理処分手続きによる第二種市街地再開発事業の制度が設けられています。

5）施行者について

市街地再開発事業における施行者とは「市街地再開発事業を施行する者」と定義されており、第一種市街地再開発事業と第二種市街地再開発事業の区分に応じて以下のように定められています（図16-4）[1]。

第一種市街地再開発事業	第二種市街地再開発事業
・一人又は数人共同の地権者、地権者の同意を得た者（個人施行者） ・市街地再開発組合	
・再開発会社 ・地方公共団体 ・独立行政法人都市再生機構 ・地方住宅供給公社	・再開発会社 ・地方公共団体 ・独立行政法人都市再生機構 ・地方住宅供給公社

図16-4　事業における施行者区分[1]

また、公共団体施行については、都道府県と市町村のどちらが施行者になるかについて要件等はありませんが、市町村施行の割合が多い傾向となっています。

⑴個人施行者

土地所有権者若しくは借地権者又はこれらの同意を得た者（宅地又は建築物について権利を有する者全員の同意が必要）

⑵市街地再開発組合

土地所有権者及び借地権者を組合員とする法人（設立には5人以上の発起人及び土地所有権者並びに借地権者それぞれ2／3以上の同意が必要）

⑶再開発会社

以下の要件を全て満たすもの
ア）市街地再開発事業の施行を主たる目的とする会社であること
イ）施行地区内の総地積の2／3以上を占める地権者が、議決権の過半数を保有していること
ウ）株式会社にあっては、定款に株式の譲渡について取締役会の承認を要する旨の定めがあること

⑷地方公共団体

⑸独立行政法人都市再生機構

⑹地方住宅供給公社

2. 市街地再開発事業の流れ

地元の再開発への関心が高まることや、地区の課題解決に向けた地方公共団体によるまちづくり構想等の策定から始まり、勉強会や協議会を発足させ地区にふさわしい再開発の姿を検討していきます。そして都市計画決定、事業計画決定、権利変換計画決定という順に手続きを経た上で、新たな建築物等の完成をみて終了となります。

ここでは市街地再開発事業におけるおおまかな流れについて紹介します（図16-5）[1] [2] [3]。

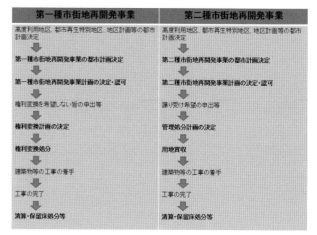

出典：国土交通省

図16-5　市街地再開発事業の流れ

1）都市計画の決定内容

都市計画では再開発を行う区域や整備する建物の概要、道路、公園の配置等事業の枠組みを定める事になります。以下の内容を都市計画に定め、市町村等の都市計画審議会の議を経て都市計画決定を行います。

⑴種類・名称

法律に基づいて行われる市街地再開発事業であることを明らかにします。

⑵施行区域・面積

事業を行う土地の区域がどこか、その面積の大きさを明らかにします。

⑶公共施設の配置・規模

道路、公園、下水道等の公共施設をどのように整備を行うか、その方針を明らかにします。

⑷建築物の整備

事業によって建築されることとなる建築物の容積率等の規模や用途を明らかにします。

⑸建築敷地の整備

　街区ごとの敷地の面積と空地や駐車場等の整備方針を明らかにします。

⑹住宅建設の目標

　三大都市圏など住宅不足が著しいエリアで事業を行う場合には、事業によって建設される住宅の戸数や面積を明らかにします。

２）事業計画の決定内容

　都市計画決定後、事業計画の認可に向けて基本設計や事業関係者の意向をまとめて計画を具体化していきます。

　ここでは以下の内容を定め、都道府県知事等の認可を受けることを目的とします。

⑴施行地区

⑵設計の概要

⑶事業施行期間

⑷資金計画

　また、事業計画については、地区内に公共施設がある場合は、あらかじめ公共施設の管理者の同意が必要であり、関係する法令にも適合させることになります。

　資金計画は、事業規模が適正であるかどうかの判定資料となるため、収支予算を明らかにして、施行者が事業を遂行するために必要な経済的基盤及びその他必要な能力が十分であるかどうか示すことになります。

３）権利変換計画の決定

　権利変換とは、施行地域内の土地・建物の権利関係を調整して、新しくできるビルの床の権利又は指定宅地を個別利用区内の宅地に置き換えることです。

　権利変換の方式は、原則型と特則型があり、特則型には地上権非設定型、全員同意型がありますが、平成28年（2016年）の都市再開発法の改正により、個別利用区制度が創設されたことから、全員同意型に、指定宅地以外の全員同意型、指定宅地の全員同意型が加わりました。なお、個別利用区については先ほどの事業計画時に区域を定めることになります。

⑴原則型（図16-6）

　〔敷　地〕事業前に細分化されていた土地は原則合筆され一筆となり、事業前の土地所有者全員の共有持分となります（一筆の土地としないこととする特例あり）。

　〔建　物〕事業前の土地所有者及び借地権者並びに保留床取得者が区分所有することになります。

　〔地上権〕床所有者で土地の所有権を持っていない者のために、一筆となった土地を使うための権利として地上権を設定します。地上権は床を所有する者全員の共有持ち分となります。

　〔借家人〕事業前の家主と借家人の関係は、新しい建物の中にそのまま引き継がれます。

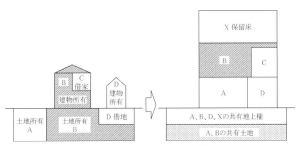

図16-6　原則型（例）[1]

⑵地上権非設定型（都市再開発法（法）第111条）（図16-7）

　〔敷　地〕事業前に細分化されていた土地は合筆され一筆となり、保留床取得者を含めて事業後の建物の床所有者全員の共有持分となります。

　〔建　物〕事業前の土地所有者及び借地権者並びに保留床取得者が区分所有することになります。

　〔地上権〕土地所有者と建物所有者が一致するので設定しません。地代を徴収する手間が不要で、全権利者が、土地・建物について同質の権利を有することとなり、建替え時の地上権更新料等の問題が発生しない利点があります。

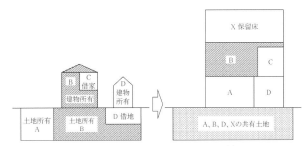

図16-7　地上権非設定型（例）[1]

⑶全員同意型（法第110条）（図16-8）

　関係する権利者等が権利変換の内容について全

員同意すれば、原則型や地上権非設定型によらずに権利変換を行うことができます。ここでいう権利者等とは、事業前の土地所有者、借地権者、借家権者、抵当権者及び参加組合員等も含んだ全ての権利者等のことを指します。

事業を行う地区の特性に応じて、その地区に最もふさわしい権利形態を決めることが可能です。

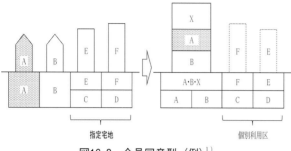

図16-8　全員同意型（例）[1]

⑷指定宅地以外の全員同意型（法第110条の2）

権利変換の内容について、指定宅地の権利者以外の権利者等の全員の同意を得たとき、施設建築敷地において、原則型や地上権非設定型によらずに権利変換を行うことができます。

⑸指定宅地の全員同意型（法第110条の3）

権利変換の内容について、指定宅地の権利者等の全員の同意を得たとき、個別利用区において、一部例外的な権利変換を行うことができます。

⑹施設建築敷地を一筆の土地としないこととする特則（法第110条の4）

一個の施設建築物の敷地は、一筆の土地となるものとして定める規定により、権利変換を定めることが適当でないと認められる特別の事情があるときは、二筆以上の土地となるものとして権利変換を行うことができます。

こうした権利変換手法により計画の決定をして知事の認可を受け、権利変換処分により権利者の従前の権利が消滅し、それに代わる権利を取得します。そしてようやく建築物等の工事着手と進んでいきます。

なお、権利変換手法についての詳細は「市街地再開発2023（基本編）」（（公社）全国市街地再開発協会）[4]、「都市再開発実務ハンドブック2023」（㈱大成出版）[1]及び「市街地再開発事業

における個別利用区制度等運用マニュアル」（平成28年9月　国土交通省都市局市街地整備課、住宅局市街地建築課）[5]を参照してください。

４）工事完了そして管理運営

工事完了後、施行者はその旨の公告及び各権利者にそれぞれ通知を行うことになります。また、速やかに施設建築物に関して登記をしなければなりません（法第101条）。

⑴建物の床価格の確定及び清算

市街地再開発事業の工事完了に伴い、施行者は事業に要した費用の額を確定し、その確定した額等を基準として従前権利者に与えられる施設建築物の一部等の価格を確定して通知しなければなりません（法第103条）。

この場合に確定額と従前の権利の価格に差があるときは、施行者は差額を徴収し、清算金として交付することになります（法第104条）。

⑵保留床の処分

権利床以外の余剰の床は、保留床として施行者に帰属します。

保留床の処分については、巡査派出所等の公益上欠くことのできない施設として使用する必要性がある場合を除き、公募により賃貸・譲渡することになります。

ただし、地区内の権利者や借家人の住宅、店舗などを十分に確保する場合等においては、優先的に賃貸・譲渡する事が可能です。

3. 市街地再開発事業の技術的基準・マニュアル

１）関係法令における技術的基準

市街地再開発事業の事業計画に関する技術的基準は、法施行規則第4条から第8条に定められています。この中では、施行地区、設計の概要の設定、資金計画について基準を示しています。

また、「都市計画運用指針」[6]を国の技術的助言としてとりまとめていますので、事業の実施に当たっての参考としてください。

２）市街地再開発事業に係る各種マニュアル等の整備

国土交通省では、高度化・複雑化する市街地再開発事業制度をわかりやすく解説し、各種制度の積極

的な活用を促進するため、各種マニュアル等の整備・普及を行っています。国土交通省ホームページ上で公開していますので、活用ください。

https://www.mlit.go.jp/toshi/city/sigaiti/toshi_urbanmainte_tk_000057.html

4. 社会資本整備総合交付金制度による支援

1）交付金の考え方

市街地再開発事業は、一般のビル開発と同じように、採算性が必要とされます。しかしながら、この事業は下記のような特徴を有します。

(1) さまざまな人々による共同化事業であり、また、権利変換という独特の手法を用いるため権利者調整を含めた調査・計画などが重要なウェイトを占め、通常の建築物整備に比べ費用がかさむこと

(2) 建物除却費や補償費などのいわゆるクリアランス費がかかること

(3) 都市計画事業であるため空地を十分とる必要がある等の制約があること

(4) 保留床と権利床が並存するなど、必ずしも採算性優先の設計をとれない場合があること

そこで、事業の円滑な実施を図るために国と地方公共団体が助成できるようになっており、社会資本整備総合交付金等において、調査設計計画費、土地整備費、共同施設整備費などが交付対象となっています。

国費率は、国1／3、地方公共団体1／3、施行者1／3という負担割合となります。

また、再開発支援事業については、事業の初動期から事業完了後の管理運営に関わる内容まで幅の広い補助メニューがありますので是非活用してください。

詳しい交付金の取り扱いについては「社会資本整備総合交付金交付要綱」[7] にてご確認ください。

5. これからの市街地再開発事業

市街地再開発事業は、昭和44年（1969年）の法制定以降、約50年間にわたって、大規模な密集市街地において土地の高度利用、道路等の公共施設の整備、住宅の供給やそれに伴う防災性の向上など、都市構造の改善を図ってきました。

今日、我が国の地方都市では拡散した市街地で急激な人口減少が見込まれる一方、大都市では高齢者の急増が見込まれる中で、健康で快適な生活や持続可能な都市経営の確保が重要な課題となっています。

課題に対し、市街地整備をとりまく環境の大きな変化を踏まえ、国土交通省に「今後の市街地整備のあり方に関する検討会」を設置し、令和2年（2020年）3月にその報告がとりまとめられています。

検討会では『行政が中心となって公共空間確保・宅地の整形化・建物の不燃共同化を大規模に志向した開発』から、『「公民連携」で「ビジョンを共有」し、「多様な手法・取組」を組み合わせて、「エリアの価値と持続可能性を高める更新」』（市街地整備2.0）へと大きく転換を図る必要があること等が提言されています[8]。

今後はこうした時代の変化を見極め、都市の将来のあり方について地方公共団体と地域住民が一体となって的確に対応することが求められています。

＜参考文献＞
1）「都市再開発実務ハンドブック2023」大成出版社
2）「改訂8版［逐条解説］都市再開発法解説」大成出版社, 2019.10.31
3）「組合施工・個人施行のための図解市街地再開発事業」（公社）全国市街地再開発協会, 2021.9.3
4）「市街地再開発2023（基本編）」（公社）全国市街地再開発協会
5）「市街地再開発事業における個別利用区制度等運用マニュアル」平成28年9月　国土交通省都市局市街地整備課、住宅局市街地建築課
6）国土交通省都市局都市計画課「第12版 都市計画運用指針」（令和5年7月11日）
7）国土交通省ウェブサイト「社会資本整備総合交付金交付要綱」（令和5年9月22日）
8）国土交通省都市局市街地整備課、住宅局市街地建築課「市街地整備2.0新しいまちづくりの取り組み方事例集」（2020）

第17章

基礎から学ぶ 水道事業

1. はじめに

日本の近代水道は、明治時代の開国を契機に流行したコレラへの予防的対策としての整備に始まり、戦前・戦後、高度経済成長期、そして今日に至るまで、その時々の時代の要請に対応した整備・管理が進められてきました。水道事業は、その普及率が98.2%（令和3年度末）となった今日も、地域の住民の生活や社会経済活動を支えるライフラインとして、主に市町村が経営主体となり、人の飲用に適する清浄にして豊富低廉な水を供給する役割を担っています。

また、令和5年（2023年）の通常国会にて「生活衛生等関係行政の機能強化のための関係法律の整備に関する法律案」が可決され、水道整備・管理行政については、令和6年（2024年）4月より、厚生労働省から国土交通省及び環境省に移管することとなりました。具体的には、現下の課題である、水道事業の経営基盤強化、老朽化や耐震化への対応、災害発生時における早急な復旧支援、渇水への対応等に対し、国土交通省が、施設整備や下水道運営、災害対応に関する能力・知見や、層の厚い地方組織を活用し、水道整備・管理行政を一元的に担当することで、そのパフォーマンスの一層の向上を図ること、さらに、環境省が、安全・安心に関する専門的な能力・知見に基づき、水質基準の策定を担うほか、水質・衛生にかかわる一部の業務について、国土交通省の協議に応じるなど、必要な協力を行うことで、国民の水道に対する安全・安心をより高めることとされ

ました。本章においても、必要な箇所に移管後の所管を示しましたので参考にしてください。

本章では、こうした背景も踏まえつつ、水道事業に関する基本的事項を理解していただくことを目的として、水道行政の視点から水道事業に係る制度や基準等をご紹介します。

2. 水道行政について[1][2]

1）水道の種類

水道法において、水道とは「導管及びその他の工作物により、水を人の飲用に適する水として供給する施設の総体」と定義され、水道事業者が管理する取水・貯水・導水・浄水・送水・配水のための各施設（水道施設）と、個人財産である配水施設から分岐された蛇口までの施設（給水装置）で構成されます。100人超の一般の需要に応じて人の飲用に適する水（浄水）を供給する「水道事業」を経営するには、厚生労働大臣（令和6年度より国土交通大臣）又は都道府県知事の認可が必要であり、原則として市町村が経営する旨の規定があります。同様に、水道事業に浄水を供給する（いわゆる卸売りを行う）「水道用水供給事業」も認可を要する事業であり、主に都道府県や一部事務組合等の広域的事務を担う組織が経営主体となっています。このほか、一般の需要に応じた供給でない自家用等の水道のうち一定規模以上の水道は、管理の適正化の観点から「専用水道」又は「簡易専用水道」に位置づけられ、水道法による規制の対象としています（図17-1）。

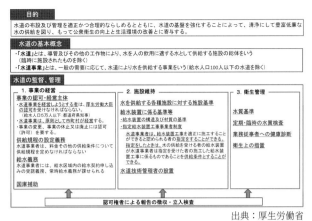

出典：厚生労働省

図17-1　水道の種類、事業者数

水道事業の数は、令和3年度末時点で3,719、このうち給水人口5,000人以下の水道事業は「簡易水道事業」に区分されており、全体の3分の2（2,415）を占めます。また、水道用水供給事業の数は37の道府県で計88の事業が認可されています。

2）水道法

我が国の水道法制は、感染症の予防的対策のための水道布設促進を背景として明治23年（1890年）に制定された水道条例に始まります。その後、上・下水道、工業用水道の所管3分割が決定された昭和32年（1957年）1月の閣議を契機として、同年12月、事業経営や衛生確保に関する義務、国庫補助等の諸規定等の水道の基本法としての内容を備えた水道法が施行され、所用の改正を経て、現在に至ります。特に平成30年の水道法の改正においては、第1条の法律の目的規定についても、「水道を計画的に整備し、及び水道事業を保護育成する」から「水道の基盤を強化する」に改正され、法制度の面からも水道事業が大きな転換点を迎えました。

水道法では、第1章の総則で、目的（第1条）や国・地方公共団体・国民の責務（第2条）、水道が備えるべき要件としての水質基準（第4条）及び施設基準（第5条）が規定され、第2章以降で、水道の種類毎に、その規模や影響度に応じた規制が体系化されています（図17-2）。なお、例えば、供給先の人口が100人以下の水道は水道法上の事業認可を要しません（事業規制の対象外）が、各地方公共団体において条例等による規制が設けられている場合もあります。

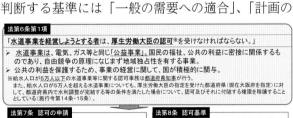

出典：厚生労働省

図17-2　水道法の概要

3．水道事業に係る制度

水道事業には、国土計画や都市計画分野、河川・地下水等の水源分野、施設の建設・建築分野、経営分野など非常に多岐にわたり関連する諸制度がありますが、ここでは、水道法に規定される主な制度について概説します。

1）認可制度[3]

水道事業は、電気・ガス事業等と同じく公益事業であって、公共の利益を保護するための国の積極的関与の観点から、経営権を特定者のみに設定する「認可制」となっています（図17-3）。このため、その審査は一般的禁止の解除という法的性格をもつ許可審査と異なり、事業の経営が公益に合致するかどうか、事業が確実かつ合理的であるかどうか等の積極的事項についても広く審査して認可が与えられるとともに、認可を受けた事業者は自らの給水区域内の需要に応じて常時給水する義務を負い、認可権者の特別の監督に服することとなります。認可の可否を判断する基準には「一般の需要への適合」、「計画の

法第6条第1項

「水道事業を経営しようとする者は、厚生労働大臣の認可※を受けなければならない。」

> ・水道事業は、電気、ガス等と同じ「公益事業」。国民の福祉、公共の利益に密接に関係するものであり、もって自由競争の原理になじまず地域独占性を有する事業。
> ・公共の利益を保護するため、事業の経営に関して、国が積極的に関与。

※給水人口が5万人以下の水道事業に関する認可事務は都道府県知事が行う。
また、給水人口が5万人を超える水道事業についても、厚生労働大臣の指定を受けた都道府県（現在大阪府を指定）に対して、都道府県内で水利調整が完結する等の条件を満たした場合について、認可及びそれに付随する権限を移譲することとしている（施行令第14条・15条）。

法第7条　認可の申請	**法第8条　認可基準**
・申請書（住所、氏名等） ・事業計画書（給水区域、給水人口、給水量等） ・工事設計書（水源の種別、取水地点、浄水方法等） ・その他省令で定める書類・図面	①一般の需要への適合　②計画の確実性と合理性 ③施設基準への適合　④給水区域の重複の排除 ⑤供給条件（水道料金を含む）の要件　⑥経理的基礎の 確実性（民間事業者からの申請）　⑦公益性

法第10条　事業の変更

> 需要に応じた充分な水の供給確保、清浄な水の確保の観点から事業計画の主要部分の**変更には認可が必要。**
> 「給水区域の拡張」、「給水人口又は給水量の増加」、「水源の種別、取水地点又は浄水方法の変更」

法第11条　事業の休止及び廃止

> 水道事業の公共性から、給水を開始した後は、その事業の全部又は一部を休止又は廃止するには、厚生労働大臣の許可が必要。

出典：厚生労働省

図17-3　水道事業の認可制度

確実性と合理性」など7の規定があり、計画の根幹をなす水需要予測もこれらの基準に基づく審査に含まれます。

水道用水供給事業に対しても同様の趣旨から認可制となっており、両事業とも認可を受けた事業計画の主要部分について変更を行おうとするときは、創設時と同様に認可を受ける必要があります。また、給水区域を縮小しようするときや事業を廃止するときは、認可権者の許可を受ける必要があり、公共の利益が阻害されるおそれがないときでなければ許可を受けることができません。

2）経営・料金制度[4]

水道事業には、清浄・豊富・低廉な水の供給という高い公共性の確保が求められるとともに、経営においては、受益者となる使用者から徴収する水道料金でまかなうことが原則とされています。そのため、水道料金は、「能率的な経営の下における適正な原価に照らし、健全な経営を確保することができる公正妥当なものであること」が水道法上で規定されています（図17-4）。

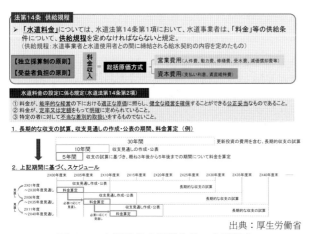

出典：厚生労働省

図17-4 水道事業の経営主体、水道料金

水道料金に係る原価（総括原価）に将来の更新費用が適切に見積もられていない場合、将来にわたる水道施設の維持管理及び計画的な更新に必要な財源が十分に確保できないことが想定される一方、料金改定においては、公営企業会計が適用される水道事業では議会の議決（条例の改正）が必要であり、もとより、水道使用者の理解を得ることが重要です。

このため、水道事業者等において水道施設の計画的な更新に要する費用を含む事業に係る収支の見通

しを作成し公表することが努力義務として規定されています。また、総括原価に含めるべき将来の更新費や維持管理費の試算に当たっては、現有施設の単純更新にとどまらず、地域の実情や将来の水需要を踏まえたダウンサイジングや施設の統廃合等を織り込む等の精緻化を図ることが重要です。料金改定の必要性と併せて、様々な更新費の抑制策や不確実性を考慮した多様なシナリオを検討・提示することは、水道事業の持続性に対する水道使用者の理解を深めることにもつながると考えられます。

3）国庫補助制度

水道法では、水道事業者等に対して、必要な技術的及び財政的援助を行うことが国の努力義務として規定されています。

財政支援については、地形や水源からの距離などの自然条件により施設整備費が割高となる等、経営条件が厳しい水道事業者等が行う施設整備事業の費用の一部に対して財政支援を行っています。支援の対象となる費用の内容、交付額の算出基準等に関しては、別途「交付要綱」[5]が定められています。

主に簡易水道施設、ダム等水道水源施設、高度浄水施設等の整備事業をメニューとする水道施設整備費補助金と、水道施設の耐震化や水道事業の広域化に資する施設整備をメニューとする生活基盤施設耐震化等交付金があり、令和5年度予算では、水道施設の耐災害性強化や水道事業の広域化等を着実に推進するため、372億円（他府省計上分を含む）を計上しています（図17-5）。

4. 施設基準等

1）施設基準[6]

水道施設が備えなければならない要件は、水道法第5条に規定されており、個々の施設に関する要件や構造・材質に加え、施設全体の位置及び配列の決定に当たっては、布設及び維持管理の経済性・容易性及び給水の確実性を考慮することとされています。

また、その他の水道施設に関する必要な技術的基準として、厚生労働省令（水道施設の技術的基準を定める省令）において性能基準化されています（図17-6）。

本省令は、平成12年（2000年）4月の施行以降、

水道施設整備費補助金等の概要

令和5年度予算372億円（令和4年度当初予算387億円）
（令和4年度補正予算371億円）

1 事業の目的

水道事業又は水道用水供給事業を経営する地方公共団体に対し、その事業に要する経費のうち一部を補助（交付）することにより、国民生活を支えるライフラインである水道について、水道施設の耐災害性強化及び水道事業の広域化を図るとともに、安全で良質な給水を確保するための施設整備や、水道事業のIoT活用等を進める。

2 事業の概要

水道施設整備費補助金（公共）

【概要】
水道事業又は水道用水供給事業を経営する地方公共団体に対し、安全で質が高い持続的な水道を確保するため、その事業の施設整備に要する費用の一部を補助する。

○ 簡易水道等施設整備費補助
・布設条件の特に厳しい農山漁村における簡易水道の施設整備事業
○ 水道水源開発等施設整備費補助
・ダム等の水道水源施設整備事業
・水源水質の悪化に対処するための高度浄水施設整備事業
・「防災・減災、国土強靱化のための5か年加速化対策」に基づく非常用自家発電設備等の整備事業

生活基盤施設耐震化等交付金（非公共）

【概要】
地方公共団体が整備を行う水道施設の耐震化等を推進するため、都道府県が取りまとめた水道施設の耐震化等に関する事業計画（生活基盤耐震化等事業計画）に基づく施設整備に対して支援を行う。

【主な事業】
○ 水道施設等耐震化事業
・災害等緊急時における給水拠点の確保のために行う配水池等の整備や浄水施設等の基幹水道構造物及び基幹管路の耐震化等（「防災・減災、国土強靱化のための5か年加速化対策」に基づく耐震化事業を含む。）
○ 水道事業運営基盤強化推進等事業
・水道事業の広域化（事業統合または経営の一体化）に必要な施設整備や広域化後に耐震化対策等として実施する施設整備
○ 水道事業におけるIoT・新技術活用推進モデル事業
・IoT・新技術を活用した事業の効率化や、付加価値の高い水道サービスの実現のための施設整備等

3 実施主体等

○実施主体：地方公共団体が経営する水道事業者 等 ○補助（交付）先：地方公共団体 ○補助率：1／4、1／3、4／10 等

図17-5 水道施設整備事業メニュー一覧

出典：厚生労働省

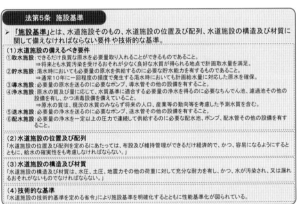

法第5条 施設基準

> 「施設基準」とは、水道施設そのもの、水道施設の位置及び配列、水道施設の構造及び材質に関して備えなければならない要件や技術的な基準。

(1) 水道施設の備えるべき要件
①取水施設：できるだけ良質な原水を必要量取り入れることができるものであること。
・将来とも水質汚染を受けるおそれが少なく良好な水質が得られる地点で計画取水量を満足。
②貯水施設：渇水時においても必要量の原水を供給するのに必要な貯水能力を有するものであること。
・通常10年に一回程度の頻度で発生する渇水時においても計画給水量に対応した原水を確保。
③導水施設：必要量の原水を送るのに必要なポンプ、導水管その他の設備を有すること。
④浄水施設：原水の質及び量に応じて、水質基準に適合する必要な浄水を得るのに必要なちんでん池、濾過池その他の設備を有し、かつ消毒設備を備えていること。
・原水の質は、現況の水質のみならず将来の人口、産業等の動向等を考慮した予測水質を含む。
⑤送水施設：必要量の浄水を送るのに必要なポンプ、送水管その他の設備を有すること。
⑥配水施設：必要量の浄水を一定以上の圧力で連続して供給するのに必要な配水池、ポンプ、配水管その他の設備を有すること。

(2) 水道施設の位置及び配列
「水道施設の位置及び配列を定めるにあたっては、布設及び維持管理ができるだけ経済的で、かつ、容易になるようにするとともに、給水の確実性をも考慮しなければならない。」

(3) 水道施設の構造及び材質
「水道施設の構造及び材質は、水圧、土圧、地震力その他の荷重に対して充分な耐力を有し、かつ、水が汚染され、又は漏れるおそれがないものでなければならない。」

(4) 技術的な基準
「水道施設の技術的基準を定める省令」により施設基準を明確化するとともに性能基準化が図られている。

図17-6 施設基準 出典：厚生労働省

水質基準等の改正やクリプトスポリジウム等対策、水道施設の耐震化等、備えるべき要件の追加・変更に応じた所要の改正が行われています。

2）維持修繕基準[7)8)9)]

将来にわたって安定的に水道事業等を経営するため、水道事業者等には、長期的な視野に立った計画的な資産管理（アセットマネジメント）を行い、更新の需要を適切に把握した上で、必要な財源を確保し、水道施設の更新を計画的に行うことが求められます。その観点から、水道法では「水道施設の計画的更新」、「水道施設の更新費用を含む事業に係る収支の見通しの作成・公表」の努力義務規定（第22条の4）とともに、「水道施設の点検を含む維持・修繕」（第22条の2）、「水道施設台帳の作成・保管」

（第22条の3）の義務規定が位置づけられています。これら2つの義務規定は、アセットマネジメントの構成要素における「ミクロマネジメントの実施」、「施設データの整備」に位置づけられるものであり、水道事業者等においては、適切な資産管理を進めていく上で着実に実施することが重要です（図17-7）。

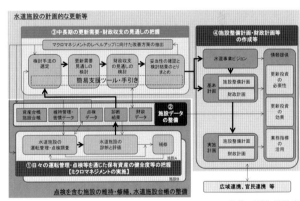

出典：厚生労働省

図17-7 アセットマネジメント実施サイクルによる適切な資産管理の推進

水道施設の維持及び修繕については、施設の点検とそれにより異状を確認した際の維持・修繕の措置、コンクリート構造物における点検・修繕記録の保存等の基準が施行規則第17条の2で定められているほか、水道事業者等が点検を含む維持・修繕の内容を定めるに当たっての基本的な考え方を明らかにした「水道施設の点検を含む維持・修繕の実施に関す

るガイドライン」[10] が策定されています。

また、令和3年（2021年）10月に発生した和歌山市における水管橋崩落事故を受け、水管橋等の維持・修繕を充実し、事故の再発防止を図るため、令和5年（2023年）3月に水道法施行規則の一部を改正し、コンクリート構造物に適用されている点検頻度（おおむね5年に1回以上）や、点検・修繕記録の保存等の基準について、水管橋等に対しても適用するとともに、新技術を積極的に活用する観点から、目視による点検だけではなく、目視と同等以上の方法による点検も可能であることが明確化されています（令和6年4月1日施行）（図17-8）。

水道施設台帳は、水道施設の維持管理及び計画的な更新のみならず、災害対応、広域連携及び官民連携の推進等の各種取組の基礎となるものであり、水道事業者等は、適切に作成・保存を完了する必要があります（図17-9）。

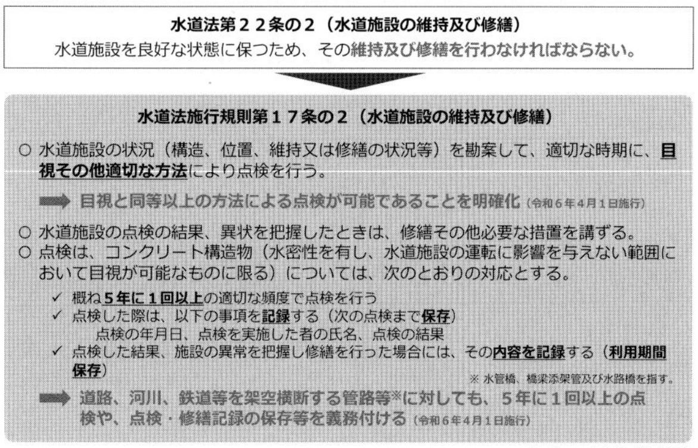

図17-8　点検を含む維持・修繕
（法第22条の2、施行規則17条の2）

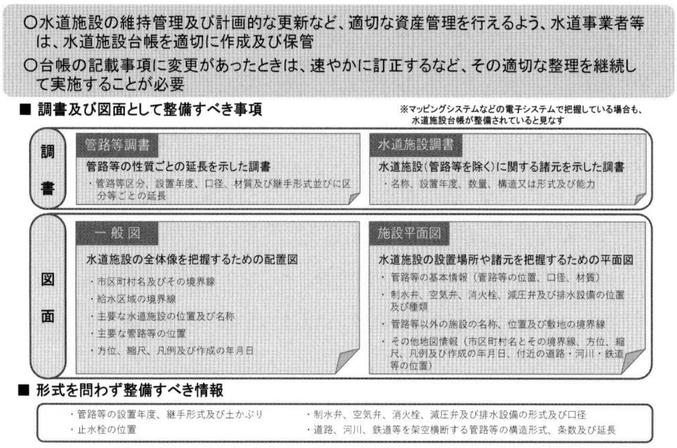

図17-9　水道施設台帳の整備
（法第22条の3、施行規則第17条の3）

3）給水装置 構造材質基準[11]

水道事業者は、後述する水質基準に適合した水を安定的に供給する義務を負っており、これを果たすためには、個人財産である配水施設から分岐された蛇口までの施設（給水装置）に起因する水の汚染を防止する等の措置が講じられていることが必要となります。このため、水道使用者において適合させるべき給水装置の構造及び材質の基準が定められており、当該基準に適合していないときは、水道事業者は給水契約の申込みを拒み、又は給水を停止できることが水道法第16条に規定されています（図17-10）。

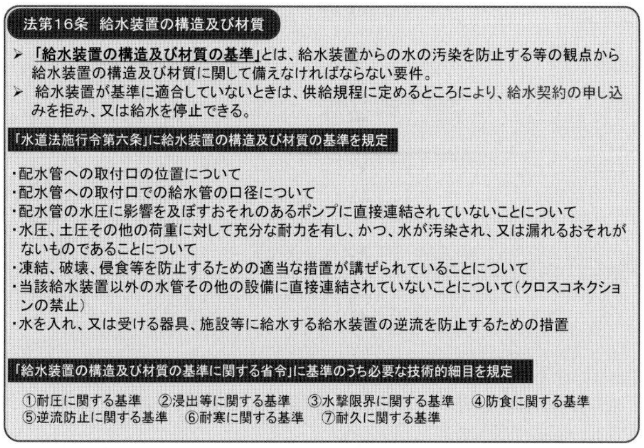

図17-10　給水装置の構造及び材質の基準

5．水道水質基準等
1）水道水質基準

水道により供給される水（水道水）が備えなければならない水質上の要件は、水道法第4条に規定され、水質基準（51項目）として厚生労働省令（水質基準に関する省令）で定められています。水道水質基準等の体系としては、水質基準以外に、水道水質管理上留意すべき項目を水質管理目標設定項目（同27項目）、毒性評価が定まらない物質や水道水中での検出実態が明らかでない項目を要検討項目（同46項目）が位置づけられており、必要な情報や知見の収集に努めています。これらの水質基準等については、平成15年（2003年）の厚生科学審議会答申において「最新の科学的知見に従い、逐次改正方式により見直しを行う」とされており、専門家から構成される水質基準逐次改正検討会を設置し、毎年必要な見直し作業を行っています（図17-11）。

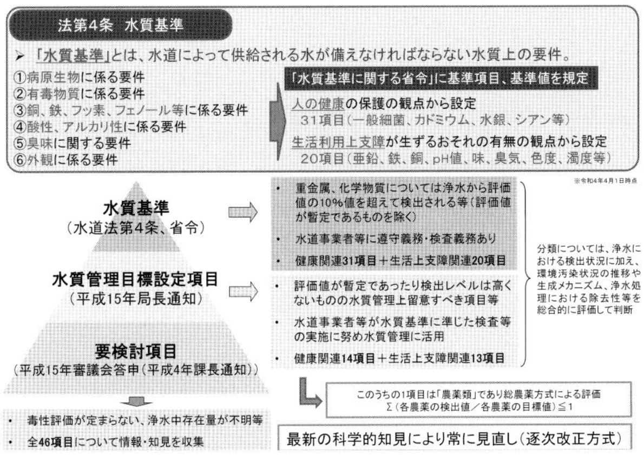

出典：厚生労働省

図17-11　水道水質基準等の体系

2）水質検査等

水道水は水質基準に適合するものでなければならず、これを常時確保するためには、状況に即応した水質の管理が不可欠です。このため、水道事業者等の最も基本的な義務として、水道法第20条に定期及び臨時の水質検査の実施等が義務づけられています（図17-12）。

- 定期の水質検査
  - イ　1日1回以上の検査・・・色、濁り、消毒の残留効果
  - ロ　1箇月に1回以上の検査・・・水質基準の基本的項目（9項目）
    - ⇒ 一般細菌、大腸菌、有機物（全有機炭素（TOC）の量）、塩化物イオン、pH値、味、臭気、色度、濁度
  - 3箇月に1回以上の検査・・・水質基準の全項目
- 臨時の水質検査
  水道により供給される水が水質基準に適合しないおそれがある場合に実施
- 水の採取の場所は給水栓が原則で、水道により供給される水が水質基準に適合するかどうか判断することができる場所
- 毎事業年度開始前に検査の計画（水質検査計画）を策定

出典：厚生労働省

図17-12　水質検査（水道法第20条）

詳細は同法施行規則第15条で定められており、水質基準に係る検査方法は、厚生労働大臣（令和6年度より環境大臣）が定める方法（平成15年7月22日厚生労働省告示第261号）によって行うこととされています。その他、同法施行規則第15条では、効率的・合理的な水道水質管理を行う観点から、水道事業者等に自らの判断で水質検査等の内容を定めた水質検査計画の作成を求め、当該計画に基づき水質検査を行うとともに、水質管理の改善や水質検査計画の見直しに反映させるようになっています。そして、同法施行規則第17条の2では、当該計画及び定期・臨時の水質検査結果について、年1回以上定期又は速やかに使用者が容易に入手できる方法で情報提供を行うこととされています。

また、水道水の汚染を防止するため、水道法第21条では、浄水場等において業務に従事し得る者及びこれらの施設の構内に居住している者の全員を対象とした健康診断を義務づけています（図17-13）。

- 水道の取水場、浄水場又は配水池において業務に従事している者及びこれらの施設の設置場所の構内に居住している者について定期及び臨時の健康診断の実施
  - ⇒ 定期の健康診断はおおむね6箇月ごと
  - ⇒ 臨時の健康診断は病原体がし尿に排せつされる感染症が発生した場合又は発生するおそれがある場合
  - ⇒ 赤痢菌、腸チフス菌及びパラチフス菌等を対象
  - ⇒ 主に検便
- 水道事業者は、健康診断の記録の1年間の保存の義務

出典：厚生労働省

図17-13　健康診断（水道法第21条）

3）衛生上の措置

水道により供給される水が安全かつ清浄なものであることを確保するための措置として、水質基準及び施設基準の規定を設け、定期及び臨時の水質検査・健康診断を行うことを義務づけています。これらの措置によってもなお、病原菌による汚染の危険が残るおそれに対し、水道の衛生管理の徹底を期すための水道施設の管理及び運営に関する衛生上必要な措置として、水道法第22条に消毒その他の措置が定められています。給水栓（いわゆる蛇口）における残留塩素の保持についても、各施設における清潔の保持等とともに本条に基づく衛生上の措置として位置づけられています（図17-14）。

- 取水場、貯水池、導水きょ、浄水場、配水池及びポンプせいは、常に清潔にし、水の汚染防止を充分にすること
  - ⇒ 外部との連絡があり水が汚染されるおそれがある施設を対象
- かぎを掛け、さくを設ける等みだりに人畜が施設に立ち入つて水が汚染されるのを防止するのに必要な措置を講じること
  - ⇒ そのほか一般の注意を喚起するのに標札、立札、掲示等
- 給水栓における水が、遊離残留塩素を0.1mg/L（結合残留塩素の場合 0.4mg/L）以上を保持するように塩素消毒をすること
  - ⇒ 塩素は水中の無機物や有機物と反応すること、時間の経過を考慮し給水栓で残留塩素が定められた濃度以上となるよう塩素消毒が必要

出典：厚生労働省

図17-14　衛生上の措置（水道法第22条）

4）給水の緊急停止

万が一、給水する水が人の健康を害するおそれがある場合の対応として、水道法第23条に給水の緊急停止が定められています。水道事業者がとるべき措置として、直ちに給水を停止するとともに、その水を使用することが危険である旨を関係者に周知させる措置を講じることを義務づけています。

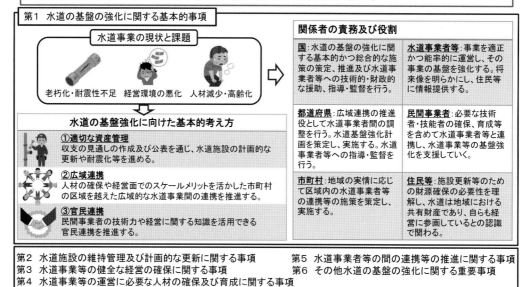

○基本方針とは・・・

水道法第5条の2第1項に基づき定める水道の基盤を強化するための基本的な方針であり、今後の水道事業及び水道用水供給事業の目指すべき方向性を示すもの（令和元年9月30日厚生労働大臣告示）。

第1　水道の基盤の強化に関する基本的事項

水道事業の現状と課題

老朽化・耐震性不足　経営環境の悪化　人材減少・高齢化

水道の基盤強化に向けた基本的考え方

①適切な資産管理
収支の見通しの作成及び公表を通じ、水道施設の計画的な更新や耐震化等を進める。

②広域連携
人材の確保や経営面でのスケールメリットを活かした市町村の区域を越えた広域的な水道事業間の連携を推進する。

③官民連携
民間事業者の技術力や経営に関する知識を活用できる官民連携を推進する。

関係者の責務及び役割

国：水道の基盤の強化に関する基本的かつ総合的な施策の策定、推進及び水道事業者等への技術的・財政的な援助、指導・監督を行う。

水道事業者等：事業を適正かつ能率的に運営し、その事業の基盤を強化する。将来像を明らかにし、住民等に情報提供する。

都道府県：広域連携の推進役として水道事業者等の間の調整を行う。水道基盤強化計画を策定し、実施する。水道事業者等への指導・監督を行う。

民間事業者：必要な技術者・技能者の確保、育成等を含めて水道事業者等と連携し、水道事業者等の基盤強化を支援していく。

市町村：地域の実情に応じて区域内の水道事業者等の連携等の施策を策定し、実施する。

住民等：施設更新等のための財源確保の必要性を理解し、水道は地域における共有財産であり、自らも経営に参画しているとの認識で関わる。

第2　水道施設の維持管理及び計画的な更新に関する事項
第3　水道事業等の健全な経営の確保に関する事項
第4　水道事業等の運営に必要な人材の確保及び育成に関する事項
第5　水道事業者等の間の連携等の推進に関する事項
第6　その他水道の基盤の強化に関する重要事項

出典：厚生労働省

図17-15　水道の基盤を強化するための基本的な方針

6. 水道の基盤の強化

これからの水道事業には、人口減少に伴う水の需要の減少、水道施設の老朽化、深刻化する人材不足等の直面する課題に対応していくことが求められています。これらの課題への制度的対応として、平成30年（2018年）12月に水道の基盤の強化を図るための施策の拡充を内容とする水道法の改正が行われ、新たに、今後の水道の目指すべき政策的な方向性を示した水道の基盤を強化するための基本的な方針（令和元年9月30日厚生労働省告示第135号）が定められています（図17-15）。本方針の中で、都道府県には「広域連携の推進役としての水道事業者等の間の調整」等、水道事業者等には「事業の基盤の強化に向けた取組を推進」等の責務及び役割が規定されており、行政や水道事業者等に加え民間事業者や住民等も含む関係者全員が一体となって水道の基盤の強化に取り組んでいくことが重要です。

7. おわりに

本章では、水道事業に関する基本的事項を理解していただくことを目的として、水道行政の視点から水道事業に係る制度や基準等を紹介しました。本章が、これまで長く水道事業に従事されてきた読者の方々はもとより、携わって日が浅い読者の方々の理解や関心を深める一助となれば幸いです。

今日の水道には、独立採算を原則とする水道事業を将来にわたり安定的かつ持続可能なものとするために水道の基盤の強化を図ることが求められています。広域連携、官民連携、資産管理、CPS/IoT活用などの具体的な施策の詳細や取組事例については、厚生労働省（令和6年度より国土交通省又は環境省）Webサイトに掲載していますのでご参照ください。

〈参考文献〉
1）水道法制研究会「第五版 水道法逐条解説」（公社）日本水道協会
2）熊谷和哉「改訂版 すいどうの楽学 初級編」日本水道新聞社
3）厚生労働省水道課「水道事業等の認可等の手引き」（令和元年9月）
4）（公社）日本水道協会「水道料金算定要領」（平成27年2月）
5）厚生労働省ウェブサイト「水道施設整備費国庫補助金交付要綱一覧について」（https://www.mhlw.go.jp/topics/bukyoku/kenkou/suido/yosan/01c.html）
6）「水道施設設計指針2012」（公社）日本水道協会
7）「水道維持管理指針2016」（公社）日本水道協会
8）厚生労働省水道課「水道事業におけるアセットマネジメント（資産管理）に関する手引き」（平成21年7月）
9）厚生労働省水道課「簡易な水道施設台帳の電子システム導入に関するガイドライン」（平成30年5月）
10）厚生労働省水道課「水道施設の点検を含む維持・修繕の実施に関するガイドライン」（令和元年9月）
11）「給水装置工事技術指針2020」（公財）給水工事技術振興財団

日本の自然条件

インフラ整備の変遷

河川

河川維持

ダム

ダム維持

砂防

砂防維持

道路

道路維持

港湾

港湾維持

都市公園

街路

土地区画整理

市街地再開発

水道

下水

下水維持

営繕

公営住宅

漁港漁場

海岸

海岸維持

入札契約

事業評価

第18章

基礎から学ぶ 下水道事業

1. はじめに

　下水道の歴史は古くはローマ帝国の時代にまで遡りますが、近代下水道の成立は、19世紀イギリスにおけるコレラの大流行という危機的状況への対処に端を発しています。その後、明治時代に西洋の技術を取り入れてスタートした日本の下水道は、特に高度成長期以降、河川や海域の水質汚濁の解消という強い社会的要請を受け急速に整備が進められてきました（写真18-1）。現在では下水道の普及率は人口の約8割に達し、日常生活に欠かせないインフラとなっています。

　下水道法第1条において、下水道の目的は「都市の健全な発達及び公衆衛生の向上に寄与し、併せて公共用水域の水質の保全に資すること」と規定されています。この目的を達するためには、下水道整備を着実に推進するとともに、管路延長約49万km、処理場約2,200箇所と膨大なストックを有する下水道施設を適切に管理し、その役割を果たし続けていくことが不可欠です。

2. 下水道事業の目的

　我が国の下水道事業は、当初、雨水及び汚水を排除することを目的として事業を開始しました。その後、昭和45年（1970年）の下水道法改正において、公共用水域の水質保全が目的に追加されました。

　このように、現在の下水道事業は、「浸水防除」、「公衆衛生の向上」、「公共用水域の水質保全」を目的として事業が実施されています（図18-1）。

図18-1　下水道の目的　　出典：国土交通省

下水道普及前（昭和50年代前半）

下水道普及後（平成29年）

写真18-1　下水道整備による水質改善（多摩川・調布取水堰）　　出典：国土交通省

3. 下水道事業の分類

下水道事業は排除方式や管理区分により以下のように分類されます。

1）下水道の排除方式

下水道の対象となる汚水と雨水の排除方式には、「合流式下水道」と「分流式下水道」の2種類が存在します（図18-2）。

合流式下水道は汚水と雨水を同一の管渠で排除するもので、比較的早期に下水道整備に着手した大都市を中心に多く導入されている方式です。単一管渠のため比較的安価に整備が可能である一方で、雨天時に下水の一部が未処理のまま公共用水域へ排出されてしまうという点が大きな課題であり、合流式下水道を採用している団体では、雨天時の汚濁負荷を減らす対策に取り組んでいます。

分流式下水道は汚水と雨水を別々の管渠で排除する方式で、雨水は直接河川等へ放流され、汚水は終末処理場で処理された上で河川等に放流されます。水質保全の観点から合流式下水道よりも優れているため、1970年代以降に下水道整備に着手した団体では、基本的に分流式下水道が採用されています。

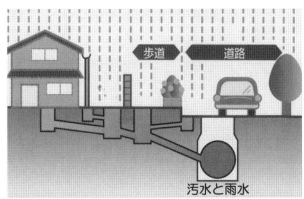

（合流式）　　　　　　　　　出典：国土交通省

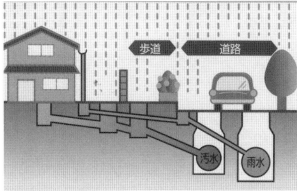

（分流式）　　　　　出典：国土交通省
図18-2　下水の排除方式

2）下水道の種類[2]

下水道法第2条では、下水道の種類を以下の種類に分類し定義しています（図18-3）。

(1)公共下水道

市街地の下水を排除するため、原則として市町村が事業主体として整備する下水道を公共下水道と称しています。公共下水道はその市町村が設置する終末処理場又は後述の流域下水道のいずれかに接続され、前者は単独公共下水道、後者は流域関連公共下水道と呼ばれています。

なお、広い意味での公共下水道には、いわゆる狭義の公共下水道の他、主に特定の事業所からの排水を処理する特定公共下水道や、汚水の計画区域の縮小により雨水排除のみを対象とすることとした雨水公共下水道等が含まれています。

(2)流域下水道

地形等の条件によっては、単一の市町村がそれぞれ終末処理場を設置するのではなく、行政区域を越えて幹線を整備し、その最下流に設置した終末処理場でまとめて処理を行う方が効率的な場合があります。そうした場合に、都道府県が2つ以上の市町村にまたがって整備する下水道を流域下水道と呼びます。流域下水道は都道府県が幹線と終末処理場を整備するもので、流域下水道に接続するための管路網は流域関連公共下水道として市町村が整備しています。

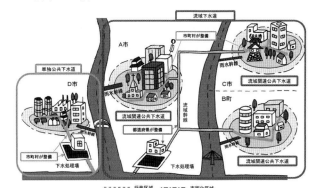

出典：国土交通省
図18-3　公共下水道と流域下水道

(3)都市下水路

都市下水路は、公共下水道の区域外である市街地において専ら雨水排除を目的として整備するものです。汚水排除を目的としないため、都市下水

路事業では終末処理場は設置されません。

⑷**下水道に類似した施設**

　下水道に類似する施設として、農業集落排水施設や、小規模なコミュニティプラント（コミプラ）等が存在します。これらは下水道法に規定された下水道ではないものの、一般にはまとめて下水道と呼称されることもあります。

4. 下水道を構成する主な施設

　下水道システムは主として、終末処理場、下水管渠及びこれらを補完するポンプ場等の施設により構成されています（図18-4）。各戸から排出された汚水は、主に自然流下の管路網と、必要に応じて設置された中継ポンプにより、終末処理場まで運ばれます。

　終末処理場に流入した下水は、最初の沈殿行程を経て、多くの場合は微生物の働きを用いた「活性汚泥法」と呼ばれる方法により処理され、最後に塩素消毒を行って河川等へ放流されます（図18-5）。

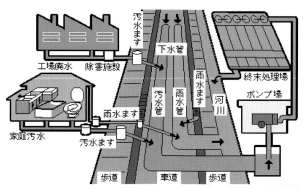

出典：国土交通省

図18-4　下水道を構成する主な施設

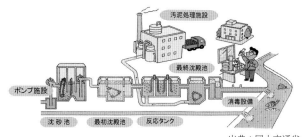

出典：国土交通省

図18-5　終末処理場における処理フロー

　微生物（＝下水汚泥）は、有機物を取り込んで増殖するため、余剰汚泥を適切に処理する必要があります。かつては下水汚泥の多くが濃縮・脱水・焼却により減容化され、埋立処分されていましたが、現在では建設資材や肥料として活用される他、消化ガ

ス発電によりエネルギー利用される等、有効利用が進んでいます。

5. 事業計画等

　下水道法において、下水道事業を実施するに当たっては、事業計画を策定することとされています。事業計画は、国庫補助の有無等にかかわらず下水道事業を行う全ての団体で策定するもので、概ね今後5～7年間に事業を実施する予定処理区域や、施設の配置・構造・能力、排水施設点検の方法・頻度等を記載することとなっています。

　なお、事業計画の策定に当たっては、公共用水域の水質保全を図るために都道府県が定める「流域別下水道整備総合計画（通称：流総計画）」、汚水処理施設の役割分担等を定める「都道府県構想」、長期的な下水道整備の実施計画である「全体計画」といった上位計画との整合を図る必要があります。

　また、下水道は市街地において整備される施設であるため、都市計画に定められるべき施設の一つとして位置付けられています。従って、下水道の整備に当たっては、下水道法に基づき事業計画を定めるとともに、主要な施設について都市計画決定及び都市計画事業認可を受けた上で事業を行うことが基本である点にも留意してください。

6. 技術基準等

　下水道施設の構造等については、下水道法において、公衆衛生の確保及び公共用水域の水質保全の観点から、政令・省令及び条例に定められた技術上の基準に適合するものとされています。下水道施設を整備する際には、これらの法令に定められた構造基準や放流水質基準を満たすことが必要です。

　実際に下水道施設の計画・設計を行うに当たっては、日本下水道協会から「下水道施設計画・設計指針と解説－2019年版－」が発刊されています[1]。

　本書は下水道事業の計画や施設、設備等全般の設計をするための実務手引書としてとりまとめているもので、1～3章が計画について、4章～9章が具体の施設についての記載となっています（表18-1）。なお、下水道事業をとりまく様々な情勢の変化を踏

まえ、令和元年（2019年）に10年ぶりとなる大幅な改定が行われており、雨水管理計画の章を独立して設けた点や、これまでの新増設を中心とした記載に加え既存施設の評価を計画・設計に反映させる観点からの記載を充実させている点等が主な改定点となっています。

表18-1　下水道施設計画・設計指針と解説 −2019年版− 目次[1]

出典：国土交通省

7. 下水道事業の財源

下水道事業を円滑に運営するためには、事業を実施するための財源について理解することが重要です。下水道事業の支出は大きく分けて維持管理費と建設改良費に分けられますが、その主な財源について説明します。

1）下水道使用料及び一般会計繰入金

下水道の維持管理に係る費用負担のあり方については、基本的に「雨水に係るものは公費」、「汚水に係るものは公費で負担すべき部分を除き私費」で負担することとされています。このうち、公費負担分については一般会計繰入金等により賄われます（表18-2）。

表18-2　下水道管理費の費用負担のイメージ

支出	雨水分の下水道管理費		汚水分の下水道管理費	
	元利償還費	維持管理費	元利償還費	維持管理費
（財源）	一般会計繰入金等		一般会計繰入金等 / 下水道使用料	下水道使用料

出典：国土交通省

一方、私費の大部分を占めるのは下水道使用料です。下水道法第20条において公共下水道管理者が使用料を徴収することができること、使用料は条例により適切に定めることが規定されています[2]。近年の厳しい経営環境を踏まえ、使用料水準を定期的に見直し、安定的な収入を確保することが極めて重要です。

2）地方債（下水道事業債等）

下水道の建設改良費については、地方債の起債が認められており、新増設や改築の重要な財源となっています。下水道事業においては一部の例外を除いて下水道事業債（公営企業債）が適用され、地方負担分のうち10/10が起債により充当可能です。また、地方債の償還については、一定の割合が地方交付税の算定に用いる「基準財政需要額」に算入され、交付税措置が受けられることとなっています。

3）国庫補助金

下水道法第34条において、下水道施設の設置又は改築に対して国庫補助が可能であるとされており、更に下水道法施行令第24条の2において、その対象施設や補助率について規定されています[2]。大まかには、補助対象となるのは主要な管渠、処理場、ポンプ場等の補完施設であり、補助率は表18-3のとおりとなっています。

表18-3　下水道の国庫補助の対象と国費率

事業名		管渠	処理場
公共下水道※1	補助対象	主要な管渠※2	一部を除く全て※3
	補助率	1／2	5.5／10 ※4
流域下水道	補助対象	全ての管渠	一部を除く全て※3
	補助率	1／2	2／3 ※4
特定公共下水道	補助対象	主要な管渠※2	一部を除く全て※3
	補助率	1／3 ※5	1／3 ※5
都市下水路	補助対象	都市下水路	
	補助率	4／10	

※1：雨水公共下水道を含む
※2：主要な管渠の範囲は告示に定めている
※3：処理場における門・柵・へい等については補助対象外
※4：用地買収や調査、測量費等については補助率1／2とする
※5：補助対象額には民間事業者負担分を除く

出典：国土交通省

8. 国の支援制度

地方公共団体が円滑に下水道事業を実施できるよう、国では交付金や補助金による財政支援を行っています。現在最も主要なものは「社会資本整備総合交付金」及び「防災・安全交付金」による支援で、地方公共団体が策定した「社会資本総合整備計画」

に基づいて交付金を配分しています。この交付金では、通常の下水道事業に加えて、浸水対策や地震対策等の様々な施策について一層の推進を図るため、補助対象範囲を拡充する事業制度を設けています。事業制度の詳細については、社会資本整備総合交付金交付要綱[3]が国土交通省のホームページに公表されていますのでご参照ください。

　また、資源の有効利用や都市浸水対策等で特に計画的・集中的な支援が必要な事業に対しては、交付金とは別に個別補助金による重点的な支援も行っています。

　予算のスケジュールとしては、毎年7月頃に地方公共団体から国へ翌年度予算の概算要望額を提出し、国ではその情報をもとに財務省への予算要求を行います。その後、11月～12月頃に再度本要望の調査が行われ、国で内容を精査した上で翌年度予算の配分を決定し、年度末に地方公共団体へ内示額が通知される、という流れになっています。

　なお、下水道を含む水管理・国土保全局の予算については、例年夏の概算要求と冬の予算案閣議決定に合わせて予算パンフレットが作成されています。例えば令和6年度予算の内容については、「令和6年度水管理・国土保全局関係予算概要」[4]として公表されていますので、ご参照ください。

9.　下水道の主要施策[5]

　近年、人口減少等に伴う厳しい経営環境、執行体制の脆弱化、施設の老朽化等、下水道事業における課題が深刻化する一方、激甚化・頻発化する自然災害、2050年カーボンニュートラルの実現に向けた動向やDXの進展、さらには世界的な肥料価格の高騰といった環境・社会情勢に大きな変化が生じています。このような中で、今後特に重要となる施策について、大きく4つのテーマに分けて紹介します。

1）生活環境・水質改善の取組

⑴未普及対策

　未普及地域における普及促進は現在でも重要な課題の一つです。汚水処理施設の整備に当たっては、下水道（国土交通省）、合併浄化槽（環境省）、集落排水施設（農林水産省）という各施設の整備

区域を定めた都道府県構想に基づき、将来的な人口の見通し等も踏まえた適切な役割分担の下で事業を実施しています（図18-6）。

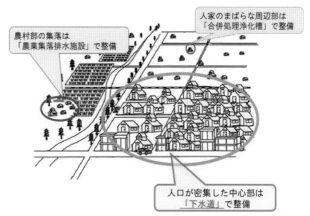

出典：国土交通省
図18-6　汚水処理施設の役割分担のイメージ

　全国の汚水処理人口普及率は約93％（令和4年度末）で、いまだ約880万人の未普及人口が残されています。

　現在、令和8年度までに、都道府県単位で汚水処理人口普及率95％以上の達成を目指して関係部局が連携して整備を推進しています。国土交通省においては、下水道が汚水処理を担うべき区域については、社会資本整備総合交付金の重点配分の対象とする等、積極的に整備を支援しているところです。

⑵公共用水域の水質保全

　処理水の放流先が東京湾や琵琶湖といった閉鎖的な水域の場合、藻類の大量発生の原因となる窒素やリンを除去するため、より高度な処理方法（高度処理）を導入することがあります。高度処理を実施すべき処理場では、既存施設を最大限活用しつつ、効率的に高度処理への転換を進めています。

　また、合流式下水道を有する都市では、雨天時の公共用水域への汚濁負荷を削減するため、合流式下水道の改善に取り組んでいます。具体的には、特に汚濁負荷の高い降雨初期の雨水を一時的に貯留する施設の整備や、河川等への放流前に夾雑物の除去や簡易的な処理を行う施設を設ける等の対策を実施しています。

2）国土強靱化の取組

(1)浸水対策

　平成30年7月豪雨、令和元年東日本台風、令和2年7月豪雨と、大規模な豪雨災害が頻発しています。そうした状況を踏まえ、下水道事業においても、流域一体として水災害に備える「流域治水」の考え方の下、浸水対策を一層加速化することが求められています。下水道による浸水対策は概ね1/5〜1/10確率の降雨（5〜10年に1回の確率で発生する降雨）に対応した施設整備（雨水ポンプ場や雨水管、貯留施設等）が標準的ですが、都市機能が集中し重点的な対策が必要な地区等では、既往最大降雨等の高い目標を設定し、内水ハザードマップの公表等によるソフト対策も組み合わせて総合的な対策を実施することが重要です（図18-7）。国土交通省としても、「下水道浸水被害軽減総合事業」等の交付金の事業制度に加えて、「大規模雨水処理施設整備事業」等の個別補助金の事業制度も創設し、支援体制を充実させているところです。

　また、近年の豪雨災害時には、河川の氾濫や内水氾濫により下水処理場やポンプ場が浸水し機能停止する事態が発生しています。汚水処理や雨水排除といった下水道の機能を確実に維持するため、浸水リスクのある施設については、電気設備の高所移転や水密扉の設置等の耐水化に取り組むことも重要です。

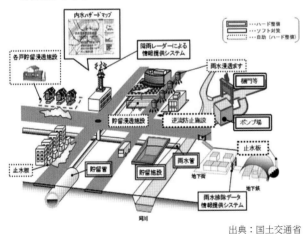

出典：国土交通省

図18-7　下水道による総合的な浸水対策

(2)地震対策

　平成23年（2011年）東日本大震災、平成28年（2016年）熊本地震、令和6年（2024年）能登半島地震等、大規模な地震時には下水道施設の被害も生じています。今後首都直下地震や南海トラフ地震の発生が想定される一方、厳しい財政状況の中での施策の優先順位や構造上の制約等から、令和3年度末時点での下水道施設の耐震化状況としては、重要な幹線等における耐震化率は約55％、処理場における耐震化率は約40％となっており、必ずしも十分とは言えません。災害時にも下水道機能をしっかりと確保することは公衆衛生の観点から極めて重要であり、下水道施設の耐震化を一層推進することが必要です。このため、国土交通省としても、「下水道総合地震対策事業」等の事業制度により、通常の下水道事業に加え、「下水道総合地震対策計画」に位置付けられた避難地、防災拠点、要配慮者関連施設、感染症拠点病院、災害拠点病院と終末処理場を接続する管路施設やこれらの施設がある排水区における一定規模以上の貯留・排水施設の耐震化事業、緊急輸送路、避難路や軌道の下に埋設されている管路施設の耐震化事業、マンホールトイレシステム（マンホールを含む下部構造に限る。）の整備事業等を交付対象とするなど、総合的な地震対策を推進し

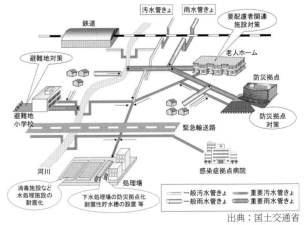

出典：国土交通省

図18-8　下水道の総合的な地震対策

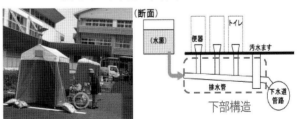

出典：国土交通省

図18-9　マンホールトイレシステム

ているところです（図18-8、図18-9）。

また、施設の耐震化を行うハード対策だけでなく、下水道施設被害による社会的影響を最小限に抑制し、速やかな復旧を可能とするため、減災対策として、災害時の応急対策を迅速に実施するための下水道BCP（業務継続計画）の策定も推進しています。

⑶老朽化対策

第19章 基礎から学ぶ 下水道維持管理事業「3. 下水道施設の老朽化対策」をご参照ください。

3）下水道事業の持続性向上の取組

⑴汚水処理の広域化・共同化

下水道の経営環境がヒト・モノ・カネのいずれの面からも厳しさを増す中、持続可能な汚水処理事業の運営に向けては、処理場の統廃合や汚泥処理の共同化等を進め、効率的で安定的な事業運営への転換を図ることが重要です。令和4年度末までに全ての都道府県で広域化・共同化計画を策定済みであり、下水道以外の汚水処理事業も含めた広域化の取組を推進しています。

⑵下水道における官民連携

効果的な事業運営を進めるためには、民間の資金や技術力を最大限活用することも重要です。下水道事業では、コンセッションを含むPFI（Private Finance Initiative）手法や、DBO（Design Build Operate）方式、包括的民間委託等、様々な手法による官民連携を推進しています。令和5年（2023年）6月には、「PPP/PFI推進アクションプラン（令和5年改定版）」[6]が決定され、新たに「ウォーターPPP」の活用が位置づけられました。その中で、下水道分野においては令和13年度までに100件のウォーターPPPを具体化することを目標としています。これらを踏まえ、国土交通省においては、PPP/PFI検討会等の様々な機会を通じて、地方公共団体等への情報提供を図るとともに、モデル都市支援により具体的な案件形成を進める等、ウォーターPPPの導入促進に取り組んでいるところです。

⑶経営改善の取組

下水道は市民生活に欠かせない基幹的なインフ

ラであり、将来にわたって下水道サービスを提供し続けるためには、将来の見通しをもって、収支構造等を定期的に検証することが重要です。そのため、公営企業会計の適用による経営状況の把握を始め経営状況の見える化等による住民理解の促進、新技術導入、広域化・共同化、官民連携等による費用低減や下水道施設・未利用資源の有効活用等による収支改善の取組を推進しています。また、中長期的な収支見通しを踏まえた経営計画の策定や経営目標の設定、定期的な検証を通じ、収支構造の適正化を図る取組を推進しています。

⑷国際展開

日本の下水道分野における優れた技術力や経験は、海外市場においても大いに活用が期待されることから、今後は国際的なビジネス展開の推進により、日本経済の持続的成長に貢献していくことが求められます。国土交通省においては、本邦技術の海外展開を後押しするため、「アジア汚水管理パートナーシップ（パートナー国：カンボジア、インドネシア、ミャンマー、フィリピン、ベトナム、日本）」の枠組み（写真18-2）や「下水道技術海外実証事業（WOW TO JAPANプロジェクト）」等を通じた案件形成に取り組んでいるところです。

出典：国土交通省

写真18-2　第1回アジア汚水管理パートナーシップ総会
（2018年7月25日 於北九州市）

4）脱炭素・循環型社会の構築に向けた取組

⑴グリーンイノベーション下水道の実現

2050年カーボンニュートラルの方針が決定し、2030年度の温室効果ガス排出削減目標についても、2013年度比46％へと見直しが行われました[7]。下水道分野においても、2018年度実績で年間約600万t-CO_2の温室効果ガスが排出されていることから、消化バイオガスの利用、汚泥の固形燃料化、汚泥焼却の高度化、運転管理の効率化等の省エネ・創エネ

対策の推進が求められます（図18-10）。国土交通省においては、地方公共団体における地球温暖化対策の取組の支援等を通じ、脱炭素社会への転換を先導する「グリーンイノベーション下水道」の実現に向けた取組を推進しています。

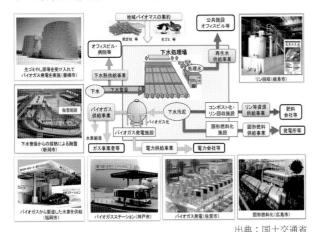

出典：国土交通省

図18-10　下水道の有する資源・エネルギー

⑵下水汚泥資源の肥料利用

　下水処理の過程で発生する汚泥中にはリンや窒素等の肥料成分を含有しています。近年、リン鉱石をはじめとする肥料原料の国際価格が高騰する中、脱水汚泥等のコンポスト化やリン回収等の技術を活用した下水汚泥資源の肥料化に注目が集まっています（図18-11）。国土交通省としても、肥料の国産化、安定的な供給、資源循環型社会の構築へ貢献すべく、農林水産省をはじめ様々な関係者と連携し、安全性・品質の確保、消費者の理解促進を図りながら、下水汚泥資源を肥料として

【汚泥コンポスト（佐賀市）】

【リン回収（神戸市）】

出典：国土交通省

図18-11　地方公共団体での肥料化事例

最大限活用し、利用を拡大していくための取組を推進しています。

10. おわりに

　本章では、下水道事業の概要と今後重要となる施策について紹介しました。本章が、下水道事業に関する基礎的な知識・理解を深めるための一助となることを期待します。また、各種制度や支援等について、詳細に確認したい点があれば、国土交通省下水道部や各地方整備局までご相談いただき、下水道施策の一層の推進に取り組んでいただけると幸いです。

＜参考文献＞
1）「下水道施設計画・設計指針と解説－2019 年版－」（公社）日本下水道協会，2019.10
2）下水道法令研究会「逐条解説「下水道法」（第五次改訂版）」ぎょうせい，2022.12
3）国土交通省「社会資本整備総合交付金交付要綱」（令和5年11月29日最終改正）https://www.mlit.go.jp/page/content/001712767.pdf
4）国土交通省「令和6年度水管理・国土保全局関係予算概要」，https://www.mlit.go.jp/river/basic_info/yosan/gaiyou/yosan/r06/yosangaiyou_r601.pdf
5）国土交通省水管理・国土保全局下水道部監修「下水道事業の手引き（令和5年度版）」日本水道新聞社
6）内閣府「PPP/PFI推進アクションプラン」（令和5年改定版）令和5年6月2日
7）地球温暖化対策計画（令和3年10月22日閣議決定）https://www.env.go.jp/content/900440195.pdf

基礎から学ぶ 下水道維持管理事業

1. はじめに

下水道は、衛生的で快適な生活環境の提供、企業等の経済活動の支援、良好な水環境の創出、浸水被害の軽減、循環型社会形成への貢献など多くの機能を有し、国民生活や経済活動、そして環境保全にとって必要不可欠かつ基幹的なインフラです。

それらの機能を確保し、発揮させるためには、予防保全として適切に点検、メンテナンスを実施するとともに、事後保全として補修、修繕等の維持管理業務を着実に実施する必要があります。

また、管渠や処理施設への損傷防止や公共用水域に対する放流水の水質基準確保のため、特定事業場等に対して、水質規制による悪質下水の排除や下水処理場の特性等を踏まえた運転管理等を実施することにより、下水道施設への流入水質や放流水質等を適切にコントロールする必要があります。

本章では、そうした下水道施設の老朽化対策や、下水道に係る水質規制等の維持管理業務、また維持管理業務の実務を行う上で留意していただきたい事故事例などについて紹介します。

2. 下水道を構成する主な施設

第18章 基礎から学ぶ 下水道事業「4. 下水道を構成する主な施設」をご参照ください。

3. 下水道施設の老朽化対策

1）現状と課題

下水道の普及が進み、下水道処理人口普及率は令和4年度末に81.0％に達し、全国の管路管理延長（図19-1）は約49万km、処理場数は約2,200箇所となっており、今や全国の多くの地域で、下水道のある暮らしが当たり前になっています。一方で、下水道ストックは、昭和40年代から平成10年代に集中的に整備され、今後急速に老朽化施設の割合が増大することが見込まれています。本格的な人口減少社会の到来による使用料収入の減少により、地方公共団体の財政状況は逼迫化しており、投資余力が減退の方向にあります。また、職員数の減少等により、執行体制の確保も課題となっています。

以上のことから、下水道施設のライフサイクルコストの低減化や、予防保全型施設管理の導入による安全の確保等、戦略的な維持・修繕及び改築を行い、良質な下水道サービスを持続的に提供することが重要です。

2）法制度

社会資本全体の老朽化の進行が見込まれる中で、インフラの適切な管理に係る社会的要請の高まりに加え、一部の管路施設では、腐食等に起因する道路陥没等が発生している状況を踏まえ、予防保全を中心とした持続的な下水道事業の確立が急務であることから、平成27年（2015年）の下水道法改正において、維持修繕基準が創設されました。

下水道法施行令第5条の12第1項において、全ての下水道施設について、その構造等を勘案して適切な時期に目視その他適切な方法により点検を行うこととしています。その中でも、腐食するおそれが

大きい箇所として下水道法施行規則第４条の５第１項で定める管路施設については、５年に１回以上の適切な頻度で点検を行うこととされているため、確実に点検を実施する必要があります。また、点検を実施した際は点検結果を保存する必要があります。

　法定点検（腐食するおそれが大きい箇所を対象として、５年に１回以上の適切な頻度で実施する必要のある点検）の実施に当たっては、防食対策や改築などの施設の対策状況、点検実施状況等を踏まえ、適切に点検計画を策定するとともに、点検の結果、

異状が確認された箇所については、テレビカメラ調査機器などによる調査から劣化の度合いを確認し、修繕・改築等を適切に実施する必要があります。

　点検計画や施設対策の検討、実施に当たっては、表19-1の①～④の各種ガイドラインを参考にしてください。

３）国土交通省による財政支援
⑴ 下水道ストックマネジメント支援制度

　下水道施設のマネジメントについては、個々の施設毎に対策を図る個別最適ではなく、下水道施

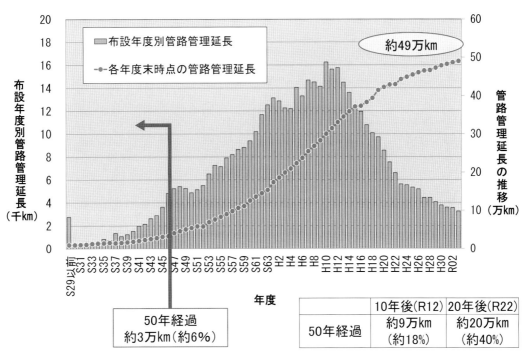

図19-1　下水道管路管理延長（令和３年度末時点）　　　出典：国土交通省

		10年後(R12)	20年後(R22)
50年経過		約9万km （約18%）	約20万km （約40%）

表19-1　各種ガイドライン[1]～[6]

	ガイドライン等名称	概要
①	下水道事業のストックマネジメント実施に関するガイドライン－2015年版－（国土交通省）	ストックマネジメント実施のための計画策定、その実施、評価、見直しの基本的な考え方を示す。
②	下水道維持管理指針実務編－2014年版－（公益社団法人日本下水道協会）	・「総論編」では、維持管理のあり方と基本的な考え方を示す。 ・「マネジメント編」では、計画的維持管理の考え方と実施手法を示す。 ・「実務編」では、下水道施設の維持管理の実務の事例等を示す。
③	下水道管路施設ストックマネジメントの手引き－2016年版－（公益社団法人日本下水道協会）	管路施設における腐食するおそれが大きい箇所を明示するとともに、点検方法、調査方法、ストックマネジメントを踏まえた腐食対策の選定方法を示す。
④	維持管理情報等を起点としたマネジメントサイクル確立に向けたガイドライン（国土交通省）	ストックマネジメントを促進するべく、施設情報や維持管理情報等を活用したマネジメントの具体的な考え方を示す。
⑤	下水道台帳管理システム標準仕様（案）・導入の手引きVer.5（公益社団法人日本下水道協会）	下水道台帳管理システム構築時における全国共通のデータ整備環境を整えることを目的とし、管理すべき基本的情報及びシステムの機能の標準を示す。

出典：国土交通省

設全体を一体的に捉えた全体最適に基づくストックマネジメント手法を導入していくことが重要です。「下水道事業におけるストックマネジメントとは、下水道事業の役割を踏まえ、持続可能な下水道事業の実現を目的に、明確な目標を定め、膨大な施設の状況を客観的に把握、評価し、長期的な施設の状態を予測しながら、下水道施設を計画的かつ効率的に管理すること」としています（表19-1①）。

国土交通省では、平成28年度に「下水道ストックマネジメント支援制度」（図19-2）を創設し、下水道ストックマネジメント計画の策定、計画に基づく施設の劣化を把握するための点検・調査、計画的な改築について交付対象事業として支援しています。

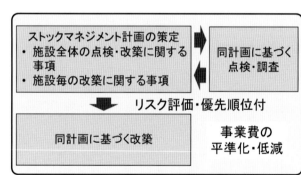

施設全体の維持管理・改築を最適化する
ストックマネジメントの取組を一体的に支援

出典：国土交通省

図19-2　下水道ストックマネジメント支援制度

⑵下水道情報デジタル化支援事業

下水道事業のマネジメントサイクルの確立に当たっては、下水道施設に関する施設情報や維持管理情報等をデジタル化し、施設状態の把握やリスク評価等に利用が可能なようにしておくことが重要です。また、台帳情報等を電子化しておくことで、日常の業務を効率的に実施することにつながります（図19-3）。

管路施設に係る情報のデジタル化を支援するため、令和4年度に「下水道情報デジタル化支援事業」を創設しています。本事業では、地理情報システムを基盤としたデータベースシステムを活用して下水道施設を管理するために必要となる管渠等の施設情報や維持管理情報などのデジタル化に係る業務等を交付対象事業としています。なお、令和8年度までの事業であることに留意してください。

本事業の実施に当たっては、蓄積すべき維持管理情報等の項目やそのデータを活用したマネジメントの方法等整理した「維持管理情報等を起点としたマネジメントサイクル確立に向けたガイドライン（管路施設編）－2020年版－」（表19-1④）や、そのガイドラインに基づき、データ形式等の標準的な仕様を示した「下水道台帳管理システム標準仕様（案）・導入の手引きVer.5」（表19-1⑤）を参考にしてください。

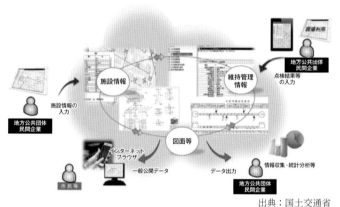

出典：国土交通省

図19-3　管路施設におけるデータ活用イメージ

4）国土交通省による技術支援

⑴下水道事業のストックマネジメント実施に関するガイドライン

ストックマネジメントの導入・実践を推進するため、「下水道事業のストックマネジメント実施に関するガイドライン－2015年版－」を策定しています（表19-1①）。対象とする下水道施設の種類は、管路、ポンプ場、処理場です。

また、2050年脱炭素社会の実現に貢献していくため、令和3年度に本ガイドラインを一部改訂しています。本ガイドラインを参考とし、下水道施設全体の管理を最適化するストックマネジメントに取り組む中で、脱炭素を考慮した中長期の事業量を見通し、計画的に施設更新を進めてください。

⑵維持管理情報等を起点としたマネジメントサイクル確立に向けたガイドライン

ストックマネジメントの高度化に向けて、施設

情報や維持管理情報等をデジタル化し、施設の現状の把握やリスク評価等に利用可能なようにデータベース化を図ることが有効です。このため、情報管理及びシステム運用方法を整理するとともに、点検・調査や修繕・改築に対し、情報をどのように活用すべきかについて標準的な考え方を整理した「維持管理情報等を起点としたマネジメントサイクル確立に向けたガイドライン（管路施設編）」及び同ガイドライン（処理場・ポンプ場施設編）（表19-1④）（国土交通省）を策定しているため、参考にしてください。

4. 水質規制、事業場排水指導

1）除害対策に関する法規制

下水道法では、放流水の水質の技術上の基準や水質検査の義務、終末処理場の維持管理、発生汚泥等の処理等に関して定めています。

終末処理場は、水質汚濁防止法及びダイオキシン類対策特別措置法による排水規制を受けることになっています。

また、現状の下水処理法は活性汚泥法等の生物処理が主体であり、微生物にとって有害な物質が終末処理場に流入した場合、汚水の処理に支障をきたすことになります。さらに、排水によっては、管渠等を損傷、閉塞させるなど下水道施設の機能に支障をきたすこともあります。

このような下水処理に有害な物質等は、発生源において除去することが必要であり、いわゆる除害対策は終末処理場の維持管理、下水汚泥の処理処分、管渠の維持管理等の下水道維持管理のあらゆる問題に関連しています。

従って、下水道法においては、除害施設の設置等の義務付け、直罰制度、事前チェック制度、改善命令制度、事故時の措置等の規定があり、これらの適正な運用による除害対策の実施が必要です。

例えば、酸性や含油排水等下水道の施設等に損傷を与えるおそれのある下水については、法第12条に基づき条例で除害施設の設置等を義務づけることができます。その条例に違反している者に対しては、法第38条による監督処分として除害施設の設置、

改善等を命じることができ、命令に違反すれば法第45条により罰則の適用があります。

なお、条例に違反する排水により、下水道の施設が損傷し、それにより必要が生じた工事に要する費用については、法第18条により、当該排出者にその全部又は一部を負担させることができます。

一方、放流水の水質は法第8条に規定されており、その基準に適合させることを困難にさせる下水については、公共用水域に排出した場合に水質汚濁防止法の規制を受ける特定事業場とそれ以外の事業場とで規制の内容が異なります。

前者については、法第12条の2により政令又は条例で定める基準に適合しない下水の排除を禁止し、違反すれば法第46条による罰則の適用があります。後者については、法第12条の11に基づき条例で除害施設の設置等を義務づけることができ、その条例の違反に対する監督処分、罰則の適用については、法第12条に基づく条例の違反の場合と同様となります。

また、特に特定事業場に対しては、水質汚濁防止法とほぼ同じ規制内容となっており、特定施設の設置等の届出（法第12条の3等）、計画変更命令（法第12条の5）、改善命令等（法第37条の2）のほか、事故時の措置（法第12条の9）、水質測定義務等（法第12条の12）、報告の徴収（法第39条の2）等の規定があります（図19-4）。

2）事業場排水に対する指導・監視

除害対策は、使用の開始等の届出（法第11条の2）、特定施設の設置等の届出（法第12条の3）等の届出対象事業場の把握から始まります。

これらの届出を適正に行わせるため、下水道管理者は事前に十分な周知を行う必要がありますが、一部の事業場からは届出がなされない場合も考えられるため、水質汚濁防止法やダイオキシン類対策特別措置法に基づく届出特定事業場名簿、水道使用者名簿、職業別電話帳等をもとに届出対象事業場の把握に努める必要があります。

次に、届出書の検討や事業場の現地調査により、政令又は条例の基準に適合しない排水を排除する可能性のある指導・監視対象事業場を把握し、事業場

日本の自然条件
インフラ整備の変遷
河川河川維持
ダムダム維持
砂防砂防維持
道路道路維持
港湾港湾維持
都市公園
街路土地区画整理
市街地再開発
下水水道維持
下水管渠維持
公営住宅
漁港漁場維持
海岸海岸維持
入札契約事務
事業評価

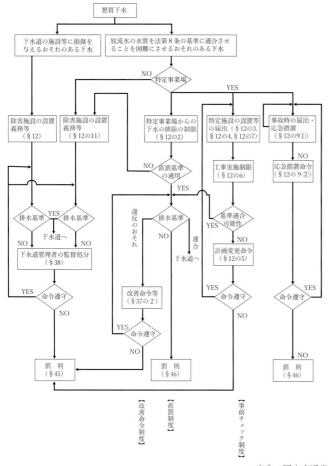

図19-4　下水道における水質規制の仕組み

出典：国土交通省

ごとの台帳や一覧表を作成します。

　以降これらの事業場に対し、適宜立入検査や報告徴収を行い、除害施設の維持管理や水質に問題があれば改善するよう指導し、必要に応じて改善命令、監督処分等を実施することとなります。特に悪質な事業場については、告発を考慮することとなります。

　また、標準下水道条例では除害施設等を設置した者は除害施設等の維持管理に関する業務を行う水質管理責任者を専任しなければならないこととされており、水質管理責任者は事業場において下水道へ排除する汚水の水質を管理する中心的な役割を担っています。

　除害対策は、事業場側の水質管理に関する役割への理解と協力が必要であることから、未設置事業場に対しては、設置の必要性を粘り強く指導するとともに、政府系金融機関や地方公共団体の融資制度等を活用してもらうなど、設置の促進を図ることが重要です。

5. 維持管理事故

1）事故の分類

　維持管理事故は、管渠やマンホール等の管理、処理場の運転管理や流入水質等に関連し、作業時の過失や施設の経年劣化等により発生する事故であり、人身事故と水質事故等に分類しています（図19-5）。

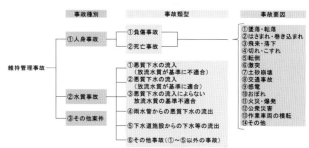

出典：国土交通省

図19-5　事故の分類

2）人身事故

　人身事故は、死亡事故と負傷事故に分類されます（表19-2）。

　死亡における事故事例では、マンホールや管渠内に進入する作業の際に、有毒ガスや酸素濃度を計測してから作業に着手するところ、計測の失念などにより、硫化水素等の有毒ガスが発生していることに気づかず、酸素欠乏症により死亡する事故が発生しています。

　負傷における事故事例では、処理場内沈殿池等のメンテナンスや水質測定に伴い、足を滑らせて沈殿池へ転落する事案や、処理場内施設の清掃時やマンホール蓋を閉める際に、指を挟み負傷する事故等が発生しています。

　いずれの人身事故についても適切な酸素測定の実施や、複数名での対応など安全管理を行うことで事故発生を防止することが可能であると考えられることから、留意いただければ幸いです。

3）水質事故等

　水質事故は、表19-3のように分類され、管渠の経年劣化や詰まり等による下水道施設からの汚水流出が発生しています。

　また近年では河川伏せ越し部における逆流防止ゲートが閉まり、滞留した汚水が溢水するなどの事案も発生しています。

　特に下水道施設の老朽化等による水質事故は、適

表19-2　維持管理事故の分類（人身事故）

事故類型	事故要因	事故事例
死亡事故	①墜落・転落	人が建築物、足場、機械、乗物、はしご、階段等から落ちることをいう。乗っていた場所がくずれ、動揺して墜落した場合を含む。交通事故を除く。感電して墜落した場合には感電に分類する。
	②はさまれ・巻き込まれ	物にはさまれる状態及び巻き込まれる状態でつぶされ、ねじれる等をいう。交通事故は除く。
	③飛来・落下	飛んでくる物、落ちてくる物等が主体となって人にあたった場合をいう。切断片、切削粉等の飛来、その他自分のもっていた物を足の上に落とした場合を含む。
	④切れ・こすれ	こすられる場合、こすられる状態で切られた場合等をいう。刃物による切れ、工具取扱中の物体による切れ、こすれ等を含む。
	⑤転倒	人がほぼ同一平面上でころぶ場合をいい、つまずきまたはすべりにより倒れた場合をいう。感電して倒れた場合には感電に分類する。
	⑥激突	墜落、転落及び転倒を除き、人が主体となって静止物または動いている物にあたった場合、物が主体となって人にあたった場合をいい、つり荷、機械の部分等に人からぶつかった場合、飛び降りた場合等をいう。車両系機械などとともに激突した場合、つり荷、動いている機械の部分などがあたった場合も含む。交通事故は除く。
負傷事故	⑦土砂崩壊	土砂等がくずれ落ちまたは崩壊して人にあたった場合をいう。
	⑧交通事故	交通事故のうち道路交通法適用の事故をいう。事業場構内における交通事故はそれぞれ該当項目に分類する。
	⑨感電	帯電体に触れ、または放電により人が衝撃を受けた場合をいう。
	⑩おぼれ	水中に墜落し、または流されておぼれた場合をいう。
	⑪火災・爆発	火災の発生、爆発の発生による場合をいう。他の分類に該当する場合であっても火災、爆発に起因している場合、火災・爆発に分類する。
	⑫公衆災害	第三者に危害を与えてしまった場合をいう。他の分類に該当する場合であっても、被災者が第三者である場合、公衆災害に分類する。
	⑬作業車両の横転	作業車両の横転による場合をいう。他の分類に該当する場合であっても、作業車両の横転に起因する場合、作業車両の横転に分類する。
	⑭その他	①～⑬に分類できないもの。

出典：国土交通省

表19-3　維持管理事故の分類（水質事故）

事故分類	事故類型	事故類型の説明	事故事例
水質事故	①悪質下水の流入（放流水質が基準に不適合）	汚水管に水質基準を超過した汚水等の悪質下水が流入したことが原因で、処理場からの放流水の水質が基準に適合できなかった事故	・民間施設より許容限度を超過した有害物質等が汚水管に流入したことが原因で、処理場からの放流水の水質が基準を超過した事故
	②悪質下水の流入（放流水質が基準に適合）	汚水管に水質基準を超過した汚水等の悪質下水が流入したが、処理場からの放流水の水質が基準に適合できた事故。	・民間施設より許容限度を超過した有害物質等が汚水管に流入したが、処理場における処理等で放流水の水質が基準を超過しなかった事故
	③悪質下水の流入によらない放流水質の基準不適合	設備の故障や誤操作等により、処理場からの放流水の水質が基準に適合できなかった事故	・反応槽のブロア故障により、放流水の水質が基準を超えた事故 ・最終沈澱池より、汚泥が流出し、放流水の水質が基準を超えた事故
	④雨水管からの悪質下水の流出	雨水管に汚水や油等が流入し、河川や海などに流出した事故	・民間施設より重油が漏れ、雨水管に流入し、河川に流出した事故 ・排水設備の誤接続により、汚水が雨水管に流入し、河川に流出した事故
	⑤下水道施設からの下水等の流出	管路施設の破損等により、下水や汚泥等が道路などに流出した事故	・管渠の破損により、海へ汚水が流出した事故 ・マンホールポンプが停止し、マンホールから汚水が道路に溢水した事故 ・管渠内が油脂類等により閉塞し、マンホールから汚水が溢水した事故
	⑥その他事故（①～⑤以外の事故）	①～⑤に分類されない水質等に関わる事故	・管渠内で硫化水素が発生し、異臭騒ぎ
その他案件	－	人身・水質事故に分類されない案件	・処理場内の除草作業で発生した刈草が車のマフラーの熱で発火した案件。 ・中継ポンプ場へ侵入され、窓ガラスを割られた案件 ・施設設備損傷が発生したが、迅速な対応を行った為、水質事故とはならなかった案件。

出典：国土交通省

切な維持修繕や管理等を実施することで事故発生を防止することが可能であると考えられることから、留意いただければ幸いです。

4）事故報告

　国土交通省では、全国の下水道管理者に対し、維持管理事故が発生した場合には、その概要、原因、再発防止策等を報告していただくようお願いしており、報告内容を基に下水道管理者及び関係団体への注意喚起、必要に応じた支援を行っているので、下水道に起因する事故が発生した場合には、適切な報告をお願いします（図19-6）。

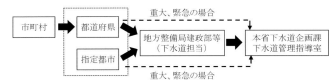

出典：国土交通省

図19-6　維持管理事故の報告系統

6. おわりに

　本章は下水道の維持管理における基礎知識に焦点を当てています。本章が下水道維持管理業務に初めて携わる方の基礎知識として参考になれば幸いです。

＜参考文献＞
1）国土交通省「下水道事業のストックマネジメント実施に関するガイドライン－2015年版－」（令和4年3月改定）
2）「下水道維持管理指針実務編－2014年版－」公益社団法人日本下水道協会，2014
3）「下水道管路施設ストックマネジメントの手引き－2016年版－」公益社団法人日本下水道協会，2016
4）国土交通省「維持管理情報等を起点としたマネジメントサイクル確立に向けたガイドライン（管路施設編）－2020年版－」（令和2年3月）
5）国土交通省「維持管理情報等を起点としたマネジメントサイクル確立に向けたガイドライン（処理場・ポンプ場施設編）－2021年版－」（令和3年3月）
6）「下水道台帳管理システム標準仕様（案）・導入の手引きVer.5」公益社団法人日本下水道協会，2021

日本の自然条件

インフラ整備の変遷

河川

河川維持

ダム

ダム維持

砂防

砂防維持

道路

道路維持

港湾

港湾維持

都市公園

街路

土地区画

市街地再開発

水道

下水道

下水維持

営繕

公営住宅

漁港

漁場

海岸

海岸維持

入札契約

事業評価

第20章

基礎から学ぶ 営繕事業

1. はじめに

1）公共建築の営繕とは

　「営繕」とは、「建築物の営造と修繕」のことをいい、建築物の新築、増築、修繕及び模様替等を指します。建築物の営繕は、一般には建築物の所有者等が、ほぼ全ての建築物に適用される「建築基準法」、「建築士法」等の法律に基づき行うこととなります。

　庁舎や教育文化施設、社会福祉施設等に代表される公共建築の営繕は、基本的にはそれぞれの施設を所有する国及び地方公共団体において独自に行われます。そこでは上記の法律の遵守に加え、公共建築としての適切な品質の確保や、国及び地方公共団体の行う施策への対応等が求められます。

2）国家機関の建築物の営繕

　国土交通省では「官公庁施設の建設等に関する法律」（官公法）に基づき、国家機関の建築物（官庁施設）の営繕に関する業務を行っています。

　具体的には、複数の官署を集約した合同庁舎（例：霞が関の中央合同庁舎）をはじめ、単独官署の事務庁舎（例：税務署、公共職業安定所）、研究施設、教育文化施設、社会福祉施設等、様々な国家機関の建築物の営繕を一元的に行っています。一方で、刑務所や特殊な防衛施設の営繕、小規模な営繕等は、施設を所管する各省各庁にて行われています。国土交通省で行う営繕は、自らの予算を用いて行う場合のほか、各省各庁や地方公共団体等から依頼され、依頼元の予算を用いて行う場合があります。

　また、国土交通省では、官公法に基づき「国家機関の建築物及びその附帯施設の位置、規模及び構造に関する基準」を定めるとともに、官庁施設の整備や保全を実施するに当たり、様々な技術基準を制定しています（図20-1）[1]。これらの技術基準は国家機関等の建築物への適用のみならず、地方公共団体等でも広く活用されています。

3）公共建築工事の発注者の役割

　平成26年（2014年）の「公共工事の品質確保の促進に関する法律」の改正等を踏まえ、国土交通大臣からの諮問を受けた社会資本整備審議会から答申「官公庁施設整備における発注者のあり方について」（答申）が出されています。答申では、これまで十分に整理されていなかった「公共建築工事の発注者の役割」を明確にするとともに「その役割を果たすための方策」が全ての公共建築工事の発注者（国及び地方公共団体）へ向けて提言されています[2][3]。

　以下、本章では、答申で整理された公共建築工事の特徴や発注者の役割等を中心に、公共建築の営繕事業における基礎的な知識について紹介いたします。

2. 公共建築工事の特徴と発注者に求められること

　公共建築工事の特徴と、その特徴を踏まえた発注者に求められることについては、次の5点に整理されます。このうち1）は民間建築工事、2）〜5）は公共土木工事との対比となります。

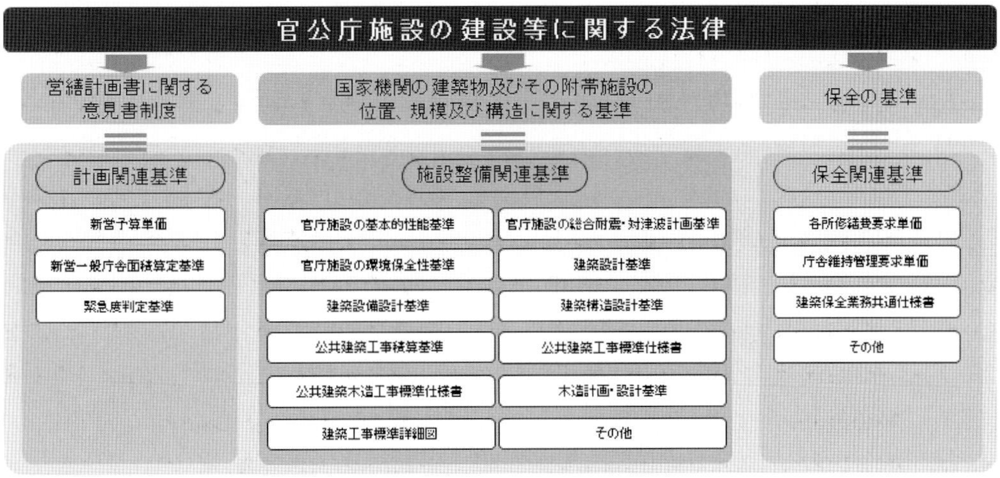

図20-1 官庁営繕の技術基準

出典：国土交通省

1）国等が主体的に行う事業であること

　公共建築工事は、主に税金等を使って行われる事業であることから、予算措置の際に適切な条件を設定すること、適切な品質を確保すること、国等の政策を反映すること、法令等に基づき透明性・公平性のある発注を行うことを含め住民への説明責任を果たすことが求められます。

2）発注部局と事業部局が異なる場合が多いこと

　建築物を所管する事業部局（施設管理者）と発注業務を担当する発注部局が異なる場合が多いことから、発注者（発注部局）には、企画立案段階から事業部局との連携を密にすること、事業部局から建築物に求められる諸条件を把握し、品質、工期、コストが適切なものになるよう調整し、公共建築工事に反映することが求められます。

3）事業部局以外にも多様な関係者が存在し、個別性が強いこと

　公共建築工事には、事業部局以外にも施設利用者、近隣住民等の多様な関係者が存在し、建築物に求められるものは個別性が強いことから、多様な関係者から建築物に求められる諸条件を把握し、必要な調整を行った上で、公共建築工事に反映することが求められます。

4）設計業務、工事監理業務に、建築基準法、建築士法が適用されること

　建築工事における設計業務や工事監理業務は、建築基準法及び建築士法に基づいて建築士が行う業務であることから、建築士が法令等に基づいて適切に業務が実施できるよう適切に配慮することが求められます。また、業務内容を適切に設定し、最も適した設計者や工事監理者を選定することが求められます。

5）建築市場全体の中で、公共の占める割合が極めて小さいこと

　建築市場は民間建築工事が大多数であり、公共建築工事の材料、機器等の仕様や価格は、民間市場に大きな影響を受けることから、民間市場の動向を的確に把握し、公共建築工事の発注条件等に適切に反映することが求められます。

3．公共建築工事における発注者の役割

　2．を踏まえ、公共建築工事における発注者の役割について、その基本となる事項は以下の2点に再整理されています。

1）企画立案等に関する事業部局との連携

　発注者は、事業部局が行う公共建築工事の企画立案と予算措置において、それらの内容が適切なものとなるように、技術的な助言を行うなど事業部局と十分に連携する必要があります。

2）公共建築工事の発注と実施

　発注者は、事業部局から公共建築工事の委任を受けた後は、建築物や工事に求められる諸条件を把握・整理し、発注条件として適切にまとめ、これに基づき設計業務や工事を発注し適切に実施する必要があります。また、発注者は、発注と実施に関し国民に

対する説明責任を果たす必要があります。

諸条件の把握・整理、発注条件の調整と取りまとめに関し、発注者が留意すべき事項は次のような内容となっています。

【諸条件の把握】

・敷地の地盤条件等の現場の状況把握のために、必要な事前調査を行う。事前調査に当たっては、従前の土地利用や地下埋設物等の把握にも努める。

・改修工事の対象となる既存建築物の必要な事前調査を行う。工事の段階において行うことが合理的な調査は、調査内容を設計図書に明記するとともに、調査費用を工事の予定価格に反映する。

【発注条件の取りまとめ】

・発注者は、発注条件を決定する権限を有しており、同時に決定にかかる責任を負う。設計業務の発注条件に示されていない事項は、設計図書に反映されず、設計図書に反映されていない事項は工事に反映されないことから、発注条件の重要性を認識した上で、必要な事項を過不足無く記載した適切な発注条件を取りまとめる。

・発注条件は、事業部局が作成した企画及び予算措置の内容に整合し、工事の品質、工期、コストが適切なものとなるようにし、相互矛盾がなく、可能な限り客観的で明確なものとする。発注条件のうち品質に関するものはメンテナンス性にも配慮したものとする。

・設計段階以降の発注条件の変更は、品質・工期・コストに悪影響を及ぼす可能性が高くなるため、そのような事態が生じないように、発注条件を適切なものとしておく。

【設計業務、工事等の発注】

・透明性・公平性を確保した上で、最も適した設計者、施工者等を選定する。発注に当たっては業務内容や工事内容に応じた予定価格を適正に設定する。

【設計意図伝達業務、工事監理業務の発注】

・設計意図伝達業務や工事監理業務を適切に発注する。設計意図伝達業務は設計図書を作成した設計者に発注する。

【設計業務、工事等の実施】

・設計者、施工者から追加の調査や試験等を提案された場合は、必要と認めるときは実施を指示し、それに伴う変更契約を適切に行う。

・撤去作業が発生する改修工事等は、工事が関係法令等に基づき適切に行われるように、必要となる処分費等を工事の予定価格に反映する。既存建築物の状況が設計の段階までに把握仕切れなかった場合には、工事の段階において確認し、その結果を踏まえて、契約変更を適切に行う。

【事業部局への引き渡し】

・建築物を事業部局に引き渡す際は、完成図等の保管及び建築物の使い方や維持管理・運営に必要な情報等について、適切に伝達する。また、完成図等の保管についても併せて伝達する。

4. 発注者がその役割を適切に果たすための方策

多様な状況にある公共建築工事の発注者が、その役割を果たすためには、以下の方策を講じることが求められています。

1）発注者の役割の理解の推進

発注者は、**3.** で示した発注者の役割について自覚するとともに、事業部局においても十分に理解されるようにすること。

2）技術基準等の整備・活用と人材育成の推進

公共建築工事に関する発注者の業務内容の変化への対応等を考慮した適切な業務遂行が効率的になされるように、技術基準等の整備・活用を推進すること。また研修等による人材育成を推進すること。

3）個別の公共建築工事の適切な発注と実施等のための外部機関の活用等の推進

必要に応じて、事業部局との連携、公共建築工事の発注と実施に関する発注者支援を受けるため、民間を含む外部機関や広域的な連携の仕組みを活用すること。なお、外部機関を活用する場合においても、その責任は発注者が負うことに留意すること。

4）発注者間の協力や連携の推進等

1）～3）を効果的・効率的に進めるために、発注者は相互に協力や連携を推進すること。また、公共建築工事の発注と実施に関する課題等を共有化す

るために、透明性・公平性の確保に留意しつつ、設計者、施工者等の団体等の意見交換を継続的に行うこと。

5. 答申を受けた国土交通省における取組

答申では、国土交通省として実施すべき施策として以下の取組があげられています。
　・発注者の役割の理解の促進
　・技術基準等の整備・活用と人材育成の促進等
　・個別の公共建築工事の適切な発注と実施に資するための環境の整備
　・発注者間の協力や連携の促進等

国土交通省では、これまで答申を受けて様々な取組を実施してきており、主な取組は**図20-2**のとおりです。このうち直近の取組についてご紹介します。

1)「災害に強い官公庁施設づくりガイドライン」の作成・公表

官公庁施設は、来訪者等の安全を確保するとともに、大規模地震をはじめとして災害発生時に災害応急対策活動の拠点として機能を十分に発揮できるものであることが必要となります。

このため、国土交通省では、令和2年（2020年）6月に、国及び地方公共団体の営繕部局、施設管理部局の担当者等が官公庁施設の防災機能の確保を検討する際の参考となるよう、官庁営繕の防災に係る技術基準やソフト対策、事例等をパッケージ化した「災害に強い官公庁施設づくりガイドライン」[4]を策定しました。令和3年（2021年）7月には、中央官庁営繕担当課長連絡調整会議、全国営繕主管課長会議の構成員の事例等を追加し、その位置づけを両会議連名のガイドラインとしました（図20-3）。

2)「公共建築工事総合評価落札方式適用マニュアル・事例集」（第2版）の作成・公表

平成19年（2007年）1月に中央官庁営繕担当課長連絡調整会議においてまとめられた「公共建築工事総合評価落札方式適用マニュアル・事例集（第1版）」（事例集）について、作成後10年を経過し、国土交通省の総合評価落札方式についても入札・契約実務に関する様々な課題に対して運用改善に取り組んできたこと、また、都道府県・政令市の総合評価落札方式の本格導入が進んでいることを踏まえ、都道府県・政令市の営繕担当課長からなる全国営繕主管課長会議及び中央省庁の営繕担当課長からなる中央官庁営繕担当課長連絡調整会議において、事例集の充実に向けた改定について付託事項とされ、令和2年（2020年）7月に改定されました[5]。事例集

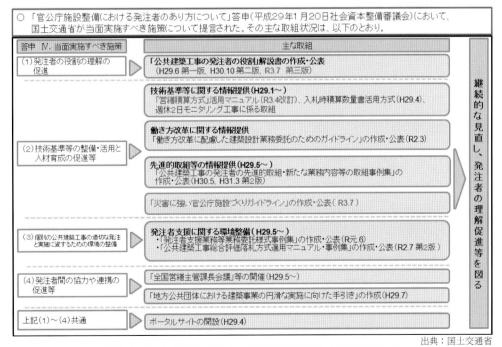

出典：国土交通省

図20-2　国土交通省の答申を受けた取組状況（令和3年8月）

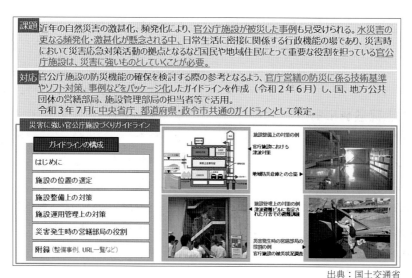

出典：国土交通省

図20-3　災害に強い官公庁施設づくりガイドライン

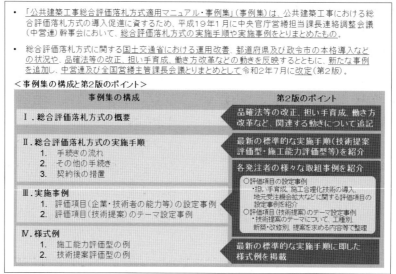

出典：国土交通省

図20-4　公共建築工事総合評価落札方式適用マニュアル・事例集

の改定概要は図20-4のとおりです。

　その他の取組については次のHPをご覧ください。

https://www.mlit.go.jp/gobuild/ninkaku-sougou.html

＜参考文献＞
1）国土交通省官庁営繕ウェブサイト「官庁営繕の技術基準」（https://www.mlit.go.jp/gobuild/gobuild_tk2_000017.html）
2）社会資本整備審議会「官公庁施設整備における発注者のあり方について－公共建築工事の発注者の役割－（答申）」（平成29年1月）
3）国土交通省大臣官房官庁営繕部「公共建築工事の発注者の役割　解説書（第三版）」（令和3年7月）
4）中央官庁営繕担当課長連絡調整会議・全国営繕主管課長会議「災害に強い官公庁施設づくりガイドライン」（令和3年7月）
5）全国営繕主管課長会議・中央官庁営繕担当課長連絡調整会議「公共建築工事総合評価落札方式適用マニュアル・事例集（第2版）」（令和2年7月）

日本の自然条件
インフラ整備の変遷
河川
河川維持
ダム
ダム維持
砂防
砂防維持
道路
道路維持
港湾
港湾維持
都市公園
街路
土地区画
市街地再開発
水道
下水道
下水維持
営繕
公営住宅
漁港漁場
海岸
海岸維持
入札契約
事業評価

第21章

基礎から学ぶ 公営住宅事業

1. はじめに

公営住宅制度は、昭和26年（1951年）に制定された「公営住宅法」に基づく制度で、公営住宅の整備は、地方公共団体が国から補助金を受けて行います。

公営住宅は、制度創設時には戦災による住宅難を解消するため、高度成長期には都市に大量流入する勤労者世帯の受け皿として、その大量建設が進められ、今日に至るまで住宅に困窮する低額所得者の居住の安定と居住水準の向上のために大きな役割を果たしてきました。

本章では、こうした背景を踏まえつつ、公営住宅事業に係る基礎的な知識を把握していただくことを目的に、公営住宅制度の概要や国の支援制度などをご紹介します。

2. 公営住宅制度の概要

1）公的賃貸住宅における公営住宅の位置づけ（体系）

平成30年住宅・土地統計調査によると、我が国において、居住者がいる住宅ストックは5,362万戸あり、うち6割が持家で4割が貸家となっています。この借家のうち、公的な位置づけのあるものは約327万戸あり、本章で紹介する公営住宅（約213万戸）をはじめ地域優良賃貸住宅や公社住宅などの複数の種類の住宅が、それぞれの目的に応じて供給されています。

公営住宅の目的は、他の公的な賃貸住宅とは異なり、低額所得者へ住まいを提供することです。公的な賃貸住宅の6割強を占めており、住宅セーフティネットの中心的役割を担っています（図21-1）。

なお、令和4年3月末において、1,665の地方公共団体が公営住宅を管理しており、全体の管理戸数の割合は都道府県営が42％、市区町村営が58％となっています。都道府県又は市区町村のどちらが整備・管理するかの定めは無く、歴史的経緯や地域における住宅事情などにより、それぞれの比率は都道府県毎に大きく異なります。

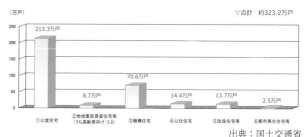

出典：国土交通省

図21-1　公的賃貸住宅のストック数（令和4年3月末現在）

2）公営住宅の供給

地方公共団体は、公営住宅を「建設」、「買取り」又は「借上げ」して管理を行います。制度創設以来、公営住宅は、地方公共団体が直接「建設」してきましたが、平成8年の公営住宅法の抜本改正において、「買取り」と「借上げ」による供給が認められ、現在ではPPP/PFIによる整備や災害公営住宅の整備など様々な場面で採用されています。

3）入居者資格

公営住宅の入居者資格は、公営住宅法（第23条）により、「入居収入基準」と「住宅困窮要件」の2つの条件が課されています。

入居収入基準は、地方公共団体が条例で設定しま

すが、**収入分位25%**[1]以下としている団体がほとんどです。

　住宅困窮要件は、住宅を所有していないなど、現に住宅に困窮していることが明らかな者であることを確認します。

4）募集方法と家賃

　公営住宅の入居者は、原則として、公募しなければなりません。また、入居者の選考は、困窮する実情に応じ適切な規模、設備又は間取りに入居できるよう選考基準を条例で定め、公正な方法で行わなければなりません。

　なお、高齢者世帯や障害者世帯など、特に住宅困窮度が高く住宅確保の配慮が必要な者については、地方公共団体の判断により、入居者選考において優先的に取り扱うことも可能です（優先入居）。

　公営住宅の家賃は、「応能応益制度」に基づき、法に定める方法により地方公共団体が決定します。この「応能応益制度」は、入居者の家賃負担能力（＝収入）と、広さ、新しさなど個々の住宅からの便益に応じて家賃を決定する仕組みであり、真の住宅困窮者に住宅を供給することを目的として採用された大変特徴的な制度です。

3．整備基準等

　公営住宅は一般的な建築物と同様に「建築基準法」等の法律に基づくほか、国が定める参酌基準を基に地方公共団体が条例で定める整備基準により整備されます。

　また、発注する際には「公共住宅建設工事共通仕様書」が活用されています。

1）条例で定める整備基準と国の参酌基準

　公営住宅は「健康で文化的な生活を営むに足りる住宅」（法第1条）である以上、一定水準以上の品質と性能を有するものとする必要があります。しかし、この水準は、地域の実情によって異なることが考えられることから、公営住宅の整備基準は、地方公共団体が条例で定めることとし、国は事業主体が参酌すべき一定水準の品質と性能に関する基準を定めることとしています（法第5条）。国が定める参酌基準[1]では、1住戸の床面積は25㎡以上、台所、水洗便所、洗面設備、浴室等の設備があること、一定の省エネ、バリアフリー性能を有することなどを定めています（図21-2）。

公営住宅は、憲法第25条（生存権の保障）の趣旨にのっとり、公営住宅法に基づき、国と地方公共団体が協力して、住宅に困窮する低額所得者に対し、低廉な家賃で供給されるもの。（ストック数：約213万戸（R3年度末））

【供給】
○地方公共団体は、公営住宅を建設（又は民間住宅を買取り・借上げ）して管理
○国の助成：整備費等：全体工事費の原則50％（建設、買取り）又は共用部分工事費・改良費の2/3の原則50％（借上げ）を助成
　　　　　　家賃低廉化：近傍同種家賃と入居者負担基準額との差額の原則50％を助成

【整備基準】
○省令で規定した基準を参酌し、制定した条例等に従って整備
　・床面積25㎡以上　・省エネ、バリアフリー対応であること　・台所、水洗便所、洗面設備、浴室等の設備があること　等（参酌基準の規定）

【入居者資格】	【入居制度】	【家賃】
○入居収入基準 　・月収25万9千円（収入分位50％）を上限として、政令で規定する基準（月収15万8千円（収入分位25％））を参酌し、条例で設定 　・ただし、入居者の心身の状況又は世帯構成、区域内の住宅事情その他の事情を勘案し、特に居住の安定を図る必要がある場合として条例で定める場合については、月収25万9千円（収入分位50％）を上限として基準の設定が可能 ○住宅困窮要件 　現に住宅に困窮していることが明らか	○原則として、入居者を公募。 ○特に居住の安定の確保が必要な者について、地方公共団体の判断により、入居者選考において優先的に取り扱うことが可能（優先入居） ○収入超過者 　3年以上入居し、入居収入基準を超える収入のある者 →明渡努力義務が発生 ○高額所得者 　5年以上入居し、最近2年間月収31万3千円（収入分位60％）※を超える収入のある者 ※条例で、収入分位50％まで引き下げることが可能 →地方公共団体が明渡しを請求することが可能	○入居者の家賃負担能力と個々の住宅からの便益に応じて補正する「応能応益制度」に基づき、地方公共団体が決定 ○収入超過者の家賃は、収入超過度合いと収入超過者となってからの期間に応じ、遅くとも5年目の家賃から近傍同種家賃（市場家賃に近い家賃）が適用 ○高額所得者の家賃は、直ちに近傍同種家賃が適用

図21-2　公営住宅制度の概要

出典：国土交通省

2）公共住宅建設工事共通仕様書

　建設工事の発注の場面においては、工事で使用する機材や工法等についてふさわしい仕様をまとめた「公共住宅建設工事共通仕様書」が活用されています。

　この共通仕様書は、建築設備の品質及び性能の確保、設計図書作成の効率化並びに施工の合理化を図ることを目的に、地方公共団体で構成される「公共住宅事業者等連絡協議会」により取りまとめられているもので、当該工事の設計図書に適用する旨を記載することで、請負契約における契約図書のひとつとして活用されています。

4．国の支援制度

1）建設費等に対する助成

　国は、公営住宅の整備費等を社会資本整備総合交付金等により支援します。「建設、買取り」により供給する場合は、全体工事費の原則50％を助成し、「借上げ」により供給する場合は、工事費の一部（共同部分の工事費の2／3）の原則50％を助成します（図21-3左）。

2）家賃の低廉化に要する費用に対する助成

　公営住宅の家賃は法に定める方法により地方公共団体が決定しますが、一般の民間賃貸住宅より低く設定されます。そのため、**近傍同種家賃**※2より家賃を低くした金額を対象に国が助成します（原則50％）（図21-3右）。

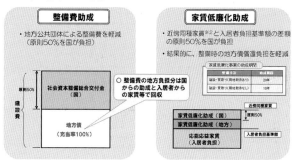

出典：国土交通省
図21-3　公営住宅の整備・家賃低廉化助成に対する国の支援の概要

5．公営住宅ストックの現状と長寿命化の取組

1）長寿命化推進の必要性

　公営住宅は、現在約213万戸が管理されていますが、その中で築後30年以上経過しているものは約

154万戸にも及びます（図21-4）。

　これらのストックは今後一斉に更新時期を迎えますが、厳しい財政状況下において、効率的に更新を行い、公営住宅等の長寿命化を図り、ライフサイクルコストの縮減につなげていくことが大きな課題となっています。

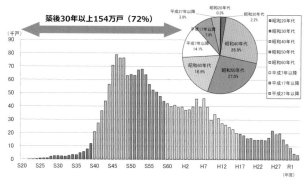

出典：国土交通省
図21-4　公営住宅の建設年度別の管理戸数（令和4年3月末現在）

2）公営住宅等ストック総合改善事業

　既設の公営住宅を計画的に改善・更新し、居住水準の向上と総合的な活用を図るため、改修工事等で、一定の要件に合致するものは、「公営住宅等ストック総合改善事業」により国が助成しています（改修工事費の原則50％）。

　公営住宅ストック総合改善事業の対象工事は、規模増改善、住戸改善、共用部分改善及び屋外・外構改善を行う「個別改善事業」と、内装や設備等を住棟丸ごと又は大部分にわたって行うなどする「全面的改善事業（トータルリモデル）」があります（図21-5）。

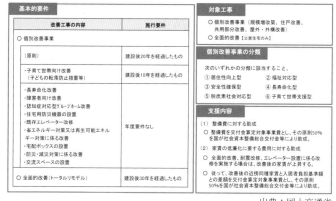

出典：国土交通省
図21-5　公営住宅等ストック総合改善事業の概要

3）公営住宅等長寿命化計画の推進

　国土交通省では、先の課題に対処するために「公

営住宅等長寿命化計画策定指針」[2]を策定し（平成21年（2009年）策定、平成28年（2016年）改定）、公営住宅等長寿命化計画の策定及びこれに基づく予防保全的な維持管理、長寿命化に資する改善を推進しています。

平成21年度より、公営住宅等長寿命化計画の策定費や長寿命化型改善費を国庫補助対象とし、平成26年度以降は、公営住宅等長寿命化計画に基づかない改善事業、建替事業は助成対象としないこととし、計画策定の促進を強化しています。

また、平成28年（2016年）8月にこの指針を改定した際には、参考に「公営住宅等日常点検マニュアル」[3]及び「公営住宅等維持管理データベース」[4]を公表し、地方公共団体の適切な維持管理を促し、効率的な長寿命化を図っています。

4）再生・再編ガイドラインの策定

公営住宅等長寿命化計画に基づく再編・集約が確実に進められるよう、国土交通省は平成30年（2018年）3月に「公営住宅等における再生・再編ガイドライン」[5]を策定し、地方公共団体の皆様に配布しました。ガイドラインには、地方公共団体の取組として33事例を事業手法別・事業目的別に分類して掲載していますので、これを「公営住宅等長寿命化計画策定指針」と併せて活用してください（図21-6、7）。

○建替え時に建物を高層化し創出された余剰地に、PPP/PFI手法を活用し、地域ニーズに沿って戸建て住宅やサービス付き高齢者向け住宅を一体的に整備
（従前：RC造5階建て8棟320戸→従後：RC造10階建て2棟200戸）

大阪府営枚方田ノ口住宅建替事業

公営住宅
サービス付き高齢者向け住宅　71戸
戸建住宅　48戸

出典：国土交通省

図21-6　再生・再編の事例

公営住宅等長寿命化計画策定指針
（各団地の管理方針等を決定するための指針）

＜管理方針・事業手法の決定フロー＞

① 公営住宅等の需要の見通しに基づく将来の必要量推計

② 団地毎に立地環境等の社会的特性や安全性等の物理的特性に基づき、管理方針や改善が必要な場合の事業手法を仮設定

③ 事業主体毎の当面の建替事業量や将来の必要量を踏まえた管理方針や事業手法を仮設定

④ 再生・再編の可能性を踏まえ、管理方針や事業手法を再判定
⇒ 管理手法等の決定

活用

再生・再編ガイドライン
（地方公共団体の具体的な取組事例等を取りまとめたもの）

出典：国土交通省

図21-7　公営住宅等長寿命化計画策定指針と再生・再編ガイドライン

6. おわりに

本章は公営住宅事業の基礎知識に焦点を当てました。本章が公営住宅の業務に初めて携わる方の基礎知識として参考になれば幸いです。

公営住宅制度は地域事情に応じて柔軟に運用できる部分も多くなっていますので、今後の皆さまの創意工夫と効果的な取組を期待します。

【用語解説】
※1　収入分位25％：収入が低い方から全世帯の25％の世帯が入るように線を引いた場合の収入ラインをいいます。
※2　近傍同種家賃:同種の民間賃貸住宅が当該公営住宅の近くに建設された場合に設定されるであろう想定家賃のことを指します。

〈参考文献〉
1）国土交通省令第103号「公営住宅等整備基準」（平成23年）
2）国土交通省住宅局住宅総合整備課「公営住宅等長寿命化計画策定指針（改定）」（平成28年8月）
3）国土交通省住宅局住宅総合整備課「公営住宅等日常点検マニュアル」（平成28年8月）
4）国土交通省住宅局住宅総合整備課「公営住宅等維持管理データベース」（平成28年8月）
5）国土交通省住宅局住宅総合整備課「公営住宅等における再生・再編ガイドライン」（平成30年3月）

第22章

基礎から学ぶ 漁港漁場整備事業

1. はじめに

四面を海に囲まれている我が国では、多種多様な水産物に恵まれ、古くから水産物は国民の重要な食料として利用されて、各地に豊かな魚食文化が形成されています。漁港と漁場は我が国の水産業の健全な発展と国民への水産物の安定供給を図るための基盤であり、これら水産生物の豊かな漁場環境を保全・創造するとともに、水産物の漁獲から流通までの全過程において、品質を確保しつつ安定的に支え、漁業地域を災害から守るのが漁港漁場整備事業（水産基盤整備事業）です。なお、本章における漁港漁場整備は漁港漁場整備法（本法）に基づき定義される漁港漁場の整備事業を指します。

出典：水産庁

写真22-1　天然の入り江を利用した漁港

2. 漁港漁場整備事業の目的と事業内容

本法の目的は、「我が国水産業の健全な発展と水産物の供給の安定を図るとともに、漁港の維持管理を適正にし、豊かで住みよい漁村の振興に資すること」とされています。本法に従って進められる漁港漁場整備事業は、漁業生産活動によって漁獲される水産物の陸揚げ、流通・加工等のための漁港施設の整備と水産動植物の増養殖等のための漁場の施設の整備に大別されます。漁港・漁場・漁村の概念をイメージにしたものが図22-1です。

1）漁港整備

⑴漁港の役割

漁港は、「天然又は人工の漁業根拠地となる水域及び陸域並びに施設の総合体」（本法第2条）であり、その整備及び管理は、水産業の健全な発展及びこれによる水産物の安定供給を図ることを目的として行われています。また、漁港は、漁船の出入港・停泊・係留、水産物の陸揚げ・処理・保蔵・加工、市場活動などの本来的な機能のほか、様々な役割を有しています（図22-2）。

⑵漁港の種類

我が国の津々浦々には、約2,780港の漁港が存在しており、各地域の地形や漁場の種類と位置、行われる水産業の操業形態に合わせ、様々な形状の漁港が存在しています。種類としては、利用範囲が地元の漁業を主とするものを「第1種漁港」、利用範囲が第1種漁港よりも広く、第3種漁港に属しないものを「第2種漁港」、利用範囲が全国

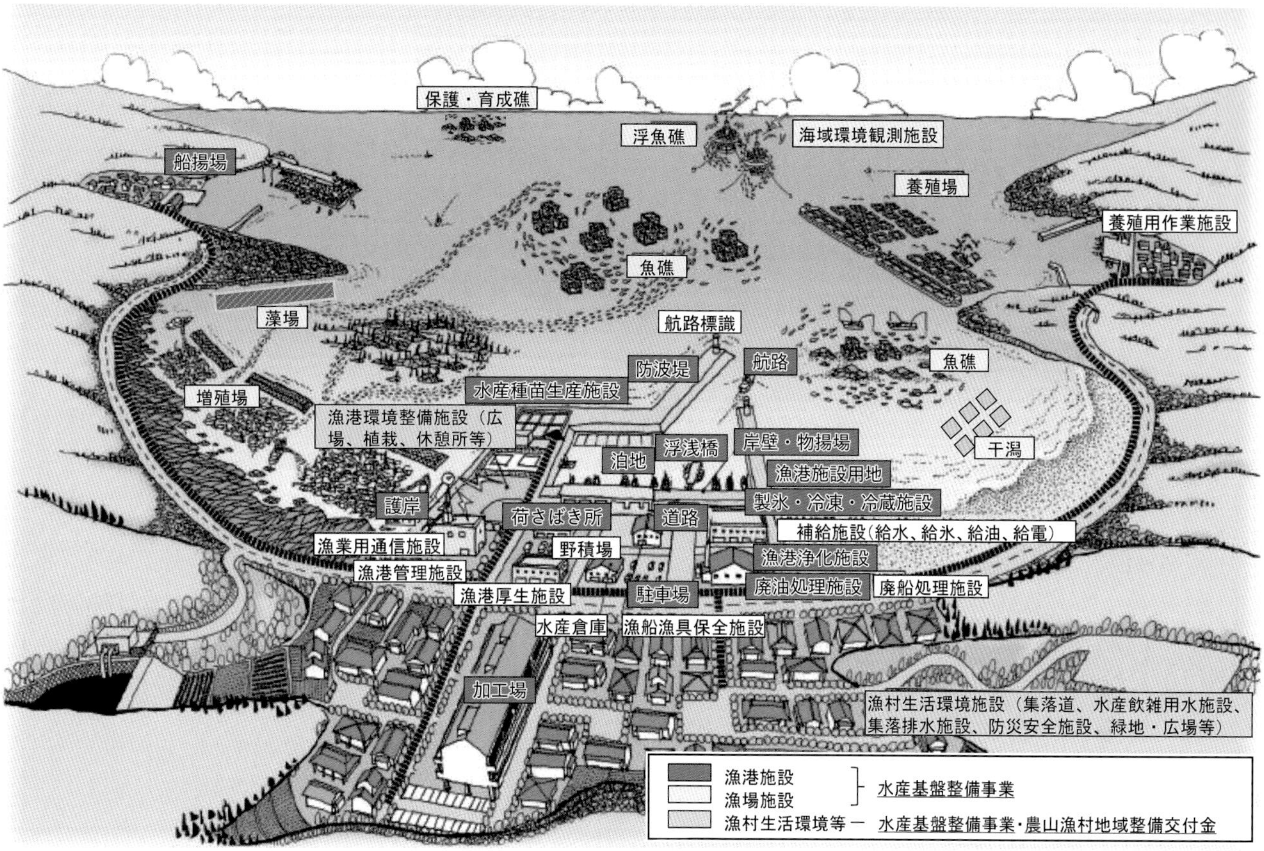

図22-1　漁港・漁場・漁村のイメージ　　出典：水産庁

(1) 生産活動、流通の基地としての役割
①漁獲物の陸揚げの場
②出漁準備の場（漁具の準備、給油、給水、給氷、漁船の修理、漁船員の休養等）
③漁業者の主要な財産である漁船の安全な停泊の場
④荷さばき及び市場取引
⑤消費地等へ出荷する輸送ターミナル
⑥水産加工場の基地
(2) 漁村等地域社会の核としての役割
①漁村住民の生活基盤
②漁業関連産業を主とする地域経済を支える基盤
③離島や辺地における漁村と他の地域を結ぶ交通、情報の基地
(3) 自然とのふれあい、海洋性レクリエーションの場としての役割
①都市住民が自然と親しみ、ふれあうことのできる場
②漁業と調和のとれた遊漁等の海洋性レクリエーションの場

出典：「漁港計画の参考図書」総論

図22-2　漁港の役割

表22-1　漁港の種類と数（令和５年４月１日現在）

種類	漁港数	管理者別	
		都道府県	市町村
第１種	2,039	276	1,763
第２種	525	331	194
第３種	101	96	5
特定第３種	13	12	1
第４種	99	99	0
合計	2,777	814	1,963

出典：水産庁調べ

的なものを「第３種漁港」、第３種漁港のうち、水産業の振興上特に重要な漁港で、政令で定めるものを「**特定第３種漁港**」※1、離島その他辺地にあって漁場の開発又は漁船の避難上特に必要なものを「第４種漁港」としています。漁港の種類と管理者別の数は表22-1のとおりです。

⑶漁港管理者

漁港管理者は、漁港の維持、保全及び運営その他漁港の維持管理の責任者です。漁港の種類や所在地等に応じて都道府県又は市町村が漁港管理者となります。

本法では、原則として第１種漁港の管理者を市町村長、第１種漁港以外の漁港については都道府県知事となっています。しかしながら、その他として、当該漁港の所在地の地方公共団体のうち、当該漁港の利用状況等から見て当該漁港の維持管理をより適切に行うことができる地方公共団体を漁港管理者として選定することができる（本法第25条第２項）ため、都道府県によって様々です。令和５年（2023年）４月１日時点で、漁港管理者となっている地方公共団体は38都道府県、403

市町村となっています。また、市町村であっても管理する漁港の数は様々で、漁港数の多い市では、50以上の漁港があります（図22-3）。

1位　対馬市（長崎県）　　53漁港
2位　宇和島市（愛媛県）　52漁港
3位　石巻市（宮城県）　　44漁港

出典：水産庁調べ

図22-3　漁港数の多い市町村

(4)漁港施設の種類と概要

本法における漁港施設は、基本施設と機能施設からなり、原則として漁港の区域内にあるものです。

（基本施設）

・基本施設とは、漁船の停泊、避難、出入港のための航行、出漁準備、資材の積み込み、漁獲物の陸揚げ、積み出し、係留等の直接漁船の活動の便に供するための水域又は水域に面する施設であり、漁港の持つ機能のうち最も基本的な機能を果たす施設です。

（機能施設）

・機能施設とは、出漁前の準備又は帰港後の漁船、漁具の保全、漁獲物の処理、保蔵、加工のための施設又は資材、燃料、氷等の貯蔵、補給のための施設、漁港の環境を保全するための施設など、漁港が有する機能を発揮するための施設（基本施設を除く。）です（図22-4）。

1　基本施設
イ　外郭施設　防波堤、防砂堤、防潮堤、導流堤、水門、閘門、護岸、堤防、突堤及び胸壁
ロ　係留施設　岸壁、物揚場、係船浮標、係船くい、桟橋、浮桟橋及び船揚場
ハ　水域施設　航路及び泊地

2　機能施設
イ　輸送施設　鉄道、道路、駐車場、橋、運河及びヘリポート
ロ　航行補助施設　航路標識並びに漁船の出入港のための信号施設及び照明施設
ハ　漁港施設用地　各種漁港施設の敷地
ニ　漁船漁具保全施設　漁船保管施設、漁船修理場及び漁具保管修理施設
ホ　補給施設　漁船のための給水、給氷、給油及び給電施設
ヘ　増殖及び養殖用施設　水産種苗生産施設、養殖用餌料保管調製施設、養殖用作業施設及び廃棄物処理施設
ト　漁獲物の処理、保蔵及び加工施設　荷さばき所、荷役機械、蓄養施設、水産倉庫、野積場、製氷、冷凍及び冷蔵施設並びに加工場
チ　漁業用通信施設　陸上無線電信、陸上無線電話及び気象信号所
リ　漁港厚生施設　漁港関係者の宿泊所、浴場、診療所及びその他の福利厚生施設
ヌ　漁港管理施設　管理事務所、漁港管理用資材倉庫、船舶保管施設その他の漁港の管理のための施設
ル　漁港浄化施設　公害防止のための導水施設その他の浄化施設
ヲ　廃油処理施設　漁船内において生じた廃油の処理のための施設
ワ　廃船処理施設　漁船の破砕その他の処理のための施設
カ　漁港環境整備施設　広場、植栽、休憩所その他の漁港の環境の整備のための施設

出典：漁港漁場整備法第3条

図22-4　漁港施設の種類と概要

2）漁場整備

(1)漁場の役割

水産業は、沿岸域・海洋等の有するポテンシャルを活用し、自然生態系の恵みを享受することで成り立つ産業で、その水産生物が再生産することで、継続的に利用できることが特徴です。我が国の沿岸水域においては、資源を増やし、育てる努力を払いながら、より合理的な漁獲を目指す「つくり育てる漁業」が積極的に進められています。その中で、水産生物が増え、育つために必要な場所を積極的に作ることが漁場整備の役割です。

(2)漁場整備の内容

漁場整備は、公共事業としての性格から「優れた漁場として形成されるべき相当規模の水面において行う」ものであり、①「魚礁の設置」、②「増殖場の造成」、③「養殖場の造成」、④「増殖及び養殖を推進するための事業」、⑤「漁場を保全するための事業」の5種類の事業があります。

①魚礁の設置

海底の岩礁域などに、魚類が集まり良好な漁場が形成されることにならい、コンクリートブロック等を海底に設置して良好な漁場の造成を図る事業です。

②増殖場の造成

魚介類・海藻類が増え、育つうえで、重要な生息・生育場、隠れ場、餌場等を整備し、資源の増大を図る事業です。

③養殖場の造成

消波堤の設置等を行うことにより、波の静かな水域で生簀を用いた養殖等を行う場を作る事業です。

④増殖及び養殖を推進するための事業

海域環境情報を観測する施設や種苗生産する施設を整備し、水産生物の生息状況や生息環境の的確な把握や種苗の生産等を通じ、更なる増殖・養殖効果の発現を図る事業です。

⑤漁場を保全するための事業

ヘドロの浚渫等による底質の改善、海水交流の促進等を行うことにより、漁場の機能の回復、沿岸水域の環境の改善を図る事業です。

漁場整備のイメージは図22-5のとおりです。

【漁場施設の整備】

魚礁の造成　　　　藻場の造成　　　消波施設の整備

【水域環境保全のための事業】

  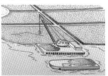

作れい　　　　　堆積物の除去　　　　　覆砂

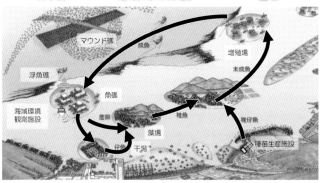

出典：水産庁

図22-5　漁場整備のイメージ

3）漁港漁場整備事業の推進に関する基本方針等

　本法第6条の2に基づき、農林水産大臣は、漁港漁場整備事業の推進に関する基本方針（基本方針）を定めることとされています。

　基本方針は、

Ⅰ．漁港漁場整備事業の推進に関する基本的な方向

Ⅱ．漁港漁場整備事業の効率的な実施に関する事項

Ⅲ．漁港漁場整備事業の施行上必要とされる技術的指針に関する事項

Ⅳ．漁港漁場整備事業の推進に際し配慮すべき環境との調和に関する事項

Ⅴ．その他漁港漁場整備事業の推進に関する重要事項

の5つの項目により構成されています（図22-6）。

　基本方針のうち、Ⅲ．漁港漁場整備事業の施行上必要とされる技術的指針に関する事項において、「漁港漁場整備事業の施行に当たっては、漁港漁場施設などの設計における合理性、客観性及び説明責任の確保が求められており、それぞれの漁港漁場施設などの目的・機能に応じ、その目的の達成や機能の確保のために施設に備わるべき「性能」（要求性能）

Ⅰ 漁港漁場整備事業の推進に関する基本的な方向

【主なポイント】
水産業の情勢の変化等を踏まえた漁港漁場整備の推進に関する重点施策及び社会情勢の変化への対応の項目を明示

①産地の生産力強化と輸出促進による水産業の成長産業化
②海洋環境の変化や災害リスクへの対応力強化による持続可能な漁業生産の確保
③「海業」振興と多様な人材の活躍による漁村の魅力と所得の向上

社会情勢の変化への対応
・グリーン化の推進
・デジタル社会の形成
・生活スタイルの変化への対応

水産業の成長産業化　　持続可能な漁業生産の確保　　漁村の魅力と所得の向上

社会情勢の変化への対応

グリーン化の推進　　デジタル社会の形成　　生活スタイルの変化への対応

Ⅱ 漁港漁場整備事業の効率的な実施に関する事項

　Ⅰの基本的な方向に従い、事業を効率的に推進していくための配慮事項を明示

【主なポイント】
・国と地方の役割分担
・工事の効率性の向上
・技術の開発
・民間活力の導入　　　　等

Ⅲ 漁港漁場整備事業の施行上必要とされる技術的指針に関する事項

　施設の目的・機能に応じ、その備えるべき性能の明確化及び施行上必要とされる技術的指針を明示

【主なポイント】
・漁港漁場施設などの設計の基本的な考え方
・漁港漁場施設の目的及び要求性能　　　　等

Ⅳ 漁港漁場整備事業の推進に際し配慮すべき環境との調和に関する事項

　事業を円滑に推進していくため、自然環境・社会環境との調和に関する配慮事項を明示

【主なポイント】
・周辺の自然環境に対する配慮
・良好な生活環境・労働環境の確保
・環境との調和の推進　　　　等

Ⅴ その他漁港漁場整備事業の推進に関する重要事項

　その他の重要な配慮事項を明示

【主なポイント】
・都市と漁村の交流及び「海業」の振興を図るための環境整備
・多様な人材に配慮した施設整備
・地域の特性を踏まえた施設整備　　　等

図22-6　漁港漁場整備事業の推進に関する基本方針の概要

出典：水産庁

を明確にし、性能規定化に対応した設計を推進するとともに、より的確で合理性の高い照査の確立に努めていく。」と定められています。

これを受ける形で、「漁港漁場整備事業の施行上必要とされる技術的指針の細目について」[1]（細目通知）が定められており、性能規定化に対応した漁港漁場施設などの設計の基本的な考え方や漁港漁場施設などに備わるべき性能及びその照査について、最低限の要件を示しています。

個々の漁港・漁場の施設を設計する上で、より具体的な手法や考え方を示したものが「漁港・漁場の施設の設計参考図書」[2]です。上記の基本方針及び細目通知を解説するとともに、漁港・漁場の施設の設計において参考となる技術的な知見を集積したものです（図22-7）。

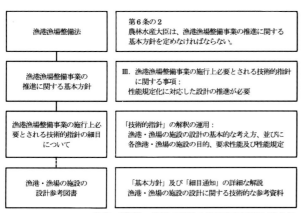

出典：「漁港・漁場の施設の設計参考図書」第1編

図22-7　漁港・漁場の施設の設計に係る体系

4）事業制度

漁港漁場整備事業を実施する制度として、主な公共事業である水産基盤整備事業をはじめ、その他の公共事業である農山漁村地域整備交付金等の交付金事業、水産基盤整備事業を補完する非公共事業の漁港機能増進事業などがあります（図22-8）。水産基盤整備事業は、大まかに水産物の安定供給等を支える水産物供給基盤の整備、水産資源環境の保全・整備、安全安心な漁村の形成を進める事業の3つに分類され、事業ごとに地域のニーズに合わせた施設整備ができるようにしています。

1つ目の水産物供給基盤の整備においては、「国直轄の漁港漁場施設」の整備、我が国の水産物の流通拠点における水産物の品質確保や衛生管理対策の

高度化及び流通機能の強化に資する「高度衛生管理型荷さばき所・岸壁等」の整備、漁港漁場施設の「長寿命化対策」、「高潮・波浪対策」、「地震・津波対策」などを行っています。2つ目の水産資源環境の保全・整備では、「漁場の施設」の整備や「水域環境保全」のための事業、「漁場等に密接に関連する漁港施設」の整備等を行っています。3つ目の安心安全な漁村の形成では、漁村インフラの強靱化等を推進するため、「漁業集落排水施設・水産飲雑用水施設」や「漁業集落道」、「緑地・広場施設」、「防災安全施設」の整備等を行っています。

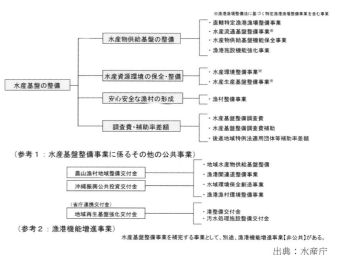

出典：水産庁

図22-8　漁港漁場整備事業の事業体系

3. 漁港漁場整備長期計画

1）漁港漁場整備長期計画の変遷

漁港や漁場といった水産業、漁村を支える基盤の整備を総合的、計画的に推進するため、本法第6条の3に基づき、5年を一つの計画期間とした漁港漁場整備長期計画が定められています。

平成13年度までは、漁港整備と漁場整備が別の法体系で進められてきましたが、地方分権や公共事業の在り方が政府全体で議論される中、漁港漁場についても、より効率的で効果的な整備を行うため、平成13年度に、漁港と漁場の事業の再編・統合による事業の一体化が行われました（図22-9）。

そして、平成14年（2002年）3月、漁港と漁場の整備が一本化した初めての長期計画が閣議決定されました。

これまでの計画との構造的な違いは、「消費者・

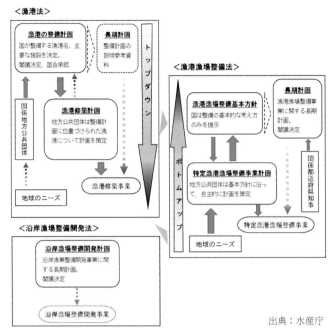

【改正前】　　　　　　　　　　　　　　　【改正後】

出典：水産庁

図22-9　事業再編・統合に対応した法改正の体系

国民」の視点に立ち、分かりやすい計画とするため、計画策定の重点を「事業量」から事業の成果を示す「アウトカム目標」に変更したことです。加えて、厳正な事前評価により目標の達成の確実性が検証された地域に限定する等効率的な事業実施の手法が導入されました。また、水産資源の持続的利用を基本とする立場から、自然と共生する豊かな沿岸環境を積極的に創造するため、これまでの事業を環境創造型事業に転換し、漁場環境の積極的な保全・創造が大きな柱の一つとされたことも特徴の一つとなっています（図22-10）。

以降、5年ごとに新たな漁場整備長期計画が閣議決定されており、直近の長期計画は令和4年（2022

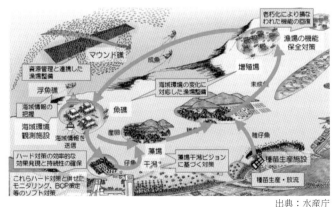

出典：水産庁

図22-10　漁場環境の積極的な保全・創造のイメージ

年）3月に閣議決定[3]されています。

2）令和4年度からの漁港漁場整備長期計画の方向性

近年の我が国では、水産資源の減少による漁業生産量の長期的な減少、漁業者の高齢化、漁村の人口減少が進み、加えて、気候変動に伴う海洋環境の変化、自然災害の頻発化・激甚化等により、水産業と漁村を取り巻く環境は依然厳しい状況が続いています（図22-11）。

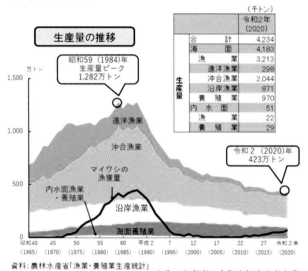

資料：農林水産省「漁業・養殖業生産統計」

出典：水産庁　令和3年度水産白書

図22-11　我が国の漁業生産量の推移

このため、水産資源の適切な管理と水産業の成長産業化の両立を図る「水産政策の改革」が進められています。その中で、新たな資源管理システムの構築、需要に応じた養殖生産を行う「マーケットイン型養殖業」への転換等に向けた取組が進められており、輸出の促進やICTを活用したスマート水産技術の活用等が展開され始めているところです。そこで、漁港漁場整備に関しても、令和4年度から令和8年度までの漁港漁場整備長期計画において、水産基本計画との密接な連携のもと、今後5年間に重点的に取り組むべき課題を下記の3つに整理し、漁港漁場の整備を戦略的かつ計画的に推進することとしています（図22-12）。

⑴ 産地の生産力強化と輸出促進による水産業の成長産業化

⑵ 海洋環境の変化や災害リスクへの対応力強化による持続可能な漁業生産の確保

⑶ 「海業」※2振興と多様な人材の活躍による漁村の魅力と所得の向上

また、これらの重点課題への対応に当たり、脱炭

161

前計画（H29〜R3）

○ 以下の４つの重点課題を設定し、漁港漁場漁村の総合的かつ計画的な整備を推進

重点課題
（1）水産物の競争力強化と輸出促進
（2）豊かな生態系の創造と海域の生産力向上
（3）大規模自然災害に備えた対応強化
（4）漁港ストックの最大限の活用と漁村のにぎわいの創出

➕

情勢の変化

○ 水産業・漁村を取り巻く状況
・ 水産資源の減少による漁業・養殖業生産量の長期的な減少、漁業者の高齢化、漁村の人口減少
・ 気候変動に伴う海洋環境の変化、自然災害の頻発化・激甚化

○ 新たな政府方針の策定、社会情勢の変化
・「水産政策の改革」の実施
　➤ 新たな資源管理システムの構築
　➤ マーケットイン型養殖業への転換
　➤ 農林水産物・食品の輸出額目標５兆円　等
・ カーボンニュートラルに向けた取組の推進
・ デジタル化の進展
・ 新型コロナウィルス感染症の拡大　等

新計画（R4〜R8）

○ 今後５年間に取り組むべき重点課題を以下の３つに整理
（1）産地の生産力強化と輸出促進による水産業の成長産業化
（2）海洋環境の変化や災害リスクへの対応力強化による持続可能な漁業生産の確保
（3）「海業（うみぎょう）」振興と多様な人材の活躍による漁村の魅力と所得の向上

（1）産地の生産力強化と輸出促進による水産業の成長産業化
ア 拠点漁港等の生産・流通機能の強化
　漁港機能を再編・強化し、低コストで高付加価値の水産物を国内・海外に供給する拠点をつくる。
イ 養殖生産拠点の形成
　国内・海外の需要に応じた安定的な養殖生産を行う拠点をつくる。

EU輸出が可能な市場

養殖場と漁港の一体的整備

（2）海洋環境の変化や災害リスクへの対応力強化による持続可能な漁業生産の確保
ア 環境変化に適応した漁場生産力の強化
　海洋環境を的確に把握し、その変化に適応した持続的な漁業生産力を持つ漁場・生産体制をつくる。
イ 災害リスクへの対応力強化
　災害に対して、しなやかで強い漁港・漁村の体制をつくる。将来にわたり漁港機能を持続的に発揮する。

藻場・干潟の保全・創造　　地震・津波・波浪対策

（3）「海業（うみぎょう）」振興と多様な人材の活躍による漁村の魅力と所得の向上
ア 「海業（うみぎょう）」による漁村の活性化
　海業等を漁港・漁村で展開し、地域のにぎわいや所得と雇用を生み出す。
イ 地域の水産業を支える多様な人材の活躍
　年齢、性別や国籍等によらず多様な人材が生き生きと活躍できる漁港・漁村の環境を整備する。

水産物直販施設　　　　漁港を活用した増養殖

また、以下の事項についても共通する課題として取り組む。

（共通課題）　社会情勢の変化への対応
（1）グリーン化の推進、（2）デジタル社会の形成、（3）生活スタイルの変化への対応

出典：「漁港漁場整備長期計画（令和４年３月25日閣議決定）の概要」[4]

図22-12　新たな漁港漁場整備長期計画の基本的な方針

素化等によるグリーン化の推進、ICTを活用したデジタル社会の形成、新型コロナウイルス感染症の拡大の影響等に伴う生活スタイルの変化への対応についても、共通する課題として取り組むこととしています。

上記の(1)〜(3)の重点課題については、それぞれ２つの柱を設定し、また、それぞれにおいて漁港・漁場の整備による「目指す姿」と、その実現のための「具体の施策」を明記する形で整理しています。

さらに、重点課題ごとに、成果目標及び整備目標として数値目標を設定するとともに、その達成のために必要な事業量を定めています。

4. 漁港漁場整備事業の推進に関する技術開発の方向

漁港漁場整備長期計画を早期かつ確実に推進するためには、現在抱える技術的課題を迅速かつ的確に解決していくことが必要です。このため、漁港漁場整備基本方針[4]に基づいて、「漁港漁場整備事業の推進に関する技術開発の方向」[5]（技術開発の方向）を策定しています（平成29年（2017年）６月策定、令和４年（2022年）８月改訂）。技術開発の方向は、計画的に技術の開発と普及を図るために、国、地方公共団体、研究機関、大学、民間企業等が連携し、優先的して取り組む技術課題と技術開発テーマを取りまとめているものです。改訂版では「海洋環境の変化に適応した漁場生産力の強化」、「災害リスクへの対応力強化」、「『海業』による漁村の活性化」、「グリーン化の推進」、「デジタル社会の形成」等の重点課題について、新たに取りまとめています（図22-13）。

開発した新技術は、現場での実証を図り、標準化に向けて取り組むことが重要であり、国及び地方公共団体はモデル事業等を活用しつつ、現地において新技術を試行し、適用性や活用の効果等の検証を行い、現地への新技術の導入を推進することとしています。

5. 市町村支援の充実

漁港漁場整備事業は、その多くを漁港管理者が実施していますが、市町村管理漁港における事業実施担当者・技術者が不足し、事業の実施に苦慮している実態が問題となっています。このため、初めて漁

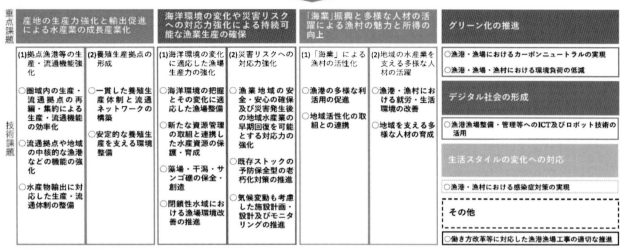

「漁港漁場整備事業の推進に関する技術開発の方向」は、計画的に技術の開発と普及を図るため、「漁港漁場整備事業の推進に関する基本方針」※1 に基づいて、「漁港漁場整備長期計画」※2 の重点課題を踏まえつつ、国、地方公共団体、研究機関、大学、民間団体等が連携し、優先して取り組む21の技術課題と57の技術開発テーマを取りまとめたものである。

【背景】
　水産業・漁村を取り巻く状況が依然厳しい中、需要に応じた養殖生産への転換や輸出促進等の取組が展開されており、またグリーン化やデジタル化等、新たな社会情勢の変化にも対応していくことが求められている。このような状況を踏まえ、基本方針に即して、長期計画を早期かつ確実に推進していくためには、現在抱える技術的課題を迅速かつ的確に解決していく必要がある※3。

※1　令和4年3月22日変更
※2　令和4年3月25日閣議決定
※3　基本計画「Ⅱ．漁港漁場整備事業の効率的な実施に関する事項」の5（1）：「（略）優先して取り組む技術課題を定め、現場における効果の検証を行いつつ、計画的に技術の開発と基準やマニュアルなどの整備・提供などによる普及を図る。」

出典：「漁港漁場整備事業の推進に関する技術開発の方向（令和4年8月改訂）の概要」

図22-13　漁港漁場整備事業の推進に関する技術開発の方向（改訂版）の概要

港漁場を担当される方でも、漁港漁場整備事業の実務の一連の流れ（計画・実施・管理）を理解していただくことを目指し「漁港漁場整備事業の実務の手引き」6）を策定（毎年更新）する等の支援を進めています。

https://www.jfa.maff.go.jp/j/gyoko_gyozyo/g_yorozu/attach/pdf/index-18.pdf

＜参考文献＞
1）27水港第1588号水産庁長官通知「漁港漁場整備事業の施行上必要とされる技術的指針の細目について」
2）水産庁「漁港・漁場の施設の設計参考図書」（2023）
3）「漁港漁場整備長期計画（令和4年3月25日閣議決定）」
4）農林水産省「漁港漁場整備基本方針（令和5年12月）」
5）水産庁漁港漁場整備部「漁港漁場整備事業の推進に関する技術開発の方向（令和4年8月改訂）」
6）水産庁漁港漁場整備部「漁港漁場整備事業の実務の手引き（令和5年度版）」
・「平成20年度版　漁港漁場整備法逐条解説」（公社）全国漁港漁場協会

・水産庁「漁港、漁場、漁村、海岸の整備に関する予算」

【用語解説】
※1　特定第3種漁港：対象漁港は、八戸・気仙沼・石巻・塩釜・銚子・三崎・焼津・境・浜田・下関・博多・長崎・枕崎
※2　海業：海や漁村の地域資源の価値や魅力を活用する事業であって、国内外からの多様なニーズに応えることにより、地域のにぎわいや所得と雇用を生み出すことが期待されるもの。

第23章

基礎から学ぶ　海岸事業

1．はじめに

　我が国は四方を海に囲まれた島国であり、入り組んだ複雑な海岸地形を持つことから、総延長約35,000kmにおよぶ長い海岸線を有しており、諸外国と比べても、国土面積当たりの海岸線延長は非常に長くなっています。海岸とその周辺の浅海域は、陸と海との接点であり、潮の干満や波によって海中に酸素が溶け込んだり、日光が差し込むなど、海洋生物にとって良好な生息環境となっています。その結果、魚介をはじめとして、微生物、底生生物、プランクトン、鳥、海藻、海浜植物、海岸林など多様な動植物の宝庫となっています。また、海水浴、潮干狩り、マリンスポーツなど、様々なレジャーやレクリエーションの場として利用されているほか、伝統行事やイベントなども開催され、文化交流の場としても活用されています。

　一方、我が国は、台風の常襲地帯にあり、地震多発地帯で津波の来襲も多いという厳しい地理的・自然条件にあり、日本海沿岸では冬季風浪による海岸災害も頻発しています。また、海岸侵食も全国的に顕在化してきており、放置すれば貴重な国土が失われることになるため、その保全は極めて重要です。

2．管理区分

　日本の海岸線の総延長は約35,000kmと極めて長大であり、このうち津波、高潮、波浪等から防護が必要な海岸として、約14,000kmが「海岸保全区域」に指定されています。また、海岸環境の保全、公衆の適正な利用を図る等の目的から、約8,400kmが「一般公共海岸区域」に指定されています。海岸法の適用範囲は「海岸保全区域」及び「一般公共海岸区域」となっています（図23-1）[1]。なお、その他の約13,200kmについては、保安林、鉄道護岸、道路護岸、飛行場等の施設の管理者がその権限に基づき管理し

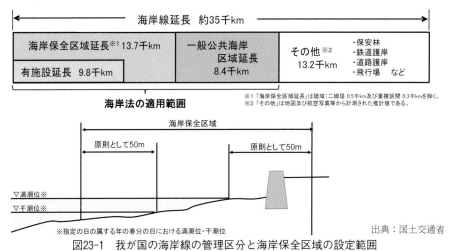

図23-1　我が国の海岸線の管理区分と海岸保全区域の設定範囲

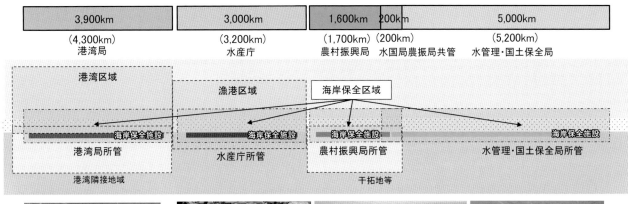

3,900km	3,000km	1,600km	200km	5,000km
(4,300km)	(3,200km)	(1,700km)	(200km)	(5,200km)
港湾局	水産庁	農村振興局	水国局農振局共管	水管理・国土保全局

港湾区域　漁港区域　海岸保全区域

海岸保全施設　海岸保全施設　海岸保全施設　海岸保全施設

港湾局所管　水産庁所管　農村振興局所管　水管理・国土保全局所管

港湾隣接地域　干拓地等

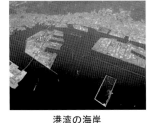

港湾の海岸
（港湾管理者の長）

漁港の海岸
（漁港管理者の長）

干拓地等の農地に隣接する海岸
（都道府県知事等）

左記以外の海岸
（都道府県知事等）

※下段カッコ書きは管理者を指す。　　　　　　　　　　　　出典：国土交通省

図23-2　海岸保全区域延長の所管別内訳

ています。

　海岸保全区域は、海水等の被害から海岸を防護するため海岸保全施設の設置により管理を行う必要がある区域であり、その目的は海岸の防護であり、海岸保全区域の指定権限を有する者は、都道府県知事となっています。なお、海岸保全区域の指定の範囲については、海岸保全区域の指定に属する年の春分の日の満潮時又は干潮時を基準として、陸地においては満潮時の水際線から50m、水面においては干潮時の水際線から50mを超えてはならないとしています。ただし、設置幅が50mを超える海岸保全施設の設置が必要な場合や侵食が甚だしく海岸の保全上必要がある場合など、地形、地質、潮位、潮流時の状況により必要やむを得ないと認められるときは50mを超えて指定することができます。

　一般公共海岸区域は、公共海岸の区域のうち、海岸保全区域以外の区域です。なお、公共海岸とは、海岸法第2条第2項において、国又は地方公共団体が所有する公共の用に供されている海岸の土地及びこれと一体として管理を行う必要があるものとして都道府県知事が指定し、公示した低潮線までの水面となっています。

　海岸保全区域を所管しているのは、農林水産省農村振興局、水産庁、国土交通省水管理・国土保全局、港湾局の4部局であり、それぞれの所管する延長は図23-2のとおりとなっています。

　図23-2にもあるとおり、基本的には干拓地等の農地に隣接する海岸は農村振興局、漁港の海岸は水産庁、港湾の海岸は港湾局、その他の海岸は水管理・国土保全局の所管となっています。

　海岸については、後述する海岸法第5条により、原則として、当該海岸保全区域の存する地域の都道府県知事が海岸管理者となりますが、市町村長が海岸保全区域を管理することが適当であると認められる海岸保全区域で都道府県知事が指定したものについては、当該海岸保全区域の存する市町村の長を海岸管理者とすることができるとされています。

　ただし、海岸法第6条により、以下の①から④に該当する場合において、海岸保全施設が国土の保全上特に重要なものであると認められるときは、主務大臣が海岸管理者に代わって海岸保全施設の新設、改良又は災害復旧に関する工事を施行することができるとされており、条件に当てはまる工事については所管省庁の直轄工事となる場合があります。

　①海岸保全施設に関する工事の規模が著しく大であるとき

②海岸保全施設に関する工事が高度の技術を必要
　とするとき

③海岸保全施設に関する工事が高度の機械力を使
　用して実施する必要があるとき

④海岸保全施設に関する工事が都府県の区域の境
　界に係るとき

　また、海岸法第37条の2により、国土保全上極
めて重要であり、かつ地理的条件及び社会的状況に
より、都道府県知事が管理することが著しく困難又
は不適当な海岸について、主務大臣が全額国庫負担
でその管理を行うとされています。現状沖ノ鳥島の
みが上記に該当し、国土交通大臣（水管理・国土保

全局）が直轄管理を行っています。

3．法制度・関連計画

1）海岸法[2][3]

　海岸法は「津波、高潮、波浪その他海水又は地盤
の変動による被害から海岸を防護するとともに、海
岸環境の整備と保全及び公衆の海岸の適正な利用を
図り、もつて国土の保全に資すること」を目的とす
る法律です。昭和28年（1953年）9月に東海地区
に上陸した台風第13号による全国規模での被害、
復旧に係る特別立法を契機として、昭和31年（1956
年）に制定され、海岸保全区域の指定、管理や海岸

図23-3　我が国の沿岸区分

出典：国土交通省

保全施設の整備など、海岸行政に係る主要な項目について定められています。

制定当初は津波、高潮、波浪等の海岸災害からの防護のための海岸保全の実施についてのみ定めていましたが、海洋性レクリエーション需要の増大や環境問題等への関心の高まりもあり、平成11年（1999年）に改正され、防護・環境・利用の調和のとれた総合的な海岸管理制度の創設など、防護のみでなく環境・利用の観点も取り入れられました。

2）海岸保全区域等に係る海岸の保全に関する基本的な方針（海岸保全基本方針）

海岸保全区域等に係る海岸の保全に関する基本的な方針（海岸保全基本方針）は、海岸法第2条の2に基づき、今後の海岸の保全に関する基本的な事項を示すものとして、平成11年（1999年）の海岸法改正にて主務大臣である農林水産大臣及び国土交通大臣が定めることが義務づけられました。

海岸保全基本方針は、「今後の海岸の望ましい姿の実現に向けた海岸の保全に関する基本的な事項を示すもの」であり、海岸の保全に関する基本理念や海岸保全施設の整備に関する基本的な事項などについて記載されています。

令和2年（2020年）7月に有識者からなる「気候変動を踏まえた海岸保全のあり方検討委員会」による「気候変動を踏まえた海岸保全のあり方　提言」[4]が提出されたことを踏まえ、海岸保全を過去のデータに基づきつつ気候変動による影響を明示的に考慮した対策へ転換するために、同年11月に海岸保全基本方針は変更され、平均海水面の上昇や外力の長期変化などの気候変動による影響への対応を海岸保全に盛り込むことを求める記載が追加されました[5]。

3）海岸保全区域等に係る海岸の保全に関する基本計画（海岸保全基本計画）

海岸保全区域等に係る海岸の保全に関する基本的な計画（海岸保全基本計画）は、平成11年（1999年）の海岸法改正にて、海岸法第2条の3に基づき、都道府県知事が定めることが義務づけられました。図

表23-1　第5次社会資本整備重点計画における海岸関係の指標

重点施策	指標名	現状値 （R元年度）	目標値 （R7年度）
海面上昇等の気候変動影響に適応した海岸保全の推進	気候変動影響を防護目標に取り込んだ海岸の数	0	39
ゼロメートル地帯等における海岸堤防等の津波・高潮対策	海岸堤防等の整備率	53%	64%
海岸侵食の防止・砂浜の保全	海面上昇等の影響にも適応可能となる順応的な砂浜の管理が実施されている海岸の数	1 ※R2年度	20
最大クラスの高潮に対応した浸水想定区域図の作成及びハザードマップの作成の推進	高潮浸水想定区域を指定している都道府県数	5 ※R2年度	39
洪水、内水、高潮、津波等に対応したハザードマップ作成、訓練実施等の推進			
大規模地震が想定される地域等における海岸堤防等の耐震対策	南海トラフ地震・首都直下地震等の大規模地震が想定されている地域等における海岸堤防等の耐震化率	56%	59%
社会情勢や地域構造の変化や将来のまちづくり計画を踏まえ、既存インフラの廃止・除却・集約化や、利用者ニーズに沿ったインフラ再編等の取組の推進により、持続可能な都市・地域の形成、ストック効果の更なる向上を図る。	南海トラフ地震・首都直下地震等の大規模地震が想定されている地域等における水門・陸閘等の安全な閉鎖体制の確保率	77%	85%
水門・排水機場の遠隔操作化・自動化等（海岸）			
予防保全の管理水準を下回る状態のインフラに対して、計画的・集中的な修繕等を実施する。・インフラの機能を回復させ、「事後保全」から「予防保全」の考え方に基づくインフラメンテナンスへ転換し、中長期的な維持管理・更新等にかかるトータルコストの縮減を図る。	予防保全に向けた海岸堤防等の対策実施率	84%	87%
高潮・高波予測情報の精度向上の推進	-	-	-
インフラ空間の新たな利活用創出のため、民間事業者等による水辺空間利活用の推進	地域活性化に資する新たな水辺の利活用創出のため、民間事業者等と連携し社会実験を行った箇所数	49	100

出典：国土交通省

23-3に示した71の沿岸ごとに作成され、各沿岸における海岸の保全に関する基本的な事項や海岸保全施設の整備に関する基本的な事項などが定められています。なお、沿岸が複数の都府県にわたる場合には、原則として関係都府県が共同して作成することとなっています。

　令和2年（2020年）11月の海岸保全基本方針の変更を受けて、海岸保全基本計画についても、気候変動による影響への対応を盛り込んだものに変更すべく、各都道府県で検討を行っているところです[5]。令和5年（2023年）3月には東京都が全国で初めて気候変動の影響を踏まえた海岸保全基本計画を公表しており、他の道府県においても令和7年度までの改定を目標に検討を開始しています。

4）社会資本整備重点計画

　社会資本整備重点計画は、社会資本整備重点計画法（平成15年法律第20号）に基づき、社会資本整備事業を重点的、効果的かつ効率的に推進するために策定する計画[6]であり、計画期間における社会資本整備事業の実施に関する重点目標や重点目標の達成のため、計画期間において効果的かつ効率的に実施すべき社会資本整備事業の概要及び社会資本整備事業を効果的かつ効率的に実施するための措置などについて記載されており、海岸事業についても本計画の対象に位置づけられています。

　令和3年（2021年）5月に第5次社会資本整備重点計画が閣議決定され、海岸関係では表23-1のような重点施策及び目標（KPI）が設定されており、海岸事業を重点的、効果的かつ効率的に推進するため、これらの達成に向けた取組を進める必要があります。

4．事業制度

　海岸事業は、海岸法等に基づき津波、高潮、波浪、その他海水又は地盤の変動による被害から海岸を防護するとともに、海岸環境の整備と保全及び公衆の海岸の適正な利用を図り、もって国土の保全に資することを目的として、海岸保全施設等の整備を図る事業であり、事業体系は図23-4となります。2．で述べたとおり、海岸管理者は基本的には都道府県知事や市町村長になりますが、条件を満たしたものについては直轄事業となる場合があります。また、各交付金の補助率などは交付要綱などから確認できます。

5．海岸保全に係る主な取組

1）津波、高潮対策

　堤防、護岸、離岸堤等の海岸保全施設の新設、改良等により、津波、高潮、波浪等の災害から海岸を防護します。このとき堤防の天端高については、津

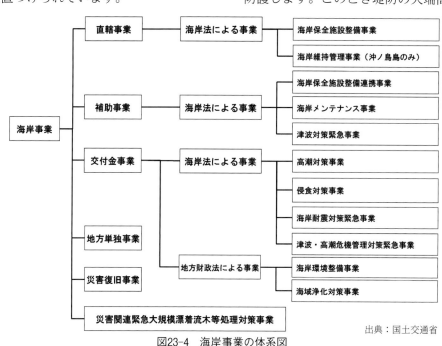

出典：国土交通省

図23-4　海岸事業の体系図

○高潮・津波外力別の堤防高設定状況
（農林水産省・国土交通省調べ）
（令和元年9月）

外力の設定状況

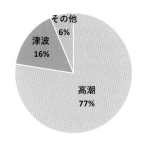

その他
6%

津波
16%

高潮
77%

高潮により海岸堤防が設定されている
海岸が77%

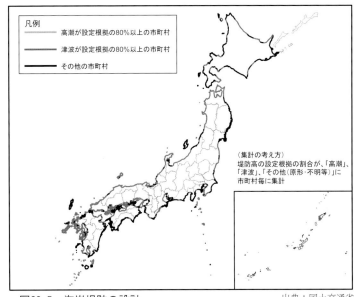

凡例

高潮が設定根拠の80%以上の市町村

津波が設定根拠の80%以上の市町村

その他の市町村

（集計の考え方）
堤防高の設定根拠の割合が、「高潮」、
「津波」、「その他（原形・不明等）」に
市町村毎に集計

図23-5　海岸堤防の設計　　　　　　　　出典：国土交通省

比較的頻度の高い津波

津波レベル	比較的発生頻度は高く、津波高は低いものの大きな被害をもたらす津波
	住民財産の保護、地域経済の安定化、効率的な生産拠点の確保の観点から、海岸保全施設等を整備
基本的考え方	海岸保全施設等については、引き続き、比較的発生頻度の高い一定程度の津波高に対して整備を進めるとともに、設計対象の津波高を超えた場合でも、施設の効果が粘り強く発揮できるような構造物の技術開発を進め、整備していく。

最大クラスの津波

津波レベル	発生頻度は極めて低いものの、発生すれば甚大な被害をもたらす津波
	住民等の生命を守ることを最優先とし、住民の避難を軸に、とりうる手段を尽くした総合的な津波対策を確立
基本的考え方	被害の最小化を主眼とする「減災」の考え方に基づき、対策を講ずることが重要である。そのため、海岸保全施設等のハード対策によって津波による被害をできるだけ軽減するとともに、それを超える津波に対しては、ハザードマップの整備など、避難することを中心とするソフト対策を重視しなければならない。

●中央防災会議 「東北地方太平洋沖地震を教訓とした地震・津波対策に関する専門調査会」 報告（平成23年9月28日） より作成。

図23-6　津波対策を構築するに当たっての想定津波の考え方　　　　出典：国土交通省

波に対する必要高（設計津波の水位）と高潮に対する必要高（設計高潮位＋設計波のうちあげ高等）に、背後地の状況等を考慮して高さを決定します。また、海岸保全施設の整備だけでなく、適切な避難のための迅速な情報伝達、地域と協力した防災体制の整備や避難地の確保、土地利用の調整、都市計画等のまちづくりと連携を行うなど、ハード面の対策とソフト面の対策を組み合わせた総合的な対策を行うよう努めることが重要です。なお、全国の海岸堤防の77%は、高潮に対する必要高をもとに整備されています（図23-5）[7]。

津波対策については、平成23年（2011年）の東北地方太平洋沖地震で、これまでの想定をはるかに超えた巨大な地震・津波により甚大な被害を受けた

ことから、最大クラス（L2）の津波に対してはハード整備とソフト対策を組み合わせた多重防御により被害を最小化させるとした減災の考え方が新たに示され、比較的発生頻度の高い津波（L1）に対しては、住民財産の保護、地域の経済活動の安定化等の観点から、引き続き、海岸堤防の整備を進めていくこととされました（図23-6）。

また、東北地方太平洋沖地震の教訓から、海岸保全施設等の整備については、設計対象の津波高を超えた場合でも施設の効果が粘り強く発揮できるような構造物の技術開発を進め、整備していくことが必要であるとされ、堤防の洗掘を防ぐため法尻部を強化するなど「粘り強い」構造の海岸保全施設（図23-7）の整備が進められています。

構造上の工夫　～巨大津波に対して粘り強い海岸堤防～

粘り強い海岸堤防（新たな構造）

➢ 堤防が破壊、倒壊するまでの時間を少しでも長く
➢ 堤防が全壊（完全に流出した状態）に至る危険性を低減

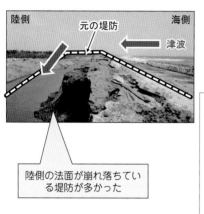

陸側　元の堤防　海側　← 津波

陸側の法面が崩れ落ちている堤防が多かった

従来の堤防

津波の越流を想定していなかったため、強度が不足していた

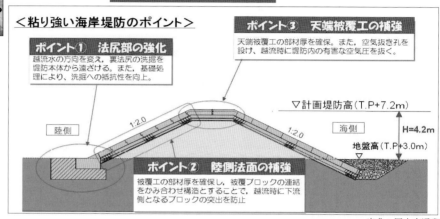

＜粘り強い海岸堤防のポイント＞

ポイント① 法尻部の強化
越流水の方向を変え，裏法尻の洗掘を堤防本体から遠ざける。また，基礎処理により，洗掘への抵抗性を向上。

ポイント③ 天端被覆工の補強
天端被覆工の部材厚を確保。また、空気抜き孔を設け、越流時に堤防内の有害な空気圧を抜く。

ポイント② 陸側法面の補強
被覆工の部材厚を確保し，被覆ブロックの連結をかみ合わせ構造とすることで，越流時に下流側となるブロックの突出を防止

▽計画堤防高（T.P+7.2m）
H=4.2m
地盤高（T.P+3.0m）

図23-7　粘り強い海岸堤防の例　　出典：国土交通省

2）侵食対策

離岸堤、突堤等の海岸保全施設の新設、改良や、養浜等の実施により、防護、環境、利用の調和を図りつつ海岸を保全し、海岸侵食による被害を防ぎます。

特に、砂浜の保全は、国土の消失を防ぐだけでなく、波浪の低減、背後の海岸保全施設の保護などの防災面の効果のほか、生態系等の環境保全やレクリエーションなどの利用を促す効果があります。

また、侵食対策については、漂砂の連続性を確保するため、一連の海岸で検討していく事が必要です。さらに、沿岸だけで無く陸域も含めた流砂系全体で検討し、下流の河道や海岸に配慮したダムからの土砂供給、浚渫土砂や河道掘削土砂等の養浜材への活用、防波堤、突堤等により堆積した土砂を沿岸漂砂の下手側に運ぶサンドバイパスなど、総合的な土砂管理の取組を推進していくことが重要です。

3）海岸環境対策

国土保全、人命及び財産の防護と併せて、海岸における良好な景観や動植物の生息・生育環境を維持、回復し、また、安全で快適な海浜の利用を増進する

ための海岸保全施設整備等を行います。

具体的には、漂着流木・漂着ゴミの除去やウミガメ・カブトガニ・野鳥等生物にとって重要な生息・生育、繁殖、採餌場所となっている海岸において、施設の配置や構造等に工夫を行うことにより、生態系や自然景観等に配慮した海岸整備を実施するなどの対策があげられます。

6. 技術基準

海岸事業の技術基準としては主に「海岸保全施設の技術上の基準」[8]と「河川砂防技術基準」[9]が活用されます。以下に各基準の概要を示します。

1）海岸保全施設の技術上の基準

海岸保全施設の技術上の基準は、海岸法第14条で規定された「技術上の基準」の内容の実務的な取扱いについて明示的に示すために同条第3項で規定された省令（海岸保全施設の技術上の基準を定める省令）により定められる基準であり、設計高潮位などの設計条件の具体的な定め方や、構造物の要求性能などが記載されています。当該基準は「海岸管理

○過去及び将来の温室効果ガスの排出に起因する多くの変化、特に海洋、氷床及び世界海面水位における変化は、百年から千年の時間スケールで不可逆的。
○海面上昇は、低地沿岸部における洪水の頻発化と深刻化、並びに砂浜海岸における侵食リスクを増大。
○海岸侵食により、将来的に砂浜の6割～8割が消失するという予測がある。

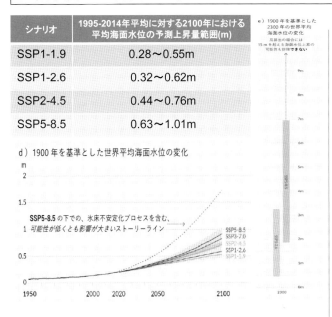

シナリオ	1995-2014年平均に対する2100年における平均海面水位の予測上昇量範囲(m)
SSP1-1.9	0.28～0.55m
SSP1-2.6	0.32～0.62m
SSP2-4.5	0.44～0.76m
SSP5-8.5	0.63～1.01m

d）1900年を基準とした世界平均海面水位の変化

SSP5-8.5の下での、氷床不安定化プロセスを含む、可能性が低くとも影響が大きいストーリーライン

出典：気象庁 IPCC AR6/WG1報告書 政策決定者向け要約（SPM）暫定訳
https://www.data.jma.go.jp/cpdinfo/ipcc/ar6/index.html

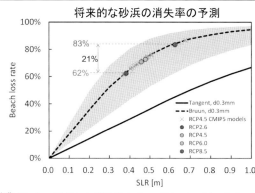

将来的な砂浜の消失率の予測

出典：Udo, K. and Y. Takeda, 2018: Projections of future beach loss in Japan due to sea-level rise and uncertainties in projected beach loss. Coastal Engineering Journal

IPCC AR6/WG2 報告書 10章 P35

"Assuming minimal human intervention estimate impacts of SLR by 2100 under RCP8.5-like scenarios, 57–72% of Thai 31 beaches, at least 50% loss of area on around a third of Japanese will disappear."
→RCP8.5のようなシナリオ下では、2100年までに日本の海岸線の約3分の1で少なくとも50%の砂浜が消失する

出典：IPCC_AR6_WGII_FinalDraft_FullReport
https://www.ipcc.ch/report/ar6/wg2/downloads/report/IPCC_AR6_WGII_FinalDraft_FullReport.pdf

出典：国土交通省

図23-8　気候変動による長期的な影響の予測

者が海岸保全施設の設置、管理を行う場合に適用するとともに、海岸管理者以外の者の設置、管理する海岸保全施設に関する海岸管理者の監督に際して適用するものとする。」とされており、海岸保全施設の設置、管理などにおいて極めて広く適用される基準となっています。

また、令和3年（2021年）7月には **3.** で記した「気候変動を踏まえた海岸保全のあり方　提言」[4]を受けて、「海岸保全施設の技術上の基準を定める省令」の一部が改正されており、設計高潮位及び設計波については気候変動の影響による外力の変化を考慮して定めることとされるなど、今後も時勢に応じて海岸の防護・利用・環境に関する新たな知識や研究成果を随時取り入れて改善が図られていくものです。

2）河川砂防技術基準

河川砂防技術基準は河川、砂防、海岸などに関する調査、計画、設計及び維持管理を実施するために必要な技術的事項について定めるもので、これによって技術の体系化を図り、もってその水準の維持

と向上に資することを目的とした基準であり、国土交通省水管理・国土保全局長通達で通知されています。

海岸に関連する内容としては調査・計画・設計についての記載があり、海岸概況調査や波浪調査などの海岸調査の実施方法、海岸保全計画及び海岸保全施設配置計画の策定方法、各種海岸保全施設の設計方法などについて記載されています。

7. 今後の海岸事業

近年、南海トラフ巨大地震とそれに伴う津波の発生への対応、気候変動による海面水位の上昇や高潮、高波時の外力増大、さらには砂浜消失への対応（図23-8）など、海岸事業に期待される役割はより重要なものとなっています。

こうした状況を踏まえ、海岸保全施設整備の加速化に加え、関係機関と連携し地域全体でソフト、ハード一体となった流域治水、津波防災地域づくり、総合土砂管理などの施策を進めることが、今後の海岸事業にとってより重要になると考えられます。

＜参考文献＞
1）国土交通省水管理・国土保全局「海岸統計　令和４年度版」
2）「2021年版　海岸関係法令例規集」一般社団法人全国海岸協会，2021
3）藤川眞行監修 海岸法制研究会著「逐条　海岸法解説」大成出版社，2020
4）国土交通省水管理・国土保全局「気候変動を踏まえた海岸保全のあり方検討委員会」(https://www.mlit.go.jp/river/shinngikai_blog/hozen/index.html)
5）国土交通省水管理・国土保全局「海岸保全基本方針・海岸保全基本計画」
6）国土交通省総合政策局「社会資本整備重点計画について」(https://www.mlit.go.jp/sogoseisaku/point/sosei_point_tk_000003.html)
7）国土交通省水管理・国土保全局「第２回　気候変動を踏まえた海岸保全のあり方検討委員会」(https://www.mlit.go.jp/river/shinngikai_blog/hozen/index.html)
8）一般社団法人沿岸技術研究センター編「海岸保全施設の技術上の基準・同解説」全国農地海岸保全協会・(公社) 全国漁港漁場協会・(一社) 全国海岸協会・(公社) 日本港湾協会，2018
9）公益社団法人日本河川協会編「河川砂防技術基準　同解説」技報堂出版，2005

日本の自然条件

インフラ整備の変遷

河川

河川維持

ダム

ダム維持

砂防

砂防維持

道路

道路維持

港湾

港湾維持

都市公園

街路

土地区画

市街地再開発

水道

下水

下水維持

営繕

公営住宅

漁港

漁場

海岸

海岸維持

入札契約

募集評価

第24章

基礎から学ぶ 海岸維持管理事業

1. はじめに

　我が国は四方を海に囲まれた島国であり、入り組んだ複雑な海岸地形を持つことから、総延長約35,000kmにおよぶ長い海岸線を有しています。

　海岸の概要については、第23章 基礎から学ぶ海岸事業「2. 管理区分」をご参照ください。

2. 海岸保全施設

　海岸保全施設とは海岸保全区域内にある堤防、突堤、護岸、胸壁、離岸堤、砂浜（海岸管理者が消波等の海岸を防護する機能を維持するために設けたもので、指定したものに限る。）その他海水の侵入又は海水による侵食を防止するための施設となっています（写真24-1）。

堤防

突堤

離岸堤・ヘッドランド

水門

写真24-1　海岸保全施設の例

　なお、海岸保全施設は、海岸保全区域に在し、かつ、海水の侵入又は侵食を防止する機能を有すれば足り、当該施設の設置者、管理者又は所有者は規定されていません。海岸管理者以外が設置する海岸保全施設に関しては、海岸法第13条（海岸管理者以外の者の施工する工事）や海岸法第20条（他の管理者の管理する海岸保全施設に関する監督）等に規定されています。

3. 事業制度

　海岸事業全般に関する事業制度は、第23章 基礎から学ぶ海岸事業「4. 事業制度」をご参照ください。

　海岸の維持管理に関する事業制度は、「海岸維持管理事業（直轄）」があります。また、維持管理と関連性の高い事業としては、「海岸メンテナンス事業（補助）」と「災害関連緊急大規模漂着流木等処理対策事業」があります。このほか、総務省が所管している「公共施設等適正管理推進事業」や環境省が所管している「海岸漂着物地域対策推進事業」などがあります。

1）海岸維持管理事業（直轄）

　国土保全上極めて重要であり、都道府県知事が管理することが著しく困難又は不適当な海岸について国が直接管理しており、国土交通省が沖ノ鳥島にて当該事業を実施しています。本事業の国庫負担率は10/10です。

2）海岸メンテナンス事業（補助）

　戦略的な維持管理・更新等による予防保全型のインフラメンテナンスへの転換に向けて、堤防、突堤、護岸等の海岸保全施設の老朽化対策を実施する

ものです。本事業では、長寿命化計画に基づき海岸保全施設が適切に管理されていることなどを要件としています。なお、本事業では老朽化対策のほか、長寿命化計画の策定又は変更についても実施が可能となっています。本事業の補助率は１／２です。（北海道11/20、離島11/20、奄美２／３、沖縄９/10）

３）災害関連緊急大規模漂着流木等処理対策事業

洪水、台風等により海岸に漂着した流木及びゴミ並びに外国から海岸に漂着した流木及びゴミ等が異常に堆積して海岸保全施設の機能を阻害する場合に、緊急的に流木等の処理を実施することが可能な事業です。本事業では、流木等の漂着範囲が複数の海岸であり、関係者が協働して一体的・効率的に処理する場合には、各事業主体の事業費が200万円以上、事業実施主体数にかかわらず漂着量の合計が1,000㎥以上であれば、補助対象となります。本事業の補助率は１／２です。

４．法令・基準

１）関係法令

高度経済成長期に多くの海岸保全施設の整備が進められましたが、それらが今後更新時期を迎えることになり、より効率的な施設の維持と修繕・更新が求められています（図24-1）。そのような背景のもと、平成26年（2014年）に海岸法の一部が改正され、同法第14条の５において、海岸管理者は、その海岸保全施設を良好な状態に保つよう維持し、修繕し、もって海岸の防護に支障を及ぼさないように努めなければならないことが定められました。これに合わせて、海岸法施行規則において、海岸保全施設の維持又は修繕に関する技術的基準等が規定されています。具体的には、海岸法施行規則第５条の８において、海岸保全施設の維持及び修繕の計画的な実施をはじめ、適切な時期での海岸保全施設の巡視、構造等を勘案した海岸保全施設の定期及び臨時点検を行うこと等を規定しています。

２）技術基準

上記の背景の下、海岸管理者による適切な維持管理に資することを目的として、「海岸保全施設維持管理マニュアル」[1] を策定し、海岸保全施設の点検・評価・対策工法・長寿命化計画等の標準的な要領を示しています。本マニュアルの構成及び維持管理の手順を図24-2に示します。

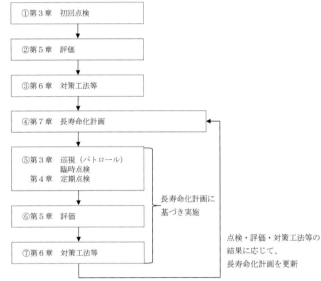

図24－2　海岸保全施設維持管理マニュアルの構成及び維持管理の手順

⑴点検の種類と目的

点検は、現状における各位置での変状の有無や程度を把握するために実施し、初回点検、巡視（パトロール）、臨時点検、定期点検（土木構造物の一次点検・二次点検、水門・陸閘等の設備の管理運転点検・年点検）に分類されます。

初回点検は、長寿命化計画の策定のために実施する点検で、事前の状態把握のための調査とともに、土木構造物については一次点検に準じた点検及び必要に応じた二次点検、水門・陸閘等の設備については年点検に準じた点検を行うものです。また、巡視・臨時点検・定期点検は長寿命化計画に基づき実施するものです（表24-1、2）。

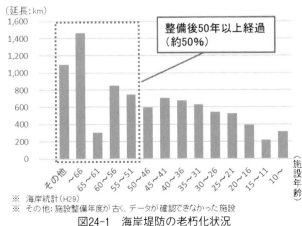

※ 海岸統計（H29）
※ その他: 施設整備年度が古く、データが確認できなかった施設
図24-1　海岸堤防の老朽化状況

表24-1　初回点検・巡視（パトロール）・臨時点検の概要

点検種類	初回点検	巡視（パトロール）	臨時点検
対象施設	土木構造物 水門・陸閘等の設備	土木構造物	土木構造物 水門・陸閘等の設備
主な目的	・健全度評価、長寿命化計画策定、修繕等に必要な各部材の変状の把握	・防護機能や背後地、利用者の安全に影響を及ぼすような大きな変状の発見 ・定期点検等で発見された変状の進展や新たな変状の把握	・防護機能や背後地、利用者の安全に影響を及ぼすような大きな変状の発見
主な内容	土木構造物： ・一次点検（必要に応じて二次点検）の点検項目 水門・陸閘等の設備： ・年点検の点検項目	・陸上からの目視又はそれに準ずる方法	土木構造物： ・巡視（パトロール）の点検項目 水門・陸閘等の設備： ・簡易点検設備の管理運転点検の項目
間隔・実施時期	長寿命化計画の初回策定時	数回／年 海岸の利用が見込まれる連休前や地域特性を考慮して設定	地震、津波、高潮、高波等の発生後
実施範囲	対象施設の全体	重点点検箇所（地形等により変状が起こりやすい箇所、実際に変状が確認された箇所等）を中心に施設全体	重点点検箇所（地形等により変状が起こりやすい箇所、実際に変状が確認された箇所等）を中心に施設全体

表24-2　定期点検の概要

対象施設	土木構造物		水門・陸閘等の設備	
点検種類	一次点検	二次点検	管理運転点検	年点検
主な目的	・健全度評価、長寿命化計画更新、修繕等に必要な各部材の変状の把握	・健全度評価、長寿命化計画更新、修繕等に必要な各部材の詳細な変状の把握	・止水・排水機能や背後地、利用者の安全に影響を及ぼすような大きな変状の発見	・健全度評価、長寿命化計画更新、修繕等に必要な各部材の変状の把握
主な内容	・陸上からの目視又はそれに準ずる方法	・近接目視又はそれに準ずる方法 ・簡易な計測 ・必要に応じ詳細な調査	・機械・設備の作動・試運転 ・陸上からの目視と近接目視	・機械・設備の作動・試運転 ・陸上からの目視と近接目視 ・詳細な各部の計測
間隔・実施時期	1回程度／5年（通常の巡視等で異常が見つかった場合は、その都度） 地域特性を考慮して設定（冬季波浪後、台風期前後等）	一次点検の結果より必要と判断された場合	一般点検設備： 1回／月 簡易点検設備： 数回／年	一般点検設備： 1回／年 一般的には、出水期（洪水期）や台風時期の前に実施することが望ましい。
実施範囲	対象施設の全体 全延長を対象とするが、概ね5年で一巡するように順次実施。	一次点検の結果より必要と判断された箇所（代表断面での実施も可）	対象施設の全体	同左

⑵評価と対策

　海岸保全施設の点検後、それを評価する取組が重要です。海岸保全施設は不可視部分が多く、また堤体や基礎地盤等と一体で機能を発揮する構造物が主体であるため、目視点検で機能の状態を評価することは容易ではありません。このため、目に見える形で施設の機能に影響を与える「変状」に着目し、スパン・構造物毎に評価を実施します。変状の評価区分は、アルファベット小文字で（a）「異常なし」、（b）「要監視段階」、（c）「予防保全段階」及び（d）「措置段階」の4段階で評価します。一定区間毎の総合的な健全度評価区分は、変状の評価区分を踏まえ、対象施設の防護機能（変状の程度）について、A、B、C、Dランクで表記しています（表24-3）。

5.　主要施策
1）長寿命化計画

　平成25年（2013年）に策定された「インフラ長寿命化計画」において、予防保全型維持管理の導入や個別施設ごとの長寿命化計画の策定が盛り込まれました。海岸保全施設についても、中長期の展望をもって長寿命化等を推進し、維持管理・更新等に係るコストの縮減・平準化を図りつつ、確実に安全を確保していく必要があることから、海岸保全施設の長寿命化計画を策定し、戦略的に維持管理・更新等

表24-3　土木構造物の健全度評価における変状の程度

健全度		変状の程度
Aランク	措置段階	施設に大きな変状が発生し、そのままでは天端高や安全性が確保されないなど、施設の防護機能に対して直接的に影響が出るほど、施設を構成する部位・部材の性能低下が生じている。
Bランク	予防保全段階	沈下やひび割れが生じているなど、堤防・護岸等の防護機能に影響を及ぼす可能性のある程度の変状が発生し、施設を構成する部位・部材の性能低下が生じている。 ブロックの移動・沈下・散乱が生じているなど、離岸堤等の防護機能に影響を及ぼす可能性のある程度の変状が発生し、施設の性能低下が生じている。
Cランク	要監視段階	施設の防護機能に影響を及ぼすほどの変状は生じていないが、変状が進展する可能性がある。
Dランク	異常なし	変状が発生しておらず、施設の防護機能は当面低下しない。

を実施していくことが重要です。長寿命化計画は、海岸保全施設の長寿命化のために必要とされる点検・整備・更新等の内容についてとりまとめたものです。また、維持管理の年間計画では、当該施設における年間の点検等の実施時期について記載した維持管理の「年間計画表」と、今後概ね50年間の点検・整備といった維持管理・更新等の実施計画を記載した「維持管理・更新等に係る年度ごとの実施計画表」を作成しています。

なお、農林水産省及び国土交通省では、予防保全型の維持管理に基づく、海岸保全施設の点検・評価・対策工法・長寿命化計画等の標準的な要領を示し、海岸管理者による適切な維持管理に資することを目的として、海岸保全施設維持管理マニュアルを作成・公表しています。令和5年（2023年）3月には一部変更し、農林水産省農村振興局インフラ長寿命化計画（行動計画）（令和3年3月）、水産庁インフラ長寿命化計画（行動計画）（令和3年3月）及び第2次国土交通省インフラ長寿命化計画（行動計画）（令和3年6月）の策定を踏まえ、海岸管理者によるコスト縮減や事業の効率化につながるよう、水門・陸閘等の統廃合や新技術等の活用などの短期的な数値目標及びコスト縮減効果に関する長寿命化計画への記載例を追記しています。

2）海岸管理の高度化・効率化に向けた取組

海岸管理の現場は、巡視や点検、水門・陸閘等の施設操作などその多くを人の労力と長年にわたる経験・技術力に支えられていますが、人口減少等に操作施設の操作員の高齢化や担い手不足などの社会状況の変化が一層の負担になっています。人口当たり世界2位の広大な海岸線を有する我が国においてこれらの状況に的確に対応していくには、海岸保全施設の整備や維持管理、巡視・点検、災害時対応など各段階・場面で合理化・効率化を図ることが不可欠となっています。これらに対応するため、海岸管理におけるDX技術を活用した取組を行っています。

(1)航空レーザ測量やUAVを活用した維持管理の効率化

現在、直轄事務所においては、航空レーザ測量の3次元データを活用した3次元管内図の作成（図24-3）を進めています。過去のデータとの比較により、海岸全体の地形の変動状況を確認し、巡視・点検や維持・修繕に活用する取組も始めています。地方公共団体においても施設の点検や維持管理にUAVや水中ドローンの活用が進んでおり、DX技術による維持管理の効率化の取組が広がりを見せています。今後も、引き続き各地・各現場への導入促進を図りながら、衛星データやCCTV

図24-3　航空レーザ測量データによる3次元管内図（新潟海岸）

カメラ画像を含め、データ分析にAIを適用するなど、現場作業の省力化、自動化の取組を進めていきます。

⑵衛星画像を活用した海岸線モニタリング

　近年進歩が著しい人工衛星観測技術や画像解析技術を海岸線モニタリングに適用する手法の開発にも取り組んでいます。具体には、光学衛星画像解析により海岸線を抽出する技術開発を進めており、深層学習を活用した海岸線抽出の自動化を行っています（図24-4）。また、天候に左右される光学衛星の欠点を補うべく、衛星SAR画像の活用についても検討を進めています。既に、平成28年度の河川砂防技術研究開発により、衛星SAR画像から海岸線を抽出する手法が開発されており、撮影角度や底質等の条件が良ければ、海岸線の長期的な後退傾向を十分な精度で捉えることが確認されています。国土交通省国土技術政策総合研究所では、この技術を全国に適用するため、処理の自動化等の改良を行い、適用可能条件の把握と精度・処理速度の向上に向けた検討を進めています。さらに、今後、官民による小型SAR衛星コンステレーションの整備が進む見込みであり、SAR画像の活用機会が増えることが期待されています。現在、内閣府による「小型SAR衛星コンステレーションの利用拡大に向けた実証」が行われており、海岸分野の利活用についても検討が進められています。

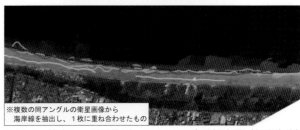

※複数の同アングルの衛星画像から海岸線を抽出し、1枚に重ね合わせたもの

図24-4　航空レーザ測量データによる3次元管内図（新潟海岸）

6. おわりに

　本章では海岸の維持管理における基礎知識を理解いただくことを目的として関係する内容を紹介しました。本章が海岸維持管理業務に初めて携わる方の基礎知識として参考となれば幸いです。

＜参考文献＞
1 ）国土交通省・農林水産省、「海岸保全施設維持管理マニュアル」（令和2年6月（令和5年3月一部変更））

日本の自然条件

インフラ整備の変遷

河川維持

河川ダム

ダム維持

砂防

砂防維持

道路

道路維持

港湾

港湾維持

都市公園

街路

土地区画

市街地再開発

水道

下水

下水維持

営繕

公営住宅

漁港漁場

海岸

海岸維持

入札事務

契約評価

第25章

基礎から学ぶ　入札契約

1．はじめに

　入札契約は、現在では公共工事分野において必須な存在ですが、第2次世界大戦以前の大規模工事は、特に土木分野においては、直営工事が主でした。直営工事とは工事の設計・積算を始め、作業員・資材・機械の調達、現場の管理等の全てを発注機関の職員が行う形態であり、この頃は発注者として建設会社等と契約を結ぶ必要は今ほど求められませんでした。第2次大戦後の建設需要の増大に応じて、建設省（当時）の直轄工事において請負工事が徐々に増え、昭和30年代半ばには請負化の方針が明確にされ、昭和40年代からは全面的に請負工事となっていきました[1]。この頃から公共工事分野において発注者としての調達が求められるようになりました。

　公共工事の最大の特徴は一般の製造業と異なり、単品生産、現地生産であることです。また、不可視部分が多く不良があっても発見が困難であり、不良品と判明しても取り替えることは著しく困難です。このような特徴から、公共工事においては一件ごとの品質確保が大変重要であり、発注者はこのことを十分に理解しておく必要があります。

　また、公共工事の目的物は公的資金を財源とし、国民が長期にわたって利益を享受するものです。したがって、発注者は、国民（納税者）の視点に立って良いサービスを適正な価格で提供することが求められます（図25-1）。

1．国民（納税者）の視点に立って、良いサービスを、適正な価格で提供する
（「安かろう、悪かろう」ではダメなことは、国民の理解が得られるもの。）
2．十分な競争環境を確保した建設市場を創出する。

国民

全てに理解される
入札契約制度

発注者　　　建設産業

出典：国土交通省

図25-1　発注者に求められる視点

2．関係法令

　発注者として調達を行う上で参考となる法令のうち、代表的なものを以下に挙げます。

1）会計法、地方自治法

　公共調達に係る基本的な枠組みについては、国においては会計法で、地方公共団体においては地方自治法で定められています。

　会計法においては、一般競争入札が原則とされており、契約の性質等に応じ、指名競争入札、随意契約によることができます。また、競争参加資格については、必要に応じ発注者が定めることができるとされています。その他、予定価格制度についても、本法において規定されています。

2）担い手3法（品確法、入契法、建設業法）

　品確法、入契法、建設業法は、合わせて「担い手3法」と呼ばれ、公共工事の品質確保や建設業の担い手の中長期的な育成・確保のための基本理念や具

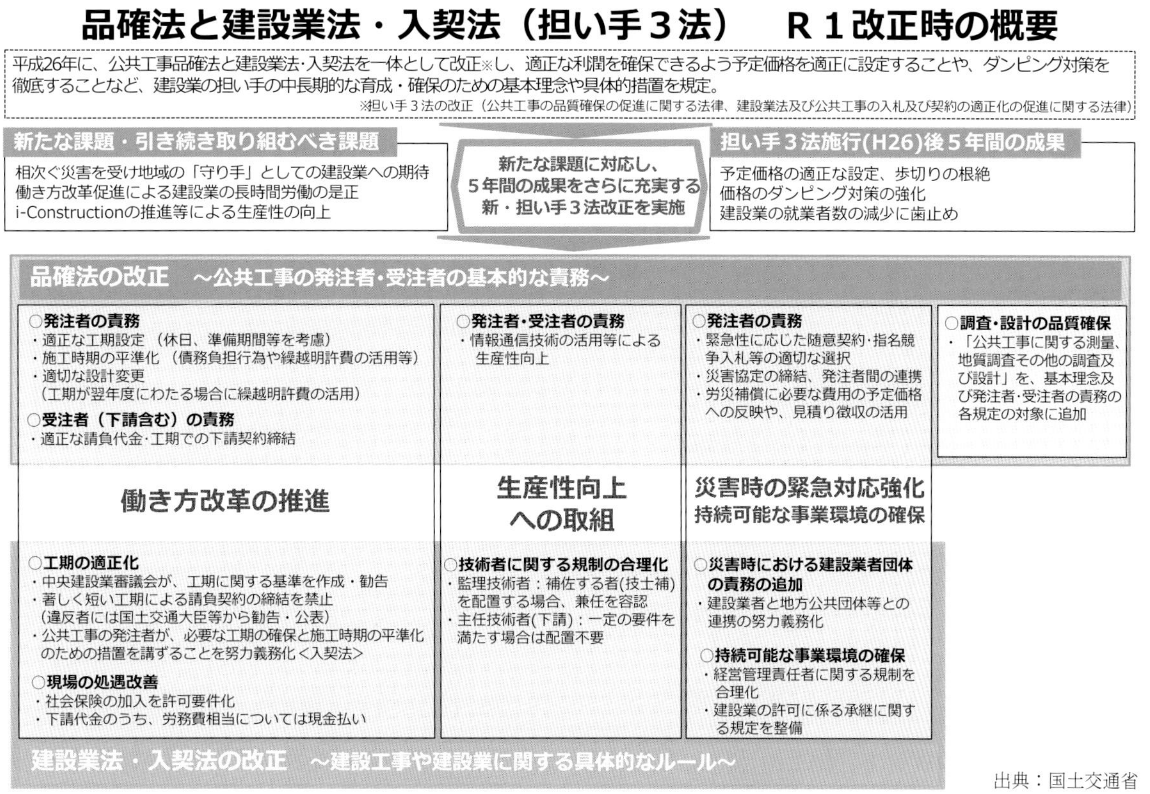

品確法と建設業法・入契法（担い手３法）　Ｒ１改正時の概要

平成26年に、公共工事品確法と建設業法・入契法を一体として改正※し、適正な利潤を確保できるよう予定価格を適正に設定することや、ダンピング対策を徹底することなど、建設業の担い手の中長期的な育成・確保のための基本理念や具体的措置を規定。
　　　　　　　　　　　※担い手３法の改正（公共工事の品質確保の促進に関する法律、建設業法及び公共工事の入札及び契約の適正化の促進に関する法律）

新たな課題・引き続き取り組むべき課題
相次ぐ災害を受け地域の「守り手」としての建設業への期待
働き方改革促進による建設業の長時間労働の是正
i-Constructionの推進等による生産性の向上

新たな課題に対応し、
5年間の成果をさらに充実する
新・担い手３法改正を実施

担い手３法施行(H26)後５年間の成果
予定価格の適正な設定、歩切りの根絶
価格のダンピング対策の強化
建設業の就業者数の減少に歯止め

品確法の改正　～公共工事の発注者・受注者の基本的な責務～

○発注者の責務
・適正な工期設定（休日、準備期間等を考慮）
・施工時期の平準化（債務負担行為や繰越明許費の活用等）
・適切な設計変更
　（工期が翌年度にわたる場合に繰越明許費の活用）
○受注者（下請含む）の責務
・適正な請負代金・工期での下請契約締結

○発注者・受注者の責務
・情報通信技術の活用等による生産性向上

○発注者の責務
・緊急性に応じた随意契約・指名競争入札等の適切な選択
・災害協定の締結、発注者間の連携
・労災補償に必要な費用の予定価格への反映や、見積り徴収の活用

○調査・設計の品質確保
・「公共工事に関する測量、地質調査その他の調査及び設計」を、基本理念及び発注者・受注者の責務の各規定の対象に追加

働き方改革の推進

生産性向上への取組

災害時の緊急対応強化
持続可能な事業環境の確保

○工期の適正化
・中央建設業審議会が、工期に関する基準を作成・勧告
・著しく短い工期による請負契約の締結を禁止（違反者には国土交通大臣等から勧告・公表）
・公共工事の発注者が、必要な工期の確保と施工時期の平準化のための措置を講ずることを努力義務化＜入契法＞
○現場の処遇改善
・社会保険の加入を許可要件化
・下請代金のうち、労務費相当については現金払い

○技術者に関する規制の合理化
・監理技術者：補佐する者（技士補）を配置する場合、兼任を容認
・主任技術者（下請）：一定の要件を満たす場合は配置不要

○災害時における建設業者団体の責務の追加
・建設業者と地方公共団体等との連携の努力義務化

○持続可能な事業環境の確保
・経営管理責任者に関する規制を合理化
・建設業の許可に係る承継に関する規定を整備

建設業法・入契法の改正　～建設工事や建設業に関する具体的なルール～

出典：国土交通省

図25-2　担い手３法　令和元年改正時の概要

体的措置が規定されています。発注者として公共調達を行う際には、必ず参考とされたい法律です。

　この担い手３法は、平成26年（2014年）６月に改正された後、働き方改革や生産性向上、相次ぐ災害への対応など建設業を取り巻く諸課題に対応するため、令和元年（2019年）６月に改正されたところです（図25-2）。

ア．公共工事の品質確保の促進に関する法律（品確法）

　平成10年代に入り、公共投資の急激な減少に伴う建設業界の過剰供給構造等により、工事の受注を巡る価格競争が激化し、いわゆるダンピング入札が急増するとともに、工事中の事故や粗雑工事の発生、下請企業や労働者へのしわ寄せ等による公共工事の品質低下が懸念されていました。このような状況を踏まえ、平成17年（2005年）に品確法が施行され、「公共工事の品質は、経済性に配慮しつつ価格以外の多様な要素をも考慮し、価格及び品質が総合的に優れた内容の契約がなされることにより、確保されなければならない」という基本理念の下、総合評価方式の適用拡大等が行われました[2]。さらに、平成

26年（2014年）には、品確法が改正され、現在及び将来にわたる公共工事の品質確保とその担い手の中長期的な育成・確保を目的に、そのための基本理念や発注者・受注者の責務を明確化し、多様な入札契約制度の導入・活用等、品質確保の促進策が規定されました。

　近年、建設業を取り巻く環境は大きく変化し、特に頻発・激甚化する災害対応の強化、長時間労働の是正などによる働き方改革の推進、情報通信技術の活用による生産性向上が急務となっています。また、公共工事の品質確保を図るためには、工事の前段階に当たる調査・設計においても公共工事と同様の品質確保を図ることも重要な課題となっていました。こうした環境の変化や課題に対応するため、令和元年（2019年）６月に品確法が改正されました。改正品確法においては、適正な工期設定や施工時期の平準化、そのほか緊急性に応じた随意契約・指名競争入札等の適切な選択等が発注者の責務として規定されました。令和２年（2020年）１月には、改正品確法を踏まえた「発注関係事務の運用に関する指針（運用指針）」の改正を行い、都道府県や市町村

を含む全ての公共工事の発注者が適切に発注関係事務を運用し、品確法に定められた発注者としての責務を果たしていくこととしています（図25-3）。

運用指針とは：品確法第22条に基づき、**地方公共団体、学識経験者、民間事業者等の意見を聴いて、国が作成（令和２年）**
- 各発注者が発注関係事務を適切かつ効率的に運用できるよう、**発注者共通の指針として、体系的にとりまとめ**
- 国は、本指針に基づき発注関係事務が適切に実施されているかについて毎年調査を行い、その結果をとりまとめ、公表

公共工事の品質確保の促進に関する法律における「運用指針」の該当条文

第二十二条　国は、基本理念にのっとり、発注者を支援するため、地方公共団体、学識経験者、民間事業者その他の関係者の意見を聴いて、公共工事等の性格、地域の実情等に応じた入札及び契約の方法の選択その他の**発注関係事務の適切な実施に係る制度の運用に関する指針を定める**ものとする。

運用指針　改正のポイント

①全国的に災害が頻発する中、災害からの迅速かつ円滑な復旧・復興のため、**災害時の緊急対応の充実強化**
②公共工事の品質確保のため、公共工事に加え、**公共工事に関する測量、調査**（地質調査その他の調査（点検及び診断を含む。））**及び設計**が対象として追加
③**働き方改革**、ICTの推進等による**生産性向上の取組**に関連する事項の追加

出典：国土交通省

図25-3 「発注関係事務の運用に関する指針（運用指針）」の改正

イ．公共工事の入札及び契約の適正化の促進に関する法律（入契法）

入契法は、平成13年（2001年）に施行されました。本法律の基本原則は、透明性の確保、公正な競争の促進、適正な施工の確保、不正行為の排除です。特に、透明性の確保を図る観点から工事の発注見通しや指名基準、入札参加者や入札金額、入札結果、契約金額、契約変更の理由などを公表することが発注者に義務づけられました。平成26年（2014年）には、品確法に合わせて入契法も改正され、公共工事の発注者・受注者が入札契約適正化のために講ずべき基本的・具体的措置等について定められました。具体的にはダンピング対策の強化や契約の適正な履行等が規定されました。

令和元年（2019年）には、「建設業の働き方改革の促進」、「建設現場の生産性の向上」、「持続可能な事業環境の確保」の観点から、入契法が改正され、「公共工事の入札及び契約の適正化を図るための措置に関する指針」[3)]において、公共工事の発注者が取り組むべき事項として、必要な工期の確保及び施工時期の平準化が明記されました。

ウ．建設業法

建設業法は昭和24年（1949年）に制定された法律で、制定当時は建設業を営む者の登録の実施、建設工事の請負契約の適正、技術者の設置等により、建設工事の適正な施工を確保するとともに、建設業の健全な発達に資することを目的としていました。その後、経営事項審査制度の法制化や登録制から許可制への移行等、建設業を営む者の資質の向上や発注者の保護等を目的に何度も改正されてきました。平成26年（2014年）には、入契法同様、品確法に合わせて建設業法も改正され、建設業の許可や欠格要件、建設業者としての担い手の育成・確保の責務等が規定されました。

令和元年（2019年）には、著しく短い工期による請負契約の締結を禁止する等、長時間労働の是正や、建設業許可の基準を見直し社会保険への加入を要件化する等、現場の処遇改善が盛り込まれて建設業法が改正されました。

3）その他

その他、入札談合関連の法令として、独占禁止法と入札談合等関与行為防止法が挙げられます。

独占禁止法は、事業者が私的独占、不当な取引制限、不公正な取引方法等の行為を行うことを禁止し、また、事業者の結合体である事業者団体がこれと同様の競争制限的な又は競争阻害的な行為を行うことを禁止しています。入札談合は、入札制度の実質を失わしめるものであるとともに、競争制限行為を禁止する独占禁止法の規定に違反する行為です[4)]。

入札談合等関与行為防止法は、正式名称を「入札談合等関与行為の排除及び防止並びに職員による入札等の公正を害すべき行為の処罰に関する法律」といい、国・地方公共団体等の職員が入札談合に関与する、いわゆる官製談合について、入札談合等関与行為を排除するための行政上の措置、当該行為を行った職員に対する賠償請求、懲戒事由の調査、入札等の公正を害した職員に対する処罰等について規定しています[5)]。

3. 入札方式

公共工事の入札手続は、一般競争入札、指名競争入札、随意契約に大別されます（図25-4）。

入札方式　･･･　入札に参加する者を決定する方式

- ◆一般競争入札･･･競争参加資格に該当すれば誰でも入札に参加できる方式
- ◆指名競争入札･･･入札に先立って、発注者側が競争参加者を指名する方式
- （◆随意契約･･････特許の利用等、競争に適さない（競争とならない）場合、該当する唯一の者と契約する方式）

出典：国土交通省

図25-4　入札方式の大別

一般競争入札とは、競争入札に付する工事の概要等を示した公告を行い、工事の入札に参加を希望する全ての者を競争に参加させることにより、落札者を決定する入札方式のことです（会計法第29条第3項）。

まず、入札公告を実施します。その後、一般競争入札参加希望者が申請書と確認資料を提出し、公告に示された競争参加資格（入札参加条件）を満たすかどうか、発注者がその確認をします。参加資格を満たすと認められた参加希望者は、発注者側の裁量行為を経ることなく、自由に入札に参加することができます。

一方、指名競争入札とは、発注者があらかじめ競争参加希望者の資格審査を実施し、有資格者名簿を作成しておき、その名簿の中から等級・技術的適性・地理的条件等の基準を満たしていると認められる有資格業者を多数選定した上で、指名して競争入札を行う方式のことです。指名競争入札は、発注者があらかじめ選定した業者間で競争入札する点で一般競争入札とは異なります。

随意契約とは、前述の2つの入札方式とは異なり、競争入札を行わず、発注者が任意で決定した相手と契約を締結する方式のことです。国及び地方公共団体が行う契約は入札によることが原則ですが、随意契約は法令の規定により認められた場合にのみ行うことができます。

随意契約が認められる場合として、例えば以下の3つが挙げられます。

○緊急随契：緊急の必要により競争入札に付することができない場合、随意契約が認められる。一例として、災害等の復旧事業に適用される（会計法第29条の3第4項）。

○少額随契：契約に係る予定価格が少額である場合、随意契約が認められる。少額随契が認められる予定価格の限度は、発注者や調達の種類によって異なるが、例えば、国の工事については、予定価格が250万円を超えない場合随意契約が認められると定められている（会計法第29条の3第5項、予決令第99条）。

○不落随契：競争に付しても入札者がないとき、

又は再度の入札をしても落札者がないときは、随意契約によることができる（予決令第99条の2）。

4. 総合評価落札方式

総合評価落札方式とは、価格と価格以外の要素（品質など）を総合的に評価して落札者を決定する方式のことです（図25-5）。

○従来の価格競争
発注者の示した仕様を満たす範囲の工事を最も低価格で施工できる者と契約

☆総合評価落札方式
供給される工事の品質と価格を総合的に評価し、最も優れた工事を施工できる者と契約

※工事の品質とは、建設される構造物だけでなく、その施工方法や安全対策、環境対策等も含む

出典：国土交通省

図25-5　総合評価落札方式

総合評価落札方式は、平成17年（2005年）の品確法の施行に伴い、公共工事の品質確保のための主要な取組として位置づけられました。令和4年度の国土交通省直轄工事（地方整備局（港湾空港関係を除く））における総合評価落札方式の適用率は件数ベースで99.4％であり、現在では最もスタンダードな入札方式となっています。

本方式においては、落札者を決定するために指標として評価値を用います。評価値の算出方法には、技術評価点を入札価格で除して評価値を求める「除算方式」と、技術評価点と価格評価点（入札価格を点数化した値）を合計して求める「加算方式」があり、国土交通省直轄工事における総合評価落札方式では、除算方式により評価値を求めることとしています[2]。除算方式による評価値の概念図を図25-6に示します。

除算方式では、技術評価点を入札価格で除して評価値を算出するため、図25-6においては、原点と各社の入札状況をプロットした点とを結んだ直線の傾きが評価値として表されます。傾きとしてはB社が最大ではあるものの、B社の入札価格は予定価格を超えてしまっていることから、次に傾きの大きいA

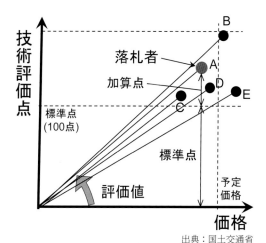

出典：国土交通省

図25-6　総合評価落札方式における評価値

社が落札することになります。

　次に、総合評価落札方式の類型について説明します。総合評価落札方式は、公共工事の特性（工事内容、規模、要求要件等）に応じて、「施工能力評価型」と「技術提案評価型」に大別されます。

　施工能力評価型は、技術的工夫の余地が小さい工事を対象に、発注者が示す仕様に基づき、適切で確実な施工を行う能力を確認する場合に適用するものです。

　技術提案評価型は、技術的工夫の余地が大きい工事を対象に、構造上の工夫や特殊な施工方法等を含む高度な技術提案を求めること、又は発注者が示す標準的な仕様（標準案）に対し施工上の特定の課題等に関して施工上の工夫等の技術提案を求めることにより、民間企業の優れた技術力を活用し、公共工事の品質をより高めることを期待する場合に適用するものです[2]。

5. 予定価格

　予定価格とは、「契約担当官等が競争を行うに当たって事前に予定した、競争に係る見積価格」をいいます。支出の原因となる契約においては、予算の限度内において契約するための最高の予定契約金額としての意味をもつほか、予算をもって最も経済的な調達をするために、適正かつ合理的な価格を積算し、これにより入札価格を評価する基準としての意味もあります。

　予決令第80条第2項により、予定価格は、契約

の目的となる物件又は役務について、取引の実例価格、需給の状況、履行の難易、数量の多寡、履行期間の長短等を考慮して適正に定めなければならないこととされています。

　予定価格の設定に当たっては、適切に作成された仕様書及び設計書に基づき、経済社会情勢の変化を勘案し、市場における労務及び資材等の取引価格、施工の実態等を的確に反映した積算を行い、設計書金額を算出した上で、契約担当者等により予定価格の設定を行います（品確法第7条第1項第1号）。

　予算の範囲内で支出が行われるように統制を図るために、あらかじめ定められた予定価格の範囲内で契約を締結することが必要不可欠であり、競争入札において契約の相手方を決定するに当たって、予定価格の制限の範囲内の価格の入札者でなければならない（会計法第29条の6第1項）という上限拘束性が定められています。

6. 最低制限価格、低入札価格調査基準価格

　最低制限価格制度とは、競争契約に当たって、最低制限価格、すなわち予定価格に対する一定の割合（たとえば、予定価格の3分の2、10分の8等）の価格に達しない価格の入札は、たとえ予定価格の制限の範囲内の最低価格による入札であっても、これを無効とし、予定価格の制限の範囲内の価格で、最低制限価格以上の価格をもって申込をした者のうち最低の価格をもって申込をした者を落札者と決定する制度をいいます。この最低制限価格制度は、地方公共団体について認められている制度で（地方自治法施行令第167条の10第2項）、国の場合は、この制度は採用されていません。

　また、低入札価格調査制度は、会計法等及び地方自治法等に基づくもので、予定価格とともにあらかじめ調査の対象とする基準価格を定めておき、入札価格がこれを下回ったときは、契約が適正に履行されるかどうかを調査する制度です。調査の結果、当該契約の内容に適合した履行がされないおそれがあると認める場合等には、当該入札者を落札者としません。この制度は、国、地方公共団体及び公団等の機関において採用されています（図25-7）[6]。

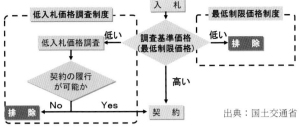

図25-7　最低制限価格と低入札価格調査基準価格

出典：国土交通省

7. 事後公表、事前公表

　予定価格の公表については、「公共工事の入札及び契約の適正化を図るための措置に関する指針」及び「発注関係事務の運用に関する指針（運用指針）」[7]において、原則として事後公表とすることを規定しています。

　予定価格を入札前に公表した場合、入札の際に適切な積算を行わなかった入札参加者が受注する事態が生じるなど、建設業者の真の技術力・経営力による競争を損ねる弊害が生じかねないこと等から、原則として事後公表としています。この際、入札前に入札関係職員から予定価格に関する情報等を得て入札の公正を害そうとする不正行為を抑止するため、談合等に対する発注者の関与を排除するための措置を徹底することとしています。

　なお、地方公共団体においては、予定価格の事前公表を禁止する法令の規定はありませんが、予定価格の事前公表を行う場合には、その適否について十分検討するとともに、入札の際に適切な積算を行わなかった入札参加者がくじ引きの結果により受注するなど、建設業者の技術力や経営力による適正な競争を損ねる弊害が生じないよう、適切に取り扱うものとしています。弊害が生じた場合には、速やかに事前公表の取りやめ等の適切な措置を講じることとしています[7]。

　予定価格の事前公表については、前述のような弊害が生じる可能性がある一方で、予定価格の漏えいといった発注者サイドの不正行為の抑止などを理由に継続している地方公共団体も存在しています。

8. 不調不落

　入札不調とは、入札において、応札者がいないた

め、落札者が決定しないことをいいます。

　入札不落とは、応札者はいるものの、最低の入札価格が予定価格を上回り、落札者が決定しないことをいいます。

　入札不調・不落対策としては、見積書の取得、採算性の改善、発注ロットの拡大、発注見通しの公表、入札参加資格要件の緩和、工期における余裕期間制度の活用等が挙げられます。

9. プロポーザル方式

　建設コンサルタント業務等の内容が技術的に高度であるなどの場合に、建設コンサルタント等の参加を公示により募り、提出を受けた参加表明書及び技術提案書を審査して技術的に最適な者を特定する方式を公募型プロポーザル方式といいます。そして、公募をより簡易な手続により実施する方式を簡易公募型プロポーザル方式といいます。

　当該業務の内容が技術的に高度なもの又は専門的な技術が要求される業務であって、提出された技術提案に基づいて仕様を作成する方が優れた成果を期待できる場合は、プロポーザル方式を選定します。また、建築関係建設コンサルタント業務においては、国等における温室効果ガス等の排出の削減に配慮した契約の推進に関する法律第5条に規定する基本方針に基づき契約する設計業務のほか、象徴性、記念性、芸術性、独創性、創造性等を求められる場合（いわゆる設計競技方式の対象とする業務を除く。）にもプロポーザル方式を選定します。なお、上記の考え方を前提に、業務の予定価格を算出するに当たって標準的な歩掛がなく、その過半に見積を活用する場合においてもプロポーザル方式を選定します。

　プロポーザル方式においては、業務内容に応じて具体的な取り組み方法の提示を求めるテーマ（評価テーマ）を示し、評価テーマに関する技術提案と当該業務の実施方針の提出を求め、技術的に最適な者を特定します[8]。特定後は、行政機関においては随意契約により業務委託の契約を締結します。

10. 歩切り

　歩切りとは、適正な積算に基づく設計書金額の一

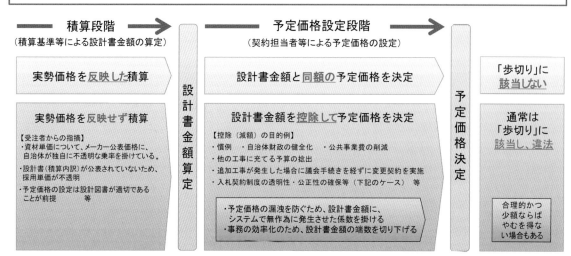

「歩切り」とは

『**適正な積算に基づく設計書金額の一部を控除する行為**』※

市場の実勢等を的確に反映した積算を行うことにより算定した**設計書金額**（実際の施工に要する通常妥当な工事費用）**の一部**を、予定価格の設定段階において控除する行為

➡ 予定価格の適正な設定を求める**品確法第7条第1項第1号に反する違反行為**

積算段階（積算基準等による設計書金額の算定）

予定価格設定段階（契約担当者等による予定価格の設定）

実勢価格を反映した積算

設計書金額と同額の予定価格を決定

「歩切り」に該当しない

実勢価格を反映せず積算

【受注者からの指摘】
・資材単価について、メーカー公表価格に、自治体が独自に不透明な乗率を掛けている。
・設計書（積算内訳）が公表されていないため、採用単価が不透明
・予定価格の設定は設計図書が適切であることが前提　等

設計書金額算定

設計書金額を控除して予定価格を決定

【控除（減額）の目的例】
・慣例　・自治体財政の健全化　・公共事業費の削減
・他の工事に充てる予算の捻出
・追加工事が発生した場合に議会手続きを経ずに変更契約を実施
・入札契約制度の透明性・公正性の確保等（下記のケース）　等

・予定価格の漏洩を防ぐため、設計書金額に、システムで無作為に発生させた係数を掛ける
・事務の効率化のため、設計書金額の端数を切り下げる

予定価格決定

通常は「歩切り」に該当し、違法

合理的かつ少額ならばやむを得ない場合もある

＊こうした運用についても、実質的に「歩切り」と類似する結果を招くおそれがあり、不適切

出典：国土交通省

図25-8　歩切りについて

部を控除する行為であり、市場の実勢等を的確に反映した積算を行うことにより算定した設計書金額（実際の施工に要する通常妥当な工事費用）の一部を予定価格の設定段階で控除する行為のことです（図25-8）。

例えば、下記のような場合等が、歩切りに該当します。

① 慣例により、設計書金額から一定額を減額して予定価格を決定

② 自治体財政の健全化や公共事業費の削減を目的に、設計書金額から一定額を減額して予定価格を決定

③ 一定の公共事業費の中でより多くの工事を行うため、設計書金額から一定額を減額して予定価格を決定

歩切りが行われると、予定価格が不当に引き下げられることにより、

・見積り能力のある建設業者が排除されるおそれがあること

・ダンピング受注を助長し、公共工事の品質や安全の確保に支障をきたすこと

・担い手の中長期的な育成・確保に必要な適正

な利潤を受注者が確保できないおそれがあること

・下請業者や現場の職人へのしわ寄せ（法定福利費のカット等）を招くことなどが懸念されます[9]。

改正品確法第7条第1項第1号において、発注者は「適切に作成された仕様書及び設計書に基づき、経済社会情勢の変化を勘案し、市場における労務及び資材等の取引価格、健康保険法等の定めるところにより事業主が納付義務を負う保険料、公共工事等に従事する者の業務上の負傷等に対する補償に必要な金額を担保するための保険契約の保険料、工期等、公共工事等の実施の実態等を的確に反映した積算を行うことにより、予定価格を適正に定めること」とされています。このため、歩切りは予定価格を適正に定めているとは言えず、品確法に違反することとなります。

11. 債務負担行為

国庫債務負担行為とは、財政法第15条に基づき、国会の議決を経て、次年度以降（原則５年以内）にも効力が継続する債務を負担する行為をいいます。

工事等の実施が複数年度にわたる場合、あらかじめ国会の議決を経て、後年度にわたって債務を負担（契約）することができます。国庫債務負担行為のうち、2か年度にわたるものを2か年国債といい、初年度の国費の支出がゼロのもので、年度内に契約を行うが国費の支出は翌年度のものをゼロ国債といいます。

　国庫債務負担行為は、政府に債務負担権限を与えるのみであり、支出権限を与えるものではないため、実際に支出するに当たっては、その年度の歳出予算に改めて計上する必要があります[10]。

　債務負担行為とは、地方自治法第214条に基づき、歳出予算の金額、継続費の総額又は繰越明許費の金額に含まれているものを除き、将来にわたる債務を負担する行為をいいます。換言すれば、国庫債務負担行為の地方公共団体版といえます。

　公共工事の発注時期の平準化による建設業者の経営の効率化及び工事の品質確保等を目的に、ゼロ債務負担行為を活用した公共工事の発注を行うことがあります。実際には次年度に現場を動かす工事に対し、当年度に債務負担行為（当年度予算額ゼロ円）を設定し、入札契約等の手続きを当年度中に行うことにより、年度内又は次年度早期の着工が可能となります（図25-9）。

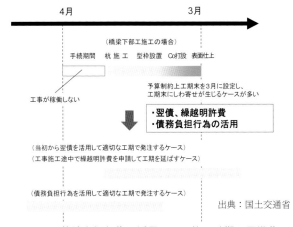

図25-9　債務負担行為の活用による施工時期の平準化

＜参考文献＞
1）西牧均「公共調達の変遷と今後の展望」,『国総研アニュアルレポート』, 国土技術政策総合研究所, 2006
2）国土交通省「国土交通省直轄工事における総合評価落札方式の運用ガイドライン」,（2023年3月）
3）「公共工事の入札及び契約の適正化を図るための措置に関する指針の一部変更について」（令和4年5月20日閣議決定）
4）公正取引委員会「公共的な入札に係る事業者及び事業者団体の活動に関する独占禁止法上の指針」,（令和2年12月25日）
5）公正取引委員会「入札談合等関与行為防止法について」,（平成19年3月14日）
6）林和喜「補助事業における最低制限価格」会計検査研究　No. 24, 2001
7）「公共工事の品質確保の促進に関する関係省庁連絡会議：発注関係事務の運用に関する指針」,（令和2年1月30日）
8）国土交通省　「建設コンサルタント業務等におけるプロポーザル方式及び総合評価落札方式の運用ガイドライン」,（令和3年3月一部改定）
9）国土交通省「「歩切り」の廃止による予定価格の適正な設定について（リーフレット）」,（平成26年12月）
10）財務省主計局　「繰越しガイドブック」,（令和2年6月）

第26章

基礎から学ぶ 事業評価

1. はじめに

　公共事業の事業評価は、平成8年（1996年）の建設省における一部試行を経て、建設省・運輸省が平成10年（1998年）から導入したことに端を発します。当時は、バブル崩壊による景気低迷、ゼネコンの談合事件や汚職事件等が頻発したことにより「無駄な公共事業」、「不透明な実施プロセス」など、きわめて厳しい公共事業批判の時代でした。また、「一度動き出した公共事業は事業が長期にわたって社会経済情勢が変化しても途中で見直しされることが殆どない」といった指摘を受けて、北海道が全国に先駆けて「時のアセスメント」制度を導入する等、地方公共団体の間でも事業の必要性等について改めて点検・評価する取組が始まりました。こうした時代の流れを受けて、国として、公共事業の効率性及びその実施過程の透明性の一層の向上を図ることを目的とした公共事業の事業評価制度が開始されました。

　現在では、自然災害が激甚化・頻発化していること等もあり、公共事業に対しての世論は事業評価導入当時と比べると肯定的になっているようにも感じられますが、行政の立場として事業評価を通して事業の効率性や透明性の向上を図ることの必要性は今も変わりません。

2. 事業評価制度導入の背景・経緯

1）建設省における大規模公共事業に関する総合的な評価方策検討

　建設省では、平成7年（1995年）6月から、直轄の公共事業等の進め方に関し、ダム・堰、大規模放水路、高規格幹線道路等の大規模事業を中心として、事業の目的・内容等について、社会経済情勢の変化に即した総合的な評価の方策を検討するため、「大規模公共事業に関する総合的な評価方策検討委員会」（委員長：技監）を設置し、同年10月に委員会報告書をとりまとめています。その中で、調査計画段階における計画策定・事業実施システム、並びに社会経済情勢の変化を踏まえた事業の再評価システムについて、それぞれ第三者の意見を反映するシステムの活用や都市計画手続きと整合を図ることが示されています。

2）「再評価システム」等の導入に関する総理指示

　事業評価制度導入以前、我が国の行政においては、法律の制定や予算の獲得等に重点が置かれ、その効果やその後の社会経済情勢の変化に基づき政策を積極的に見直すといった評価機能は軽視されがちでした。そのため、平成9年（1997年）12月、内閣総理大臣より公共事業関係6省庁（北海道開発庁、沖縄開発庁、国土庁、農林水産省、運輸省及び建設省）に対し、公共事業を効率的に執行し透明性を確保するため、「再評価システム」等の公共事業全体への導入や事業採択段階における費用対効果分析の活用について指示がなされました。

　その後、同月に前項の「大規模公共事業に関する総合的な評価方策検討委員会」を「公共事業の再評価システムに関する検討委員会」（委員長：技監）に改組・拡充し、平成10年（1998年）3月に再評

価及び新規事業採択時評価の実施要領（案）を策定しました。

そして同月の閣僚懇談会において、建設大臣他各大臣より内閣総理大臣に対して、再評価システム等に関して、各省庁所管の全ての公共事業の再評価について、「事業採択後一定期間を経過した事業等について実施」、「学識経験者等の第三者の意見を聴く」、新規事業採択時について「費用対効果分析も基本的に全事業について導入する」こと等を報告しました。

その上で、「公共事業の実施に関する連絡会議」（構成員：各省庁事務次官）において、6省庁より再評価システムの取組の確認が行われ、建設省では、平成10年（1998年）3月に再評価及び新規事業採択時評価実施要領を策定しました。また、運輸省では、再評価実施要領を同じく平成10年（1998年）3月に、新規事業採択時評価実施要領を平成11年（1999年）3月に策定しており、建設省及び運輸省は、実施要領に基づく新規事業採択時評価及び再評価について、平成11年（1999年）3月から本格導入しました。

3．行政機関が行う政策の評価に関する法律の制定

1）法律制定の経緯

事業評価を含む政策評価機能の強化については、平成10年（1998年）6月に成立した「中央省庁等改革基本法」の中で総務省の編成方針に位置付けられています。

これに基づき、平成11年（1999年）1月の「中央省庁等改革に係る大綱」（中央省庁等改革推進本部決定）において、政策評価に関する大綱が決定されました。その中で、政策評価機能の充実を図るため、各府省に評価部門を確立するとともに、総務省が府省の枠を超えて政策評価を行う機能を担うために必要な法制上の措置を検討することとされています。また、各府省においては、所管の政策について、必要性、優先性、有効性等の観点から改廃等の評価を行うこととされている他、評価を実施する施策として、年度ごとに次のような対象の中から実施するなど、重点的に行うものとされています。

①新規に開始しようとするもの

②一定期間経過して事業等が未着手又は未了のもの
③新規に開始した制度等で一定期間を経過したもの
④社会的状況の急激な変化等により見直しが必要とされるもの

その後、総務省において、有識者から構成される「政策評価の手法等に関する研究会」や「政策評価制度の法制化に関する研究会」を設置し、具体化に関する検討が行われました。

そして、平成12年（2000年）12月に閣議決定された行政改革大綱において、政策評価制度の法制化と法案の国会提出が明記され、平成13年（2001年）6月に「行政機関が行う政策の評価に関する法律」（行政評価法）が成立しました。

2）行政評価法について

行政評価法では、行政機関の長は、政府が定める「政策評価に関する基本方針」[1]に基づき、政策評価に関する基本計画を定めることになっています（行政評価法第6条）。

特に、事後評価（※同法では、事後評価は「政策を決定した後に行う政策評価」と定義されているため、ここでいう事後評価には、完了後の事後評価の他、再評価も含まれる）については、実施計画を定めることになっており（行政評価法第7条第1項）、同条第2項で、事後評価の対象として、

①当該政策が決定されたときから、政令で定める期間（＝5年）を経過するまでの間に、当該政策がその実現を目指した効果の発揮のために不可欠な諸活動が行われていないこと
②当該政策が決定されたときから、①に規定する政令で定める期間に政令で定める期間を加えた期間（＝5＋5＝10年）が経過したときに、当該政策がその実現を目指した効果が発揮されていないこと

等が定められています。

4．現在の事業評価制度

国土交通省の公共事業は、事業の進捗状況に合わせて、計画段階評価、新規事業採択時評価、再評価及び完了後の事後評価の4つの評価を行います。以下では、それぞれの評価の流れや実施時期について、

国土交通省所管公共事業の事業評価実施要領に沿って解説します（図26-1、2参照）。なお、事業評価実施要領は、策定した後も社会情勢や政権からの要請等を踏まえて都度改定を行っており、最新の事業評価実施要領は平成30年（2018年）３月に改定しています。事業種別ごとの評価項目や手法については各部局が作成する実施要領細目に掲載しているため、適宜そちらを参照ください。なお、いずれの評価においても評価対象事業は、「維持・管理に係る事業、災害復旧に係る事業等を除く事業」とされています。

１）計画段階評価

公共事業の実施過程の透明性を一層向上させるため、平成22年（2010年）８月に事業の必要性等が検証可能となるよう「国土交通省所管公共事業における政策目標型事業評価の導入についての基本方針（案)」を策定し、新規事業採択時評価の前段階における国土交通省独自の取組として、計画段階評価の試行を開始しました。

その後、平成24年（2012年）12月に「国土交通省所管公共事業の計画段階評価実施要領」を策定し、計画段階評価を本格導入しました。

計画段階評価は、直轄事業及び独立行政法人等施行事業（独法事業）について実施します。

評価の目的は、地域の課題や達成すべき目標、地域の意見等を踏まえ複数案の比較・評価を行うとともに、事業の必要性及び事業内容の妥当性を検証するものであり、新規事業採択時評価や再評価のように費用対効果分析の実施を求めません。

また、評価の実施に当たっては、関係する都道府県・政令市等の意見を聴くとともに、学識経験者等の第三者から構成される委員会等の意見を聴取します。

評価の実施時期は、基本的に新規事業採択時評価の手続きの着手前までに行います。また、評価結果については、本省各部局において評価後速やかに公表し、大臣官房において毎年１月末までにとりまとめて公表します。

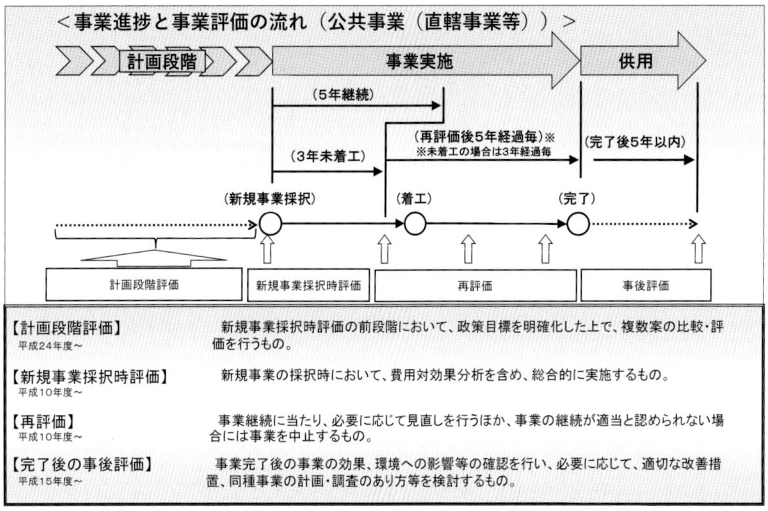

出典：国土交通省

図26-1　事業評価の流れ

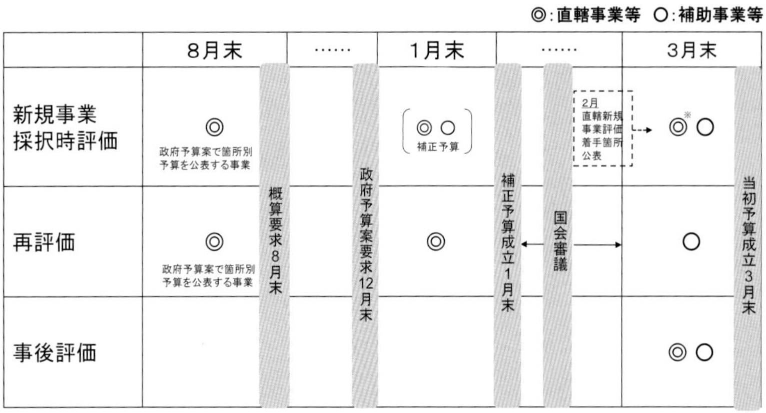

※ 直轄事業の新規事業採択時評価は、実施計画の承認前に公表

出典：国土交通省

図26-2　評価の公表時期

２）新規事業採択時評価

平成13年（2001年）１月の中央省庁再編により、それ以前の建設省、運輸省、北海道開発庁及び国土庁を統合して国土交通省が設置されたことに伴い、平成13年（2001年）７月に、「建設省所管公共事業の新規事業採択時評価実施要領」（平成10年３月策定）及び「運輸関係公共事業の新規事業採択時評価実施要領」（平成11年３月決定）を統合し、「国土交通省所管公共事業の新規事業採択時評価実施要領」が策定されました。

新規事業採択時評価は、新規事業を立ち上げるに当たって、事業の効率性及びその実施過程の透明性の一層の向上を図るため、費用対効果分析を含めた総合的な観点から評価を実施するものです。

評価を実施する事業は、

(1)事業費を予算化しようとする事業

(2)事業採択前の準備・計画段階で着工時の個別箇所が明確になる事業のうち、準備・計画に要する費用を予算化しようとする事業

のいずれかに該当する事業です。

また、評価の実施に当たっては、直轄事業については直轄事業負担金の負担者である都道府県・政令市等に、独法事業については関係する都道府県・政令市に意見を聴くことが定められています。それに加えて、直轄事業及び独法事業については学識経験者等の第三者から構成される委員会等の意見を聴取します。

評価の実施時期は、基本的に年度末の次年度予算の実施計画承認のタイミングに合わせて行いその結果を公表しますが、直轄ダム事業等の政府予算案の閣議決定時に個別箇所で予算措置を公表する事業は、原則として概算要求書の財務省への提出時（例年8月末）までに実施します。

3）再評価

再評価は、平成13年（2001年）7月に、「建設省所管公共事業の再評価実施要領」（平成10年3月策定）、「運輸関係公共事業の再評価実施要領」（平成10年3月決定）及び「北海道開発事業再評価実施要領」（平成10年4月策定）を統合し、「国土交通省所管公共事業の再評価実施要領」が策定されました。

再評価は、事業採択後一定期間を経過した後も継続中の事業等について評価を行い、事業の継続に当たり必要に応じその見直しを行うほか、事業の継続が適当と認められない場合には事業を中止することを目的に評価を実施します。

評価を実施する事業は、

(1)事業採択後一定期間（直轄・独法：3年間、補助等：5年間）が経過した時点で未着工の事業

(2)事業採択後長期間（5年間）が継続した時点で継続中の事業

(3)事業採択前の準備・計画段階で着工時の個別箇所が明確になる事業のうち、準備・計画段階で一定期間（直轄・独法：3年間、補助等：5年

表26-1　再評価実施間隔の変遷

2001（平成13）年当時	2010（平成22）年改定	2018（平成30）年改定
＜直轄事業等＞ 5年未着工 10年継続 以降5年ごと	＜直轄事業等＞ 3年未着工 5年継続 以降3年ごと	＜直轄事業等＞ 3年未着工 5年継続 以降5年ごと※ ※未着工の場合は3年
＜補助事業等＞ 5年未着工 10年継続 以降5年ごと	＜補助事業等＞ 5年未着工 5年継続 以降5年ごと	＜補助事業等＞ 5年未着工 5年継続 以降5年ごと

出典：国土交通省

間）が経過している事業

(4)再評価実施後一定期間（直轄・独法：5年経過で事業継続中or 3年経過で未着工、補助等：5年経過で継続or未着工）が経過している事業

(5)社会経済情勢の急激な変化、技術革新等により再評価の実施の必要が生じた事業

のいずれかに該当する事業です。なお、表26-1に示すとおり、再評価の実施間隔については透明性の確保や手続きの効率化等の観点から、過去2度、再評価実施要領を改定し実施間隔の変更を行っています。

(5)については、例えば事業費や事業期間、事業計画の変更等があった場合が想定されますが、最終的な評価の実施の要否については、再評価の実施主体（直轄：地方支分部局等、独法：独立行政法人等、補助等：地方公共団体等、地方公社又は民間事業者等）若しくは所管部局等（国土交通省の各事業を所管する本省内部部局又は外局）の長が判断します。

また、評価の実施に当たっては、直轄事業については直轄事業負担金の負担者である都道府県・政令市等に、独法事業については関係する都道府県・政令市に意見を聴くことが定められています。それに加えて、直轄事業、独法事業及び補助事業等において、事業評価監視委員会の意見を聴取します。

評価の実施時期は、直轄事業及び独法事業は1月末まで、補助事業等は年度末に実施し、結果を公表しますが、直轄ダム事業等の政府予算案の閣議決定時に個別箇所で予算措置を公表する事業は、原則として概算要求書の財務省への提出時（例年8月末）までに実施します。

また、再評価は、下記の3つの視点から行うこととされています。

①事業の必要性等に関する視点
　－事業を巡る社会経済情勢等の変化、事業の投
　　資効果、事業の進捗状況
②事業の進捗の見込みの視点
③コスト縮減や代替案立案等の可能性の視点

４）完了後の事後評価

　完了後の事後評価（事後評価）は、平成11年（1999年）８月に建設省が「建設省所管公共事業の事後評価基本方針（案）」を、平成12年（2000年）３月に運輸省が「事後評価導入に向けた基本的枠組み」を策定し、試行的に導入しました。その後、これらを廃止した上で、平成15年（2003年）４月に「国土交通省所管公共事業の事後評価実施要領」を策定し、本格導入しました（※策定当時は「完了後の事後評価」とはせず単なる「事後評価」としていました。「完了後の事後評価」としたのは2008（平成20）年の改定以降）。

　事後評価は、事業完了後の事業の効果、環境への影響等の確認を行い、必要に応じて、適切な改善措置を検討するとともに、事後評価の結果を同種事業の計画・調査のあり方や事業評価手法の見直し等に反映することを企図して評価を実施します。なお、直轄事業及び独法事業については事後評価を実施することが定められているのに対し、補助事業等については、「事後評価が行われることを期待する」という表現に留まっています。

　評価を実施する事業は、
①事業完了後一定期間（５年以内）が経過した事業
②審議結果を踏まえ、事後評価の実施主体（直轄：地方支分部局等、独法：独立行政法人等、補助等：地方公共団体等、地方公社又は民間事業者等）の長が改めて事後評価を行う必要があると判断した事業
のいずれかに該当する事業です。

　また、評価の実施に当たっては、直轄事業、独法事業及び補助事業等において、事業評価監視委員会の意見を聴取します。

　評価の実施時期は、前述の①に該当する事業は年度末までに、②に該当する事業は事後評価の実施主体が決め、評価を実施した上でその結果を公表します。

5.　事業評価手法と各種マニュアル

　事業評価は、国土交通省大臣官房が策定する国土交通省所管公共事業の事業評価実施要領や各種マニュアル類等に基づき評価を行います。以下では、これらについての主な検討体制、関連法令・基準類、マニュアル類、事業評価の手法等について解説します。また、国土交通省の公共事業評価に関するWebページも作成しているため併せて参照して下さい。

（参考）国土交通省　公共事業の評価Webサイト
　https://www.mlit.go.jp/tec/hyouka/public/index.html

１）検討体制

⑴公共事業評価システム検討委員会

　国土交通省所管公共事業の事業評価の円滑かつ的確な実施を確保するため、国土交通省に設置する行政内部の委員会で、事業評価の実施要領の改定等の事業評価に係る重要事項について検討・決定します。

⑵公共事業評価手法研究委員会

　国土交通省大臣官房に設置され、評価手法について共通的に考慮すべき事項を定める際に、学識経験者等から構成される公共事業評価手法研究委

```
┌─────────────────────────────────┐
│      公共事業評価システム検討委員会      │
│ 事業評価の実施要領の改定等               │
│ ・事業評価の実施ルールを規定             │
│ 構成：事務次官、各局局長等（行政）        │
└─────────────────────────────────┘
         │
         ▼   ┌──────────────────────┐
        ◀──  │   公共事業評価手法研究委員会  │
              │ 構成：学識経験者             │
              └──────────────────────┘
              ┌──────────────────────┐
              │ 公共事業評価手法研究委員会分科会│
              │ 構成：学識経験者             │
              └──────────────────────┘
┌─────────────────────────────────┐
│         所管部局又は部会               │
│ 評価の適正化                           │
│ ・具体的な費用対効果分析の計測手法、考え方を規定│
│ 構成：行政                             │
└─────────────────────────────────┘
         │
         ▼   ┌──────────────────────┐
        ◀──  │     評価手法研究委員会       │
              │ 構成：学識経験者             │
              └──────────────────────┘
┌─────────────────────────────────┐
│      地整等　事業評価監視委員会         │
└─────────────────────────────────┘
```

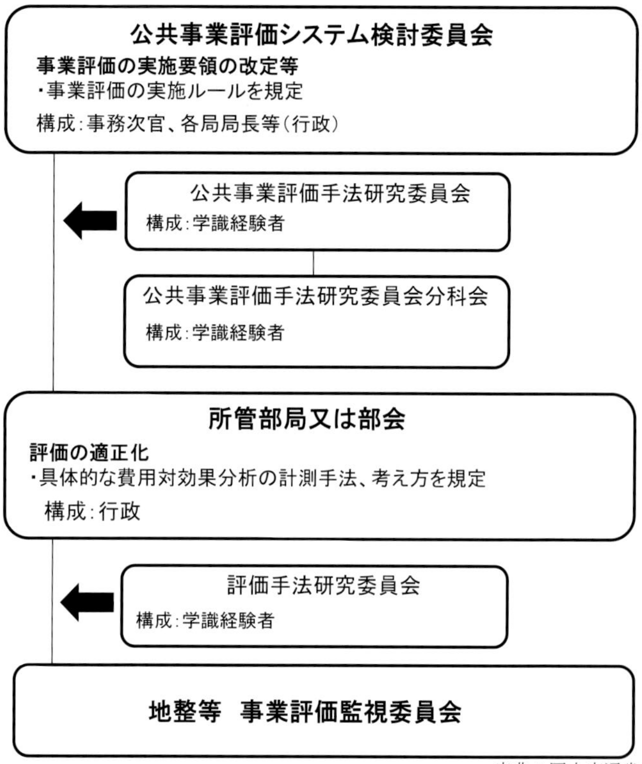

出典：国土交通省

図26-3　事業評価の検討体制

員会の意見を聴きます。また、共通的に考慮すべき事項の中で具体的な内容については、本委員会の下に設置する分科会において検討します。

(3)評価手法研究委員会

国土交通省の各部局が、事業種別ごとの費用対効果分析を含む各手法を策定するに当たり、学識経験者等から構成される評価手法研究委員会の意見を聴きます。

2) 関連法令・基準類等

事業評価は、行政評価法に基づき、総務省や各省庁が作成する政策評価や事業評価に関する様々な基準や要領等に沿って実施します。図26-4に主な関連法令・基準等をまとめたので参考にしてください。

3) 各種マニュアル

国土交通省所管公共事業の事業評価実施要領に記載のとおり、評価手法について事業種別間において共通的に考慮すべき事項については大臣官房で策定します。以下では、大臣官房で策定した事業評価の共通的な手法に関する指針や解説について紹介します。なお、この他、事業種別ごとの評価手法については各部局が個別に作成しています。

(1)公共事業評価の費用便益分析に関する技術指針[8]

事業評価における費用便益分析の実施に係る計測手法、考え方などに関して、各事業分野において共通的に考慮すべき事項について定めたもので、国土交通省の各部局等は、費用便益分析の計測手法等を定める場合は、この指針の内容と整合を図ります。平成16年（2004年）2月に策定した後、3度改定しており、現行は令和5年（2023年）9月改定版になります。

具体的には、費用及び便益を算定する際に用いる社会的割引率の設定、評価期間末における残存価値の取り扱い、CO_2削減効果の貨幣価値原単位の設定、人的損失額を算定する際の「逸失利益」、「精神的損害額」の設定方針、再評価結果における残事業及び事業全体の投資効率性の取り扱い、将来の不確実性を考慮した感度分析の実施とその取扱い等について示しています。

(2)仮想的市場評価法（CVM）適用の指針[9]

事業評価における便益計測手法の一つである仮

<総務省関連>
○行政機関が行う政策評価に関する法律
－政策評価に関する基本的事項を定めるもので、政策評価の定義等の他、基本方針・基本計画・実施計画の策定、事前評価・事後評価の実施や評価書の作成等について規定
○行政機関が行う政策評価に関する法律施行令
－具体的な評価の対象となる政策等について規定
○政策評価に関する基本方針[1]
－各行政機関が定める基本計画の指針となるべき事項を定めるとともに、政府の政策評価活動における基本方針を示すもの
<国土交通省関連>
○国土交通省政策評価基本計画[2]
－計画期間を5年間とし、国土交通省が実施する政策評価について、評価の観点、政策効果の把握、事前評価の実施等に関する基本的な事項を明らかにするもの。
○令和△△年度国土交通省事後評価実施計画[3]
－計画期間を1年間とし、評価を実施する具体的な政策等を示したもの
○国土交通省所管公共事業の事業評価実施要領[4]～[7]
（計画段階評価、新規事業採択時評価、再評価、事後評価）
－評価段階毎の具体的な手続き等を定めたもの
○（各事業種別ごとの）実施要領細目
（計画段階評価、新規事業採択時評価、再評価、事後評価）
－事業種別毎に評価手続きの詳細を定めたもの

出典：国土交通省

図26-4　事業評価に関連する主な法令・基準等

想的市場評価法（CVM）について、実務担当者がCVMを事業評価に適用しようとする際に事業分野横断的に留意すべき事項を一般的な実施手順に沿って可能な限り具体的に整理するとともに、CVMに対する外部からの指摘等を踏まえ、CVMを実施する際に最低限確認すべき事項を簡潔に取りまとめた指針で、平成21年（2009年）7月に策定されました。

(3)完了後の事後評価の解説[10]

事後評価の実施に当たって、新規事業採択時評価や再評価の事後的な確認だけではなく、事業の改善措置や今後の事後評価の実施の必要性について十分に検討され、事後評価が適切に実施されるよう、国土交通省の各部局等の評価担当者等の参

事後評価の目的と評価の視点
目的1　事業効果等の確認
　視点①：費用対効果分析の算定基礎となった要因の変化
　視点②：事業の効果の発現状況
　視点③：事業実施による環境の変化
　視点④：社会経済情勢の変化
目的2　改善措置等の検討
　視点⑤：今後の事後評価の必要性
　視点⑥：改善措置の必要性
目的3　同種事業へのフィードバック
　視点⑦：同種事業の計画・調査のあり方や事業評価手法の見直しの必要性

出典：国土交通省
図26-5　完了後の事後評価の目的と視点

考となる標準的な事後評価の実施方法について解説を行うことを目的に、平成21年（2009年）7月に策定されました。

4）事業評価の手法と総合評価に向けた取組

　事業評価の実施に当たっては、費用便益比（B/C）だけでなく、貨幣換算できない効果やその他の様々な視点も含めて総合的に評価することとされており、例えば、新規事業採択時評価実施要領の第1「目的」には、「費用対効果分析を含め、総合的に実施するものである」と明記されている他、再評価実施要領の第5の3の「再評価の視点」には、「社会経済情勢等の変化、事業の投資効果、事業の進捗状況や見込み、コスト縮減や代替案立案等の可能性等の様々な視点から評価を行う」と明記されています。

　具体的には、図26-6に示すとおりです。費用対効

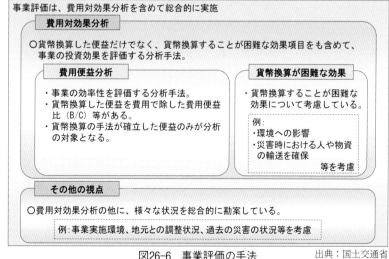

図26-6　事業評価の手法
出典：国土交通省

果分析は大きく費用便益分析と貨幣換算が困難な効果の評価に分けられますが、費用便益分析とはいわゆるB/C（費用便益比）等によって事業の効率性を評価するもので、事業にかかる費用と貨幣換算の手法が確立した便益を比較するものです。ここで注意が必要なのは、この便益についてはあくまで貨幣換算の手法が確立した便益を算出しますが、事業効果のすべてが経済学的に便益として貨幣換算が可能ではありません。また、B/Cを算出する際には事業実施に当たり長期にわたって発生する費用と便益について、評価基準年において現在価値化するために社会的割引率という概念を用いて計算しますが、B/Cはこの社会的割引率の値にも影響を受けます。

　貨幣換算が困難な効果については、例えば、環境への影響や長期的な地域開発効果、災害時における人や物資の輸送確保、災害から復旧するまで地域の様々な社会経済機能が低下することを防止する効果等が挙げられますが、事業評価の実施に当たっては、これらの効果についても可能な限り定量的・定性的に明らかにし、費用対効果分析を行います。

　その他、費用対効果分析以外の視点として、事業の実施に当たっての事業実施環境、地元との調整状況、過去の災害の状況等についても明らかにし、これらを総合的に考慮した上で事業評価を行います。

　以下では、総合評価に関連する話題として、平成14年（2002年）に策定された「公共事業評価の基本的考え方」[11]及び国土交通省の各部局における総合評価に関する取組について紹介します。

(1)公共事業評価の基本的考え方

　公共事業の評価手法の課題について検討を行い、公共事業評価システムの向上を図ることを目的に平成13年（2001年）9月に設置された「公共事業評価システム研究会」（委員長：中村英夫・武蔵工業大学教授（当時））における議論を踏まえ、平成14年（2002年）7月に「公共事業評価の基本的考え方」が取りまとめられました。その中の「5. 評価の方法」においては、「公共事業は多様な視点から

評価されるべき」とされ、その方法例として、事業効率（費用対便益、採算性）の他、波及的影響（住民生活、地域経済、安全、環境、地域社会）や実施環境（事業の実効性、成立性、技術的難易度）などの項目を総合化して評価する方法が提案されています。このことからも、公共事業の評価に当たっては費用便益比（B/C）に限らず様々な視点を考慮して行うことが重要であると認識されていることがわかります。

(2)各部局の取組

前述の「公共事業評価の基本的考え方」も踏まえて、平成17年（2005年）2月に、国土交通省道路局及び都市・地域整備局（当時）において「道路事業・街路事業に係る総合評価要綱」[12] が策定されました。この中では、評価項目として、事業採択の前提条件、費用対便益、事業の影響（自動車や歩行者への影響、社会全体への影響）、事業実施環境といった多様な項目をあげており、以降の新規事業採択時評価を実施する際にこれを用いた評価を行っています。

また、平成25年（2013年）7月には、国土交通省水管理・国土保全局において「水害の被害指標分析の手引き（H25試行版）」[13] が策定されました。これは、治水事業の費用便益分析においては貨幣換算可能な項目のみを評価している一方で、治水事業の効果には貨幣換算できない効果も多数あることから、それらについて定量的又は定性的に記述する方法を示したものです。代表的な指標として、水害による死者数や避難者数、孤立者数などの人的被害があげられますが、これらは現状の河川事業・ダム事業等の費用便益分析においては考慮されておらず、この手引きを用いて定量的に示すことによって初めて明らかになる治水事業の効果です。

5）社会的割引率に関する最近の話題

B/Cの算出を行う際、評価基準年の価値に換算する率として用いる「社会的割引率」があります。この値は、前述の技術指針において、4％を適用するとされていました。この社会的割引率は現在と将来の価値の交換比率と言えますが、容易にその値を推定することは難しいものです。アンケートなどを用いる手法を活用して設定する場合か、国債の実質利回り等を参考としている場合があります。我が国では後者の国債の実質利回りを参考としており、技術指針策定時において、10年もの国債の実質利回りの10年間及び20年間の平均した結果を参考に4％を設定しました。

近年、国会等の議論において、この社会的割引率の4％は高いとの指摘もあり、令和5年には、公共事業評価手法研究委員会を2回開催し、社会的割引率のあり方を議論した結果、近年の国債の実質利回りを参考とすると2％や1％という値も参考に設定できるのではないかとの結論となりました。これを受けて、令和5年（2023年）9月に技術指針を改定し、社会的割引率は4％の適用を原則とする一方で、参考とすべき値として、2％又は1％を設定し、B/Cの参考値を算出してもよいことが明記されました。費用と便益の配分によりますが、第2回の研究委員会資料にて示した道路事業の例では、4％を用いた値に比べ、B/Cの値は、2％の場合：1.21〜1.50倍、1％の場合：1.36〜1.86倍という試算結果となっています。これより、B/Cは社会的割引率の値により、この程度の幅があることが分かります。

4）で述べたとおり、公共事業の評価に当たっては費用便益比（B/C）に限らず様々な視点を考慮して行うことが重要です。

6. おわりに

事業評価制度が始まってから概ね25年が経過しますが、今後も引き続き、事業評価制度を通して公共事業の効率性や透明性の向上を図る必要があり、そのためにも事業評価の手法や制度について継続的に見直しを行うことが重要であるといえます。

例えば、現状の費用便益分析において便益を算定する際には、現段階で経済的に評価が可能な便益のみを計測しているため、今後の研究等の進展状況等に応じて柔軟に見直しを図ることが必要です。

一方で、事業評価は貨幣換算した便益だけでなく、貨幣換算することが困難な効果、事業実施環境等の様々な視点も含めて総合的に評価するものであるこ

とも忘れてはなりません。事業評価が作業化することによって、B/Cを算出することのみが事業評価であるといった誤った認識が広がるおそれがありますが、今一度、効率性や透明性の向上を図るという事業評価の目的に立ち返って、様々な観点から総合的に評価を行う必要があります。

　その他にも、平成30年（2018年）の改定により再評価実施間隔が3年から5年に延長されたことに代表されるように、効率的な事業評価の実施という観点も重要です。事業評価を単なる手続きとして全事業を対象に機械的に実施するのではなく、例えば事業規模が大きい事業、事業期間が長い事業、社会的影響の大きい事業等、評価の必要性が特に高いと考えられる事業に絞って評価を行う等、限られたリソースを効率的に活用して適切に評価を行うという視点も重要になると考えられます。

＜参考文献＞
1）国土交通省「政策評価に関する基本方針」（平成29年7月閣議決定）
2）国土交通省「国土交通省政策評価基本計画」（令和4年3月変更）
3）国土交通省「令和5（2023）年国土交通省事後評価実施計画」（令和5年3月変更）
4）国土交通省「国土交通省所管公共事業の計画段階評価実施要領」（平成30年3月改定）
5）国土交通省「国土交通省所管公共事業の新規事業採択時評価実施要領」（平成30年3月改定）
6）国土交通省「国土交通省所管公共事業の再評価実施要領」（平成30年3月改定）
7）国土交通省「国土交通省所管公共事業の完了後の事後評価実施要領」（平成30年3月改定）
8）国土交通省「公共事業評価の費用便益分析に関する技術指針（共通編）」（令和5年9月改定）
9）国土交通省「仮想的市場評価法（CVM）適用の指針」（平成21年7月策定）
10）国土交通省「完了後の事後評価の解説」（平成21年7月策定）
11）公共事業評価システム研究会「公共事業評価の基本的考え方」（平成14年8月）
12）国土交通省道路局 都市・地域整備局「道路事業・街路事業に係る総合評価要綱」（平成21年12月改定）
13）国土交通省水管理・国土保全局「「水害の被害指標分析の手引き」（H25試行版）」（平成25年7月策定）

執筆者一覧

[月刊「建設」掲載時]

基礎から学ぶ河川事業　（2019年10月〜11月号）
　　国土交通省水管理・国土保全局河川計画課　課長補佐　奥中　智行
基礎から学ぶ河川維持管理事業　（2023年7月号）
　　国土交通省水管理・国土保全局河川環境課河川保全企画室課長補佐　野呂田　亮
基礎から学ぶダム事業　（2022年4月〜5月号）
　　国土交通省水管理・国土保全局治水課大規模構造物技術係長　諸橋　拓実
基礎から学ぶダム維持管理事業　（2023年10月号）
　　国土交通省水管理・国土保全局河川環境課流水管理室課長補佐　浅見　和人
基礎から学ぶ砂防事業　（2021年10月〜11月号）
　　国土交通省水管理・国土保全局砂防部砂防計画課土砂災害防止技術推進官　小竹　利明(1)
　　国土交通省水管理・国土保全局砂防部保全課土砂災害対策室課長補佐　平田　遼(2)
基礎から学ぶ砂防維持管理事業　（2024年1月号）
　　国土交通省水管理・国土保全局砂防部保全課課長補佐　渡邊　剛
基礎から学ぶ道路事業　（2019年12月〜2020年1月号）
　　国土交通省道路局企画課　構造基準第一係長　森本　敏弘
基礎から学ぶ道路維持管理事業　（2023年12月号）
　　国土交通省道路局国道・技術課道路メンテナンス企画室課長補佐　竹田　佳宏
基礎から学ぶ港湾事業　（2020年3月〜4月号）
　　国土交通省港湾局技術企画課技術監理室　課長補佐　出水　孝征
基礎から学ぶ港湾維持管理事業　（2023年11月号）
　　国土交通省港湾局技術企画課港湾工事安全推進官　古川　健
基礎から学ぶ都市公園事業　（2020年7月号）
　　国土交通省都市局公園緑地・景観課　企画専門官　峰嵜　悠
基礎から学ぶ街路事業　（2021年7月〜9月号）
　　国土交通省都市局街路交通施設課都市交通企画係長　清水　明彦
基礎から学ぶ土地区画整理事業　（2021年12月〜2022年1月号）
　　国土交通省都市局市街地整備課市街地防災整備係長　本島　慎也
基礎から学ぶ市街地再開発事業　（2022年6月〜7月号）
　　国土交通省都市局市街地整備課再開発推進係長　緑川　敬介
基礎から学ぶ水道事業　（2021年4月〜5月号）
　　厚生労働省医薬・生活衛生局水道課課長補佐　池田　大介(1)(2)
　　厚生労働省医薬・生活衛生局水道課給水装置係長　上島　功裕(2)
基礎から学ぶ下水道事業　（2020年11月〜12月号）
　　国土交通省水管理・国土保全局下水道部下水道事業課　計画調整係長　黒木　雄介
基礎から学ぶ下水道維持管理事業　（2023年9月号）
　　国土交通省水管理・国土保全局下水道部下水道事業課事業マネジメント推進室課長補佐　川島　弘靖
　　国土交通省水管理・国土保全局下水道部下水道企画課管理企画指導室企画専門官　濱田　晋

基礎から学ぶ営繕事業　（2021年2月号）
　国土交通省大臣官房官庁営繕部計画課計画調整係長　髙橋　典晃
基礎から学ぶ公営住宅事業　（2021年6月号）
　国土交通省住宅局住宅総合整備課審査係長　四日市　拓也
基礎から学ぶ漁港漁場整備事業　（2023年1月号）
　水産庁漁港漁場整備部防災漁村課課長補佐　本宮　佑規
　水産庁漁港漁場整備部整備課課長補佐　粕谷　泉
基礎から学ぶ海岸事業　（2022年10月〜11月号）
　国土交通省水管理・国土保全局海岸室海洋開発係長　中　友太郎
基礎から学ぶ海岸維持管理事業　（2024年2月号）
　国土交通省水管理・国土保全局海岸室侵食対策係長　安東　謙治
　国土交通省水管理・国土保全局海岸室沿岸域企画係長　鈴木　航平
基礎から学ぶ入札契約　（2020年9月〜10月号）
　国土交通省大臣官房技術調査課　基準調整係長　中園　翔
基礎から学ぶ事業評価　（2023年2月号）
　国土交通省大臣官房技術調査課建設情報高度化係長　小泉　陽彦

[第4版]

・執筆者の役職名は執筆当時の役職名を記載

基礎から学ぶインフラ講座 ［第4版］ 大石 久和 編

令和3年3月 初 版 発行
令和4年3月 第2版 発行
令和5年3月 第3版 発行
令和6年3月 第4版 発行

発 行 一般社団法人 全日本建設技術協会
〒107-0052
東京都港区赤坂 3 − 21 − 13
TEL03-3585-4546 FAX03-3586-6640

ISBN978-4-921150-45-7
C3051 ￥2500E
定価2,750円（本体2,500円＋税）